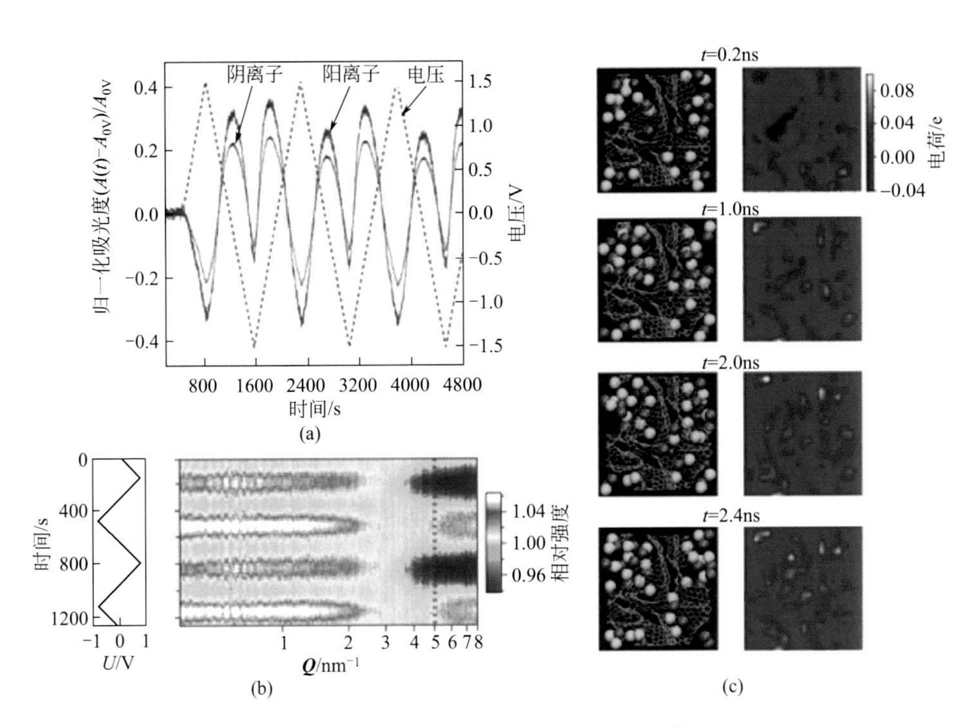

图 3-3 超级电容器充电动力学特征[4]

(a) 各种充放电循环（离子液体电解质）的归一化红外吸收的时间变化；(b) 各种充放电循环（CsCl 水溶液电解质）的 SAXS 强度（右图）的时间变化（$\boldsymbol{Q}$，散射矢量），应用电位 U 随时间的演变如左图所示；(c) 在分子动力学模拟中充电时碳原子上局部电荷的时间演变（绿松石棒，C—C 键；红球，阳离子；绿球，阴离子）

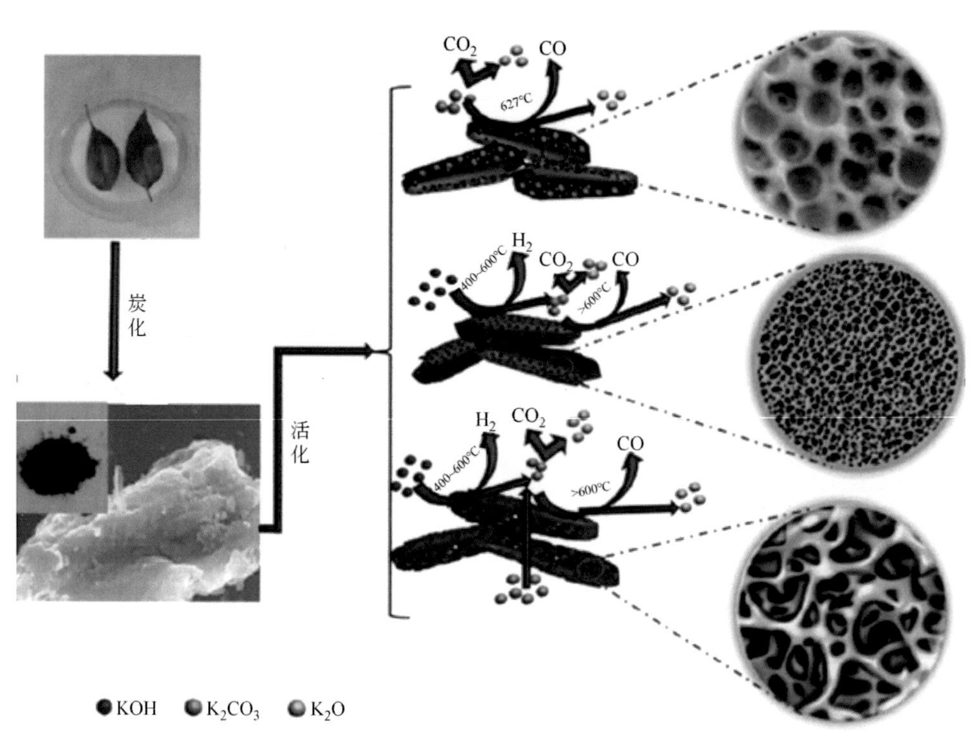

图 3-9 利用 KOH 和 K_2CO_3 的活化过程[21]

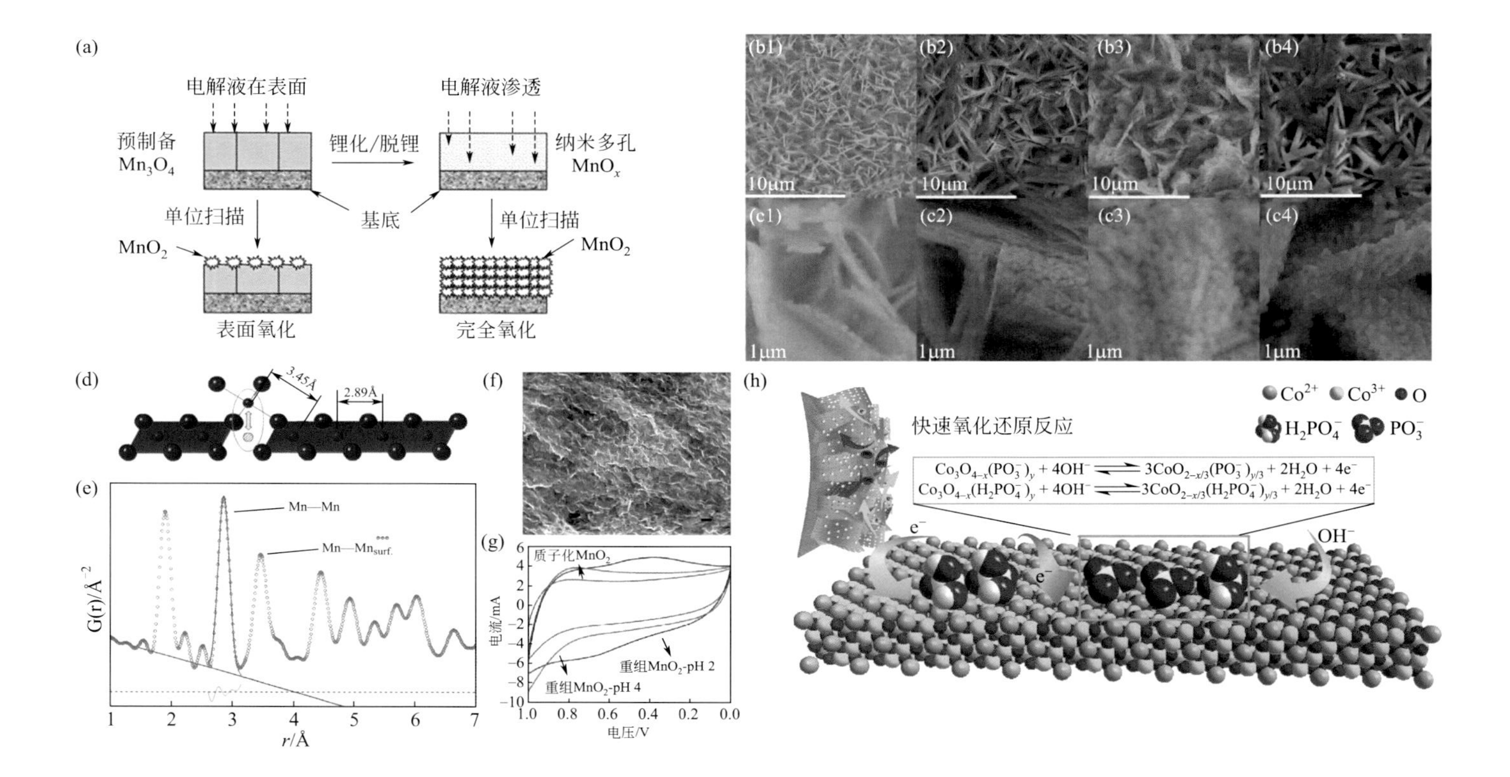

图 5-4　已制备的 Mn_3O_4 经电化学氧化转化为纳米多孔 MnO_x 过程示意图（a），不同温度（25/50/70/90℃）下沉积得到的 Mn_3O_4 纳米墙的扫描电子显微镜图像（b～c），面内 Mn—Mn 键和 Mn—Mn 表面键的模型示意图（d），重组 δ-MnO_2 的对分布函数分析（e），重组 MnO_2 纳米片的扫描电子显微镜图像（比例尺，500nm）（f），质子化 MnO_2、重组 MnO_2（pH＝2，4）在 $50mV \cdot s^{-1}$ 扫速下的循环伏安曲线（g）和增强的表面反应活性和电极动力学在 PCO 表面的示意图（h）

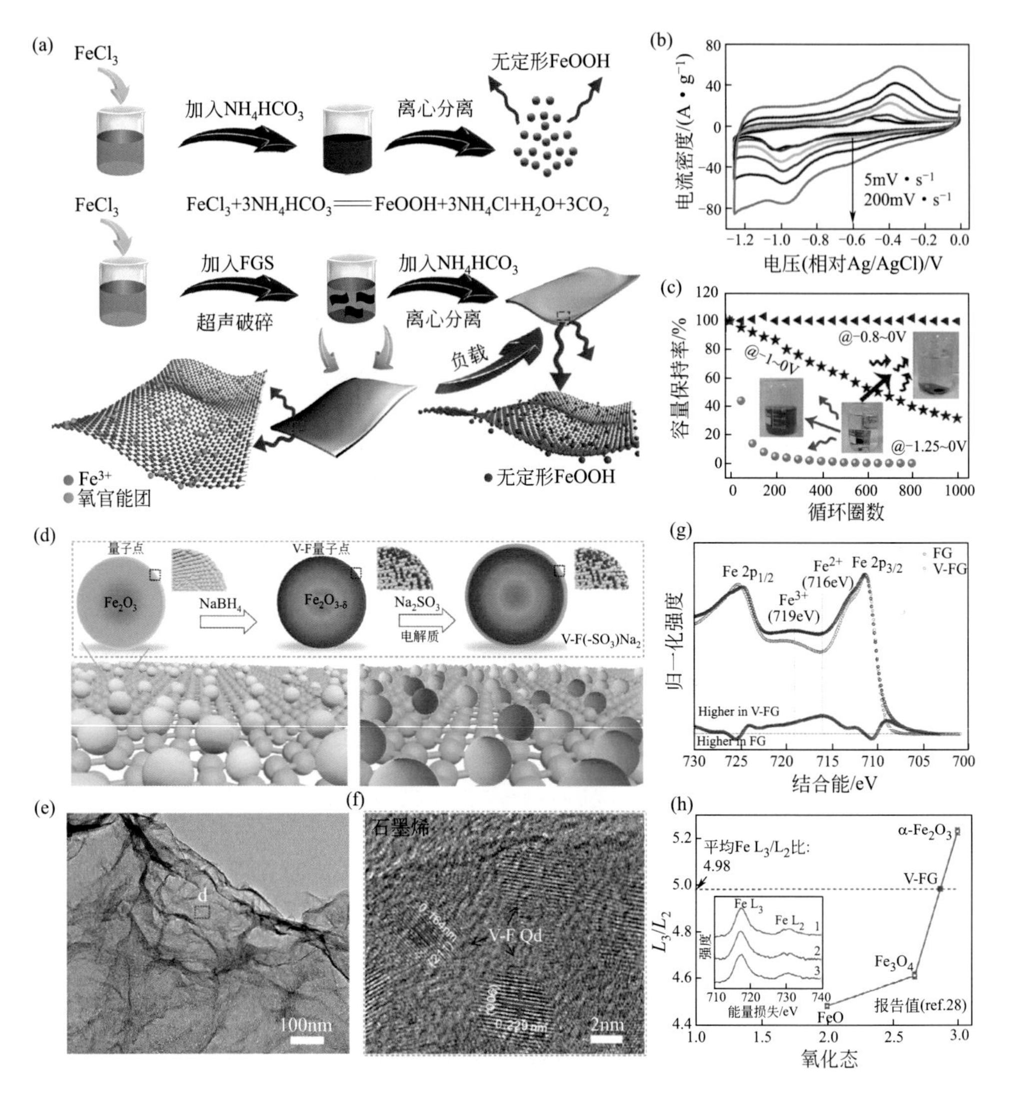

图 5-6　非晶 FeOOH 量子点和非晶 FeOOH 量子点/石墨烯混合纳米片的合成示意图（a），不同扫描速率下 FeOOH/石墨烯（40%，质量分数）电极在电压窗为－1.25～0V 时的循环伏安曲线（b），FeOOH/石墨烯（40%，质量分数）电极在－0.8～0V、－1～0V 和－1.25～0V 的不同电压窗口下循环性能的比较（插图为循环试验后含电解液的电解池的光学图像）（c），V-FG 的制备过程和 V-FG 表面对 SO_3^{2-} 的吸附的示意图（d），V-FG 样品的透射电子显微镜（e）和高倍透射电子显微镜图像（f）（箭头表示石墨烯上的 Fe_2O_3 量子点），V-FG 和 FG 样品的 Fe2p 的 XPS 谱及其对应的差分谱（g）和根据报告的不同氧化铁的 L_3/L_2 比值作为 Fe 价态函数的校准标准（h），根据嵌入的 FeL_3/L_2 光谱［嵌入（e）中］计算出的 V-FG 样品的平均 FeL_3/L_2 比值用紫色线高亮显示

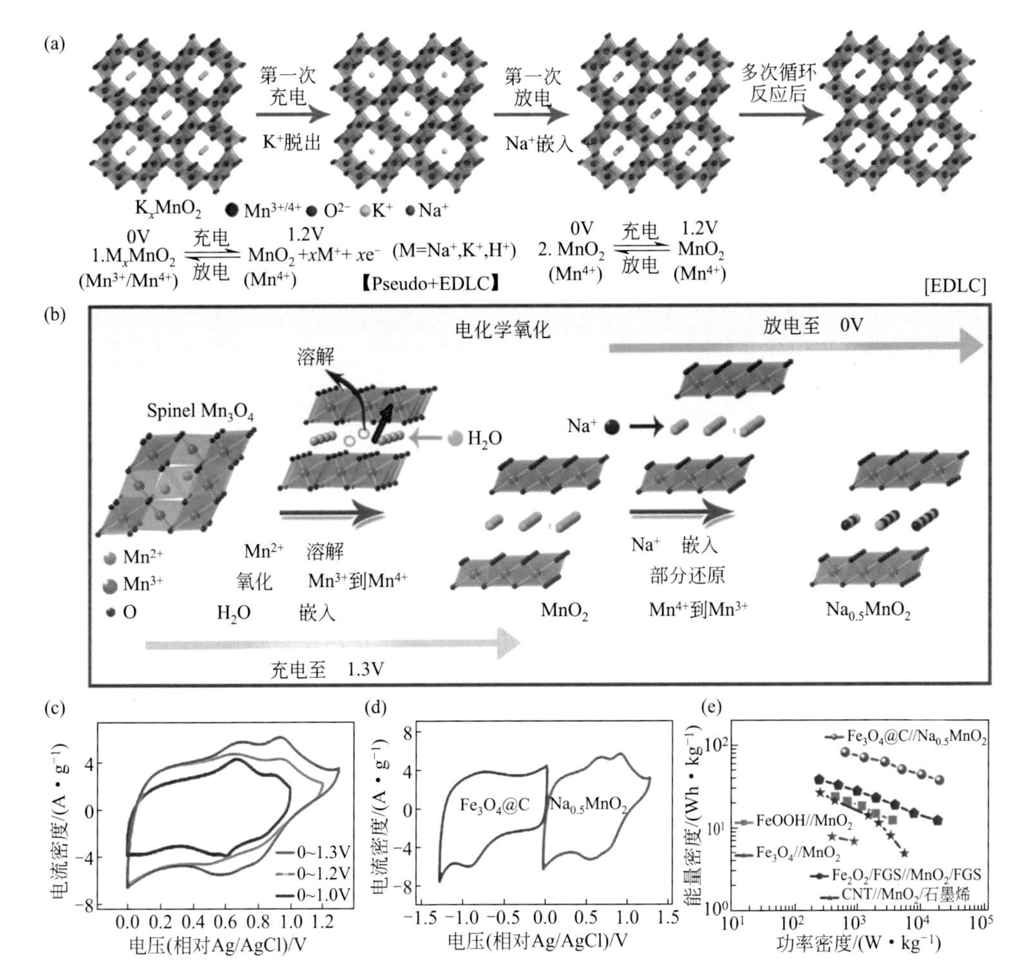

图 5-9 K_xMnO_2 电极的电化学反应过程示意图，并提出了 M_xMnO_2 和 MnO_2 的电荷存储机制（a），电化学氧化过程中的结构演变过程（b），$Na_{0.5}MnO_2$ 纳米墙阵列电极在 $10mV \cdot s^{-1}$ 的扫速下，不同电位窗口（0～1.0V、0～1.2V 和 0～1.3V）的循环伏安曲线（c），$10mV \cdot s^{-1}$ 扫速下，$Na_{0.5}MnO_2$ NWAs 和 Fe_3O_4@C NRAs 电极在不同电位窗口的循环伏安曲线（d）和 $Na_{0.5}MnO_2$//Fe_3O_4@C 非对称超级电容器和文献报道的非对称超级电容器的 Ragone 图（e）

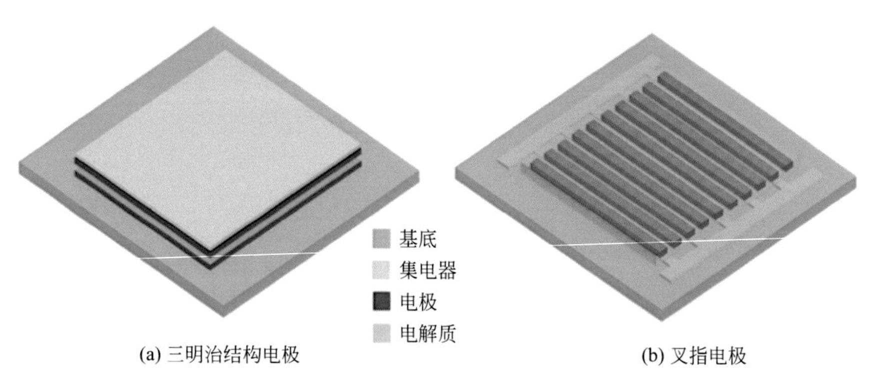

图 7-1　平面微型超级电容器的电极结构示意图

先进电化学能源存储与转化技术丛书

张久俊　李箐　丛书主编

超级电容器

科学与技术

Supercapacitors: Science and Technology

赵玉峰　张久俊　等 编著

化学工业出版社

·北京·

内容简介

《超级电容器：科学与技术》是“先进电化学能源存储与转化技术丛书”分册之一，书中根据电化学储能原理、电极材料和电解液对超级电容器进行分类，详细介绍了双电层超级电容器、赝电容电容器、水系混合储能器件、锂离子电容器、微型电容器的构成和工作原理以及当前的最新进展，并从应用出发，对超级电容器当前的应用领域及国内外的相关政策进行了论述和展望。

本书内容全面，且包含了超级电容器一线研究人员对该领域的深刻见解，并对一些容易混淆的概念做了澄清，将对相关领域科研人员、高校相关专业研究生和高年级本科生深入理解超级电容器的发展和相关原理大有裨益。

图书在版编目(CIP)数据

超级电容器：科学与技术/赵玉峰等编著. —北京：化学工业出版社，2023.4
(先进电化学能源存储与转化技术丛书)
ISBN 978-7-122-42834-9

Ⅰ.①超… Ⅱ.①赵… Ⅲ.①电容器-研究 Ⅳ.①TM53

中国国家版本馆 CIP 数据核字（2023）第 051723 号

责任编辑：成荣霞　　文字编辑：陈小滔　任雅航
责任校对：刘曦阳　　装帧设计：王晓宇

出版发行：化学工业出版社
（北京市东城区青年湖南街 13 号　邮政编码 100011）
印　　装：北京建宏印刷有限公司
710mm×1000mm　1/16　印张 13　彩插 3　字数 218 千字
2023 年 8 月北京第 1 版第 1 次印刷

购书咨询：010-64518888
售后服务：010-64518899
网　　址：http://www.cip.com.cn
凡购买本书，如有缺损质量问题，本社销售中心负责调换。

定　　价：128.00 元　

"先进电化学能源存储与转化技术丛书"编委会

FOREWORD

序

当前，用于能源存储和转换的清洁能源技术是人类社会可持续发展的重要举措，将成为克服化石燃料消耗所带来的全球变暖/环境污染的关键举措。在清洁能源技术中，高效可持续的电化学技术被认为是可行、可靠、环保的选择。二次（或可充放电）电池、燃料电池、超级电容器、水和二氧化碳的电解等电化学能源技术现已得到迅速发展，并应用于许多重要领域，诸如交通运输动力电源、固定式和便携式能源存储和转换等。随着各种新应用领域对这些电化学能量装置能量密度和功率密度的需求不断增加，进一步的研发以克服其在应用和商业化中的高成本和低耐用性等挑战显得十分必要。在此背景下，“先进电化学能源存储与转化技术丛书”（以下简称“丛书”）中所涵盖的清洁能源存储和转换的电化学能源科学技术及其所有应用领域将对这些技术的进一步研发起到促进作用。

“丛书”全面介绍了电化学能量转换和存储的基本原理和技术及其最新发展，还包括了从全面的科学理解到组件工程的深入讨论；涉及了各个方面，诸如电化学理论、电化学工艺、材料、组件、组装、制造、失效机理、技术挑战和改善策略等。“丛书”由业内科学家和工程师撰写，他们具有出色的学术水平和强大的专业知识，在科技领域处于领先地位，是该领域的佼佼者。

“丛书”对各种电化学能量转换和存储技术都有深入的解读，使其具有独特性，可望成为相关领域的科学家、工程师以及高等学校相关专业研究生及本科生必不可少的阅读材料。为了帮助读者理解本学科的科学技术，还在“丛书”中插入了一些重要的、具有代表性的图形、表格、照片、参考文件及数据。希望通过阅读该“丛书”，读者可以轻松找到有关电化学技术的基础知识和应用的最新信息。

“丛书”中每个分册都是相对独立的，希望这种结构可以帮助读者快速找到感兴趣的主题，而不必阅读整套“丛书”。由此，不可避免地存在一些交叉重叠，反映了这个动态领域中研究与开发的相互联系。

我们谨代表“丛书”的所有主编和作者，感谢所有家庭成员的理解、大力支持和鼓励；还要感谢顾问委员会成员的大力帮助和支持；更要感谢化学工业出版社相关工作人员在组织和出版该“丛书”中所做的巨大努力。

如果本书中存在任何不当之处，我们将非常感谢读者提出的建设性意见，以期予以纠正和进一步改进。

张久俊

（上海大学/福州大学　教授；
加拿大皇家科学院/工程院/工程研究院　院士；
国际电化学学会/英国皇家化学会　会士）

李　箐

（华中科技大学材料科学与工程学院　教授）

PREFACE

前言

当前社会对于能源的需求日益迫切。随着经济的持续发展，能源在生产和生活消费等方面均发挥着重要作用。作为当今生活、化工的主要能量来源，化石燃料面临着两大挑战：一方面，化石燃料对环境的污染有时甚至成为社会关注的主要问题；另一方面，化石资源的逐渐枯竭，将对经济和社会的发展产生重大影响。因此，发展太阳能、氢能、核能、风能和潮汐能等受到广泛认可的清洁能源，是实现人类社会可持续发展的重要保障。目前对于新能源（包括一些传统能源）的应用主要集中于将其转化为电能，然后加以利用。与此同时，储存电能的装置自然而然成为当前和今后研究的焦点。

超级电容器（supercapacitor，SC），被定义为一种介于传统电容器和电池之间的新型储能元件。它结合了物理电容和传统电池的优点，既具有较高的功率密度和较长的寿命，又具有较大的能量密度，因此成为研究者们关注的热点。目前基于文献报道和产品的实际表现，超级电容器的能量密度典型值为 10~20W · h · kg^{-1}。相较于当前典型的电池系统（约 100~300W · h · kg^{-1}），超级电容器的能量密度不占优势，但由于没有相变从而没有极化产生，使得超级电容器的比功率（500W · kg^{-1}）和寿命（100000 次）要远远高于当下的电池系统（比功率约为 200W · kg^{-1}，寿命约为 500~1000 次）。超级电容器的应用最初主要涉及军事、航天等领域，而将超级电容器应用于日常生产生活（诸如电动车辆，便携式电子产品例如手机、笔记本电脑和备用电源等）则是近十几年来提出的新课题。超级电容器应用于电动汽车的动力系统已经成为应用研究的主要方向，特别是超级电容器与传统电池联合组成的混合动力系统，已经被公认为是解决电动汽车推动问题的最佳途径。

本书根据电化学储能原理、电极材料和电解液对超级电容器进行分类，详细介绍了双电层超级电容器、赝电容电容器、水系混合储能器件、锂离子电容器、微型电容器的构成及工作原理以及当前的最新进展，并从应用出发，对超级电容器当前的应用领域及国内外的相关政策进行了论述和展望。

本书由赵玉峰教授、张久俊教授和多名从事超级电容器研究的知名教授共同编著而成。其中第1章作者为燕山大学樊玉欠教授，第2章作者为上海大学颜蔚和蒋永教授，第3章、第4章、第7章作者为上海大学赵玉峰教授，第5章作者为南京理工大学夏晖教授，第6章、第8章作者为同济大学郑俊生教授。

本书内容全面，且包含了超级电容器一线研究人员对该领域的深刻见解，并对一些容易混淆的概念做了澄清，不仅可以作为初学者的工具书，也对相关领域同行深入理解超级电容器的发展和相关原理大有裨益。

书中不妥之处在所难免，敬请读者朋友批评指正！

编著者

CONTENTS

目录

第1章

超级电容器概述

当前社会对于能源的需求日益迫切。随着经济的持续发展，能源在两个方面发挥着重要作用：一方面用于生产消耗，大量的能源支撑社会经济的发展，表现为量的需求；另一方面用于生活消费，清洁能源成为保证生活质量的必需品，表现为质的需求。当今社会能源方面的矛盾是人们对能源量和质的需求与现有能源不能满足这种需求之间的矛盾，表现为：①虽然化石燃料仍然是生活、化工的主要能量来源，但是它在质上并不满足人类社会的标准，其对环境的污染有时甚至成为社会关注的主要问题；②由于化石资源的逐渐枯竭，化石燃料在量上支撑经济和社会发展的时限也可预见。因此，开发量与质兼优的新能源已成为当前研究的热点之一[1,2]。

太阳能、氢能、核能、风能和潮汐能等是当前受到广泛认可的清洁能源，对它们的开发使得人类社会的可持续发展变为可能。目前对于新能源（包括一些传统能源）的应用主要集中于将其转化为电能，然后加以利用。众所周知，电能是能够直接用于生产和生活的清洁能源，因此高效利用电能将是今后能源的发展趋势。与此同时，储存电能的装置自然而然成为当前和今后研究的焦点。传统意义上电能的直接存储机制分为两种：一种是物理储能，充放电过程中只发生电子的转移，没有化学变化，电容器是典型的代表；一种是化学储能（即电化学储能机制），充放电过程借助电极上的氧化还原反应来实现。生产生活中常见的诸如锂电池、铅酸蓄电池、锌空气电池、锌锰干电池等都是后者典型的代表。电化学储能实质就是利用电化学反应来进行能量存储[3]。目前，虽然各种储能装置能够在其适用的特定领域满足人们对电能的一定需求，但是从综合性能（功率密度、能量密度、循环寿命、成本以及安全性）来看，仍有着不可忽视的缺点。例如，电容器虽然可以在极短的时间内以高功率的形式输出所存储的能量，但它的能量密度极其有限，因此不能够作为主要的储能手段。而前文中所提及的化学储能装置（电池）虽然具有较高的能量密度，但其应用仍然受限于各种因素，存在功率密度低、寿命短、安全性差以及环境不友好等问题[4]。为了弥补传统电池的缺陷，研究者们寄希望于新一代高性能电能存储系统，燃料电池以及本书所论述的超级电容器即是其中的典型代表。

超级电容器（supercapacitor，SC），被定义为一种介于传统电容器和电池之间的新型储能元件。它结合了物理电容和传统电池的优点，既具有较高的功率密度和较长的寿命，又具有较大的能量密度，因此成为研究者们关注的热点。尤其需要强调的是，作为独立的储能器件，超级电容器具有充放电速度快、功率密度高、稳定性好、寿命长等优点。超级电容器的应用最初主要涉及军事、航天等领域；而将超级电容器应用于日常生产生活（诸如电动车辆，便携式电子产品例如手机、笔记本电脑和备用电源等）则是近十几年来提出的新课题[5]。特别是在当前交通工具电动化趋势下，超级电容器与电池组成的混合动力系统，大大提高了其实用价值。

在实验研究方面，当前的研究重点仍然集中在对各种电极材料（主要包括各类碳材料、过渡金属化合物、导电聚合物材料等）的开发及其性能的研究上。目前基于文献报道和实际产品的实际表现，尽管超级电容器的能量密度相较于传统电容器大为改善（典型值为 10～20W·h·kg^{-1}），但这一结果还是远低于当前典型的电池系统（约 100～300W·h·kg^{-1}）。然而另一方面，由于没有相变从而没有极化产生，使得超级电容器的比功率（500W·kg^{-1}）和寿命（100000次）要远远高于当下的电池系统（比功率约为 200W·kg^{-1}，寿命约为 500～1000 次）。在应用研究方面，人们着重于将超级电容器的大功率放电特性应用于电池系统中。随着人们环保意识的增强，近来电动汽车的发展已成为一种趋势，因此超级电容器应用于电动汽车的动力系统已经成为应用研究的主要方向，特别是超级电容器与传统电池联合组成的混合动力系统，已经被公认为解决电动汽车推动问题的最佳途径[6]。

1.1 从传统电容器到超级电容器

1.1.1 传统电容器

在详细介绍超级电容器之前，有必要先了解传统电容器的概念。电容器属于物理电容，最早起源于一种被称为莱顿瓶的玻璃装置。电容器的种类很多，其中典型的是平行板电容器，其结构十分简单，由两个相互平行的金属导体极板组成，若其中一个极板所带电荷为正，则另一极板为负，但两者电荷量是完全相同的。两极板间是电介质，介质为绝缘材料，可以为液体、气体或者固体。因而传统电容器的主要部件为两个彼此靠近又相互绝缘的导体。值得注意的是，平行板电容器拥有很小的极板间距值 d。均匀电场是平行板电容器的本质，所以它也是最简单的传统电容器。电容器是日常生活中比较常见的电子元件，例如电脑主机电路板上的主板电容（电解电容），主要起到电波过滤的效果，而非以储能为主。

下面以平行板电容器为例，介绍如何计算电容器的电容值。有关电容最基本的定义公式为

$$C=\frac{Q}{U} \tag{1-1}$$

应用于平行板电容器时公式为

$$C=\frac{Q}{\Delta U} \tag{1-2}$$

式中，Q 为带电量；ΔU 为两极板间的电势差。再具体而言为

$$C=\frac{\varepsilon_0\varepsilon_r}{d} \tag{1-3}$$

式中，ε_0 为真空中的介电常数；ε_r 为介质相对于真空的介电常数。

电容器的特性表现在串联和并联行为的差异上。将多个电容器串联或者并联起来，总电容值将发生相应的变化。若有 n 个电容器串联，其总的电容值为

$$C=\frac{Q}{\Delta U_1+\Delta U_2+\cdots+\Delta U_n} \tag{1-4}$$

或

$$\frac{1}{C}=\frac{1}{C_1}+\frac{1}{C_2}+\cdots+\frac{1}{C_n} \tag{1-5}$$

式中，Q 为总带电量。

而当 n 个电容器并联时，电路总的电容值为

$$C=\frac{Q_1+Q_2+\cdots+Q_n}{\Delta U}=C_1+C_2+\cdots+C_n \tag{1-6}$$

式中，$Q_i(1\leqslant i\leqslant n)$为各个电容器的带电量。

即并联状态，全部电容器电容值相加可获得电路总电容值。电容器元件电压滞后于电流的特性可以通过循环伏安图直观地体现，根据式(1-2) 可推得

$$C=\frac{Q}{\Delta U}=\frac{i\Delta t}{\Delta U}=\frac{i}{v} \tag{1-7}$$

式中，v 为扫速；i 为电容器的电流值。由式(1-7) 可得出在一定的扫速下对电容器进行测试，能够获得相应的循环伏安（CV）图。i 是一个恒定值，但充放电状态不同表现不同，其中充电时为正，放电时为负。如此一来，理想的矩形形状将在 CV 图上呈现出来。

1.1.2 基于电化学的超级电容器及其主要类型

超级电容器是介于传统电容器和电池之间的一种新型储能装置，由于其根据电化学法拉第反应机理储存电荷，所以又称电化学电容器（electrochemical capacitor，EC）。它既具有传统电容器快速充放电的特性，同时又具有明显倾向于电池的能量储存特性，具有功率密度高、循环寿命长、温度特性好及绿色环保等优点。由于它结合了两种储能器件的优点，因此成为研究者们关注的热

点之一。

超级电容器的结构由五部分组成，分别为活性电极材料、集流体、隔膜、电解液、外壳。碳材料、过渡金属化合物[7]、导电聚合物材料[8] 都适合作活性电极材料；集流体应具有稳定的化学性质而且还要与活性材料结合良好；隔膜主要起到隔离、防止内部短路的作用，还应具有高离子电导和低电子电导；电解液主要根据电极活性材料的性质进行选择。

通常将超级电容器按照业内人员的共识分为以下三类，如图 1-1 所示，即双电层电容器（electric double layer capacitors，EDLCs）、赝电容器（pseudocapacitors）和混合型超级电容器（hybrid supercapacitors）。其中，混合型超级电容器进一步可以分为基于电容/电池复合电极材料的对称型电极超级电容器、基于法拉第赝电容电极和双电层电容电极组成的非对称型电极超级电容器，以及一些利用电池材料和电容材料分别作为正负极组成的可充电电池型混合电容器。与其他类型超级电容器相比，混合型超级电容器的能量密度有了明显提升，同时还保留较高的功率密度和循环稳定性[9]。

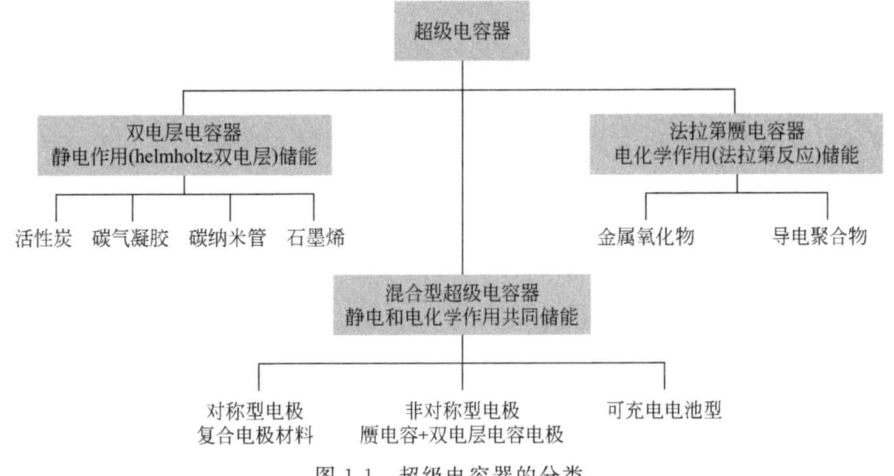

图 1-1 超级电容器的分类

超级电容器的能量存储机制整体上可以分为双电层电容与赝电容两类，如图 1-2 所示。在电化学体系内，当将导电电极浸入离子导电电解质溶液中时，在电极-电解质界面处的电荷组织会自动产生双电层以实现电荷存储。电荷是通过静电电荷吸附而最终存储在电极和电解质之间的界面上的。双电层电容最重要的特征之一是：在电极和电解质的界面之间不发生电荷转移，这是一个纯粹电荷吸附脱附的过程，不发生任何氧化还原反应，也没有电荷穿过双电层[10]。因此可以推断，基于双电层存储能量，其比电容在很大程度上取决于电极材料的比表面积，以及其特定的表面性质。

与双电层电容不同，赝电容电极材料通过法拉第反应过程储存电荷，此过程涉及在活性材料的表面或近表面进行快速、可逆的氧化还原反应。该机理与由电子转移而导致的电极材料的价态变化有关。二氧化钌（RuO_2）是历史上第一种被报道的表现出赝电容行为的材料。尽管电荷转移反应在 RuO_2 薄膜电极上的电荷存储是一种法拉第反应，但循环伏安曲线却呈现接近矩形的形状，是典型的电容特点。因此，“赝电容”这一术语被正式用于定义诸如 RuO_2、MnO_2 这一类材料，即其电化学特征表现为电容性，但本质是基于法拉第反应而完成电荷存储的电极材料[11]。

赝电容根据反应过程的法拉第机理不同可以分成三类，如图 1-2(b～d) 所示。图 1-2(b) 为欠电势沉积，当离子以对其可逆氧化还原电势为正的电势（例如 Pt 上的 H^+ 或 Au 上的 Pd^{2+}）沉积在二维金属-电解质界面上时发生，由于贵金属成本较高、电压窗口较窄，所以欠电势沉积很少应用到能量存储中；图 1-2(c) 为基于氧化还原的赝电容，在法拉第氧化还原系统中，还原物种某种程度的转化被电化学吸收到氧化物种的表面或近表面上（反之亦然）（例如 RuO_2 或 MnO_2 以及某些导电聚合物）[12]；图 1-2(d) 为离子嵌入赝电容，其中离子嵌入氧化还原活性材料中，没有结晶相变，并且时间尺度接近双电层电容（例如 Nb_2O_5）。以上即是对超级电容所进行的一些通识性介绍，并且为了让读者加强印象，下文简要探讨几种典型并且重要的超级电容。

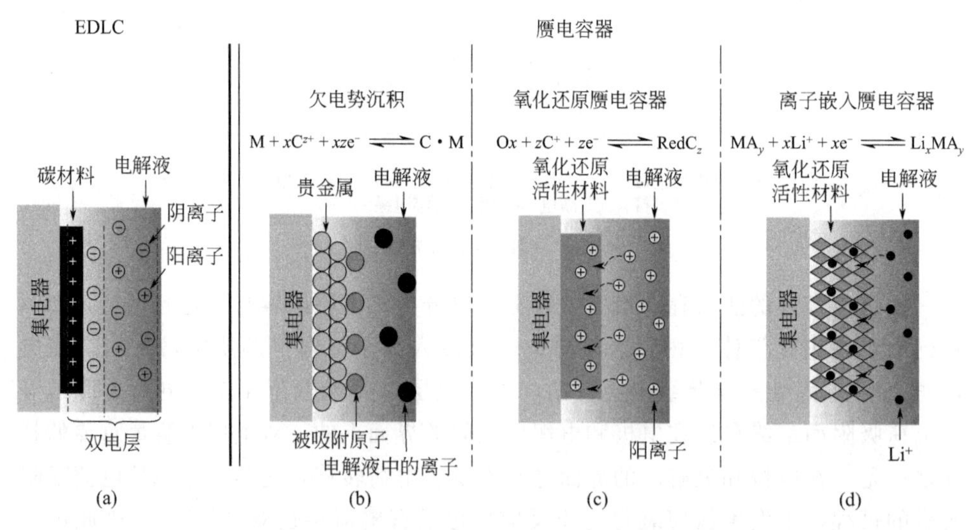

图 1-2　EDLC（a）和不同类型赝电容电极（b～d）的电荷存储机制示意图：（b）欠电势沉积，（c）氧化还原赝电容器和（d）离子嵌入赝电容器

1.1.3 双电层电容

双电层电容器主要是利用电极表面和电解质界面形成的双电层来储存能量，如图 1-3 所示。当电极材料和电解液接触时，会在电极表面和溶液界面处出现等量、符号相反、稳定的双层电荷。当给两个电极施加外加电场时，在电场的作用下，溶液中的阴、阳离子会分别向正极和负极迁移，因而在电极表面形成双电层结构。当去除外电场后，电极上具有的正、负电荷会与溶液中具有相反电荷的离子相互吸引分别形成稳定的双电层结构，造成两个电极的电化学势发生变化，从而达到储能的目的[13]。为形成稳定的双电层，使用的电极材料不能和电解液发生反应，且应具有良好的导电性能，还应施加直流电压，促使电极和电解液界面发生“极化”。在双电层电容器中，使用最广泛的应属碳材料。

如图 1-3 所示为典型的双电层电容器结构示意图，电极浸入电解液中，在电极与电解液界面处形成异号电荷双电层。它非常类似于化学电池，即同样是由两个电极组成，电极之间有电解质分隔。它们的区别在于双电层电容其工作原理是基于非法拉第反应过程的，而电池则不是[14]。换言之，双电层电容器只包含电极/电解质界面双电层的充放电；而电池的充放电过程伴随着电极与电解质间的电子交换，从而引起电池组成氧化形态的改变。根据 Stern 双电层模型可知，在静电作用和离子热运动的双重作用下，电极/电解质界面的双电层由紧密层和扩散层两部分组成，电势在电极界面上的变化如图 1-4 所示。

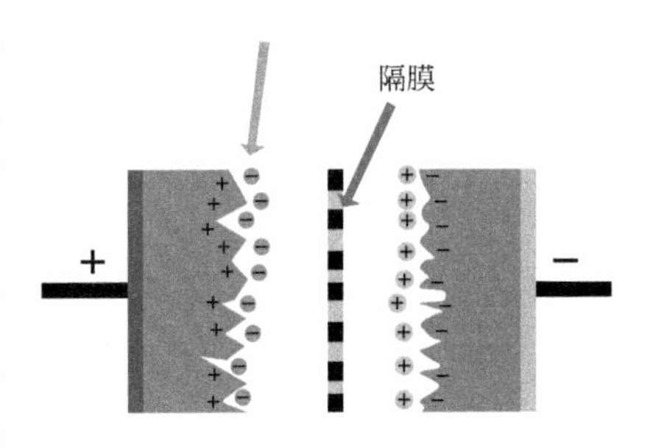

图 1-3 基于双电层的超级电容器的结构

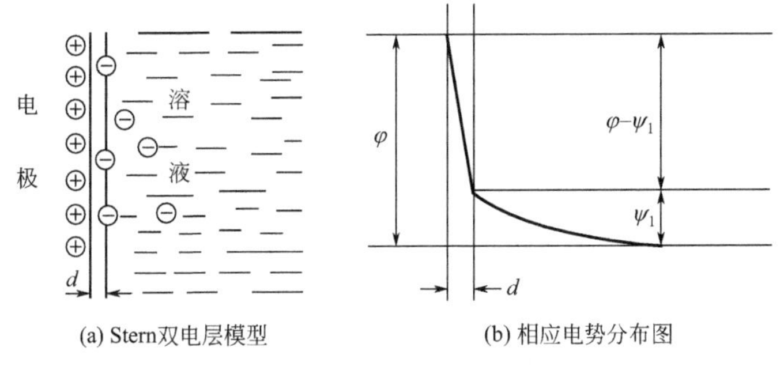

图 1-4 电势在电极界面上的变化

从这个模型出发，通过数学推导可以获得该模型的数学表达式：

$$\frac{1}{C_d}=\frac{1}{C_{紧密层}}+\frac{1}{C_{分散层}} \tag{1-8}$$

由该数学表达式建立的模拟超级电容器电极双电层结构如图 1-5 所示。可以看出，电极界面相当于紧密层电容和分散层电容串联组成。

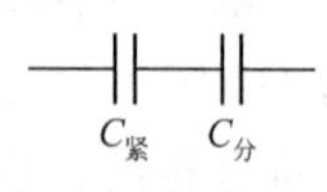

图 1-5　模拟超级电容器双电层结构

双电层电容器基本工作原理为：当向电极充电时，处于理想极化状态的电极表面电荷将吸引周围电解质溶液中的异性离子，使这些离子附于电极表面上形成双电荷层，构成双电层电容。由于两电荷层的距离非常小，再加之采用高表面积物质作电极材料，使得电极/电解质接触面积成万倍地增加，从而产生极大的电容量。双电层超级电容器放电时，正、负极板上的电荷被外电路泄放，电解液界面上的电荷相应减少。当然，真正的超级电容器工作时原理要复杂一些。另外，当两个电极板间电势低于电解液的氧化还原电极电势时，电极/电解液界面上的电荷不会脱离电解液，双电层超级电容器处在正常工作状态（水系通常在 1.5V 以下，有机体系通常在 3V 以下）；如果电容器两端电压超过电解液的氧化还原电极电位，那么，电解液将分解，处于非正常状态。由此可以看出双电层超级电容器的充放电过程始终没有相变发生，因此性能是稳定的，与利用电化学反应的电池不同[15]。

1.1.4　法拉第赝电容

法拉第赝电容是在电极材料表面和近表面或体相中的二维或准二维空间上，电活性物质间发生快速的、高度可逆的化学吸/脱附或氧化还原反应，并且表现出明显的与电极极化电位有关的电容特性。对于法拉第赝电容，其储能过程不仅包括双电层存储电荷，而且包括电解液离子与电极活性物质发生的氧化还原反应。在外加电场的作用下，电解液中的离子（如 H^+、OH^- 等）会从溶液中扩散到电极/溶液界面上。并且，由于界面上氧化还原反应的作用，离子会进一步进入电极表面活性氧化物的体相中，从而使得电极有可能存储大量的电荷。放电时，这些进入氧化物中的离子又会通过上述逆过程重新返回到电解液中，同时所存储的电荷通过外电路而释放出来。这就是法拉第赝电容器的充放电机理。

1.1.5　锂离子超级电容

锂离子电容器是一种典型的混合型超级电容器。由于锂离子电容器的电容-电池杂化特性，电极材料往往在锂离子电池的嵌锂材料和超级电容器的电容材料之间进行正负极搭配组合，或在单电极中混合使用。因此锂离子电容器的能量储存过程包含了可逆嵌脱锂反应和电解液离子在固体表面的静电吸脱附过程，因而同时具备双电层电容和锂离子电池的电化学储电性能。

1.1.6 混合型超级电容

混合型超级电容器一般由双电层电容过程和法拉第赝电容过程共同构成。在充放电过程中，正负极的储能机制不同。在双电层电容器和法拉第赝电容的共同作用下，可以产生更高的工作电压，获得更大的能量密度。基于电池电极和超级电容器电极的储能系统称为电池-超级电容器混合器件（BSH），为构建具有二次电池和超级电容器优点的器件，对未来的多功能电子设备，诸如混合动力电动汽车和工业设备，在供电需求层面提供了一种具备更高能量密度和功率密度的解决方案。图 1-6 是各种储能器件的能量密度和功率密度关系图。

尽管电池和超级电容器的电化学特性和行为都不相同，但其结构却互相类似，如两种储能设备都具有正负极、电解质、隔膜和集流体，从而使二者的混合形式变得具有可行性。如果将电池与超级电容器相混合，可使其兼具高能量/功率密度以及长循环寿命，使二者取长补短，打造更有发展前景的储能器件。

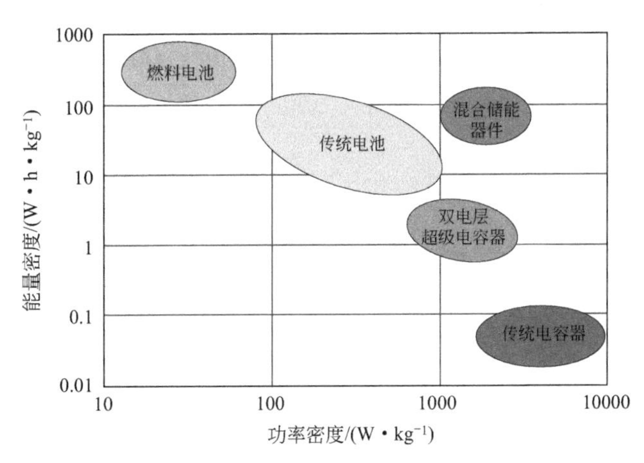

图 1-6　各种储能器件能量密度与功率密度的关系图（Ragone 图）

1.2 超级电容器的特点

电化学电容器具有许多传统电池不具备的优点：

① 具有非常高的功率密度。电容器的功率密度可为电池的 10～100 倍，可以达到 $10kW \cdot kg^{-1}$ 左右，可以在短时间内放出几百到几千安培的电流。这个特点使得电容器非常适合用于短时间高功率输出的场合。

② 充电速度快。超级电容器充电是双电层充放电的物理过程或电极物质表面快速、可逆的电化学过程。可以采用大电流充电，能在几十秒到数分钟内完成充电过程，是真正意义上的快速充电，而普通蓄电池充电需要数小时完成，即使采用快速充电也需几十分钟。

③ 使用寿命长。超级电容器充放电过程中发生的电化学反应具有很好的可逆性，不会出现类似电池中活性物质那样的晶型转变、脱落、枝晶穿透隔膜等引起的寿命终止的现象，碳基电容器的理论循环寿命为无穷，实际可达 100000 次以上，比电池高出 10～100 倍。

④ 使用温度范围广，低温性能优越。超级电容器充放电过程中发生的电荷转移大部分都在电极活性物质表面进行，所以容量随温度衰减非常小。其工作温度为－40～85℃，而二次电池仅为 0～40℃。

⑤ 漏电电流小，具有电压记忆功能，内阻小，抗过充过放和短路性能好。

⑥ 对环境无污染，尤其是碳基超级电容器，成本低廉，可作为真正的绿色能源。超级电容器与传统电容器及电池的特性比较如表 1-1 所示。

表 1-1　超级电容器与传统电容器和电池的比较

特性	传统电容器	超级电容器	电池
放电时间	10^{-6}～10^{-3}s	1～30s	0.3～3h
充电时间	10^{-6}～10^{-3}s	1～30s	1～5h
能量密度/($W \cdot h \cdot kg^{-1}$)	<0.1	1～10	20～100
功率密度/($W \cdot kg^{-1}$)	>10000	1000～2000	50～200
充放电循环效率	≈1	0.90～0.95	0.7～0.85
循环寿命/次	∞	>100000	500～2000

1.3 超级电容器材料概述

超级电容器电极材料是决定超级电容器电化学性能好坏的关键因素之一，因此一直备受关注。按照超级电容器储能性质的不同可将其分成两类，第一类超级电容器是双电层电容器，其机制是利用导电多孔的活性电极可逆吸附电解质离子，从而通过电极与电解质之间形成的界面双电层来进行储能，此类电容器的特点是没有发生法拉第反应过程。所以此类电容器常常以一些高稳定性且比表面积大的碳基材料，诸如活性炭、碳纳米管以及石墨烯等，作为电极材料。另一类是赝电容电容器，它主要基于法拉第反应过程即通过离子在电极材料上发生可逆的氧化还原反应来进行能量存储的[16]。此类电容器常以过渡金属氧化物与导电聚合物为电极材料。由于后续章节会详细讨论，这里只做简要介绍。

1.3.1 碳基材料

碳基材料被广泛应用于双电层电容器中，这主要得益于其多种优势，诸如原材料来源广且价格低廉、导电性好、高表面积、环境友好及良好的化学稳定性等。碳基材料主要包括活性炭、石墨烯和碳纳米管等。

活性炭（AC）材料因其比表面积较大、电化学稳定性高、电导率高、成本低，被较早地开发使用于超级电容器电极材料，也是当前超级电容器开发的最经典体系。正是其优异的孔径结构和高比表面积使得活性炭适合作为双电层电容器电极材料。但是它孔径分布不均和表面积利用率低的问题依然存在。目前通过物理和化学手段可以得到丰富多孔结构。

除活性炭外，碳纳米管和石墨烯类碳基材料也具有好的应用前景。碳纳米管因其具有较高的比表面积所以可以形成双电层电容器，而且还可以通过法拉第反应利用赝电容储能。缺点则是比容量较小。石墨烯材料具有比表面积大、柔韧性好、电位窗口宽、电导率低和稳定性好等优点，可作为双电层电容器的电极材料。而经过加工后生成的氧化石墨烯可通过其含氧官能团的赝电容来增加其比容量[17]。

总的来说碳基材料具有良好的化学稳定性，但不足之处在于，较小的比容量将导致较低的能量密度，从而限制了其进一步应用。对于碳基材料是否适用于独立供电的主要器件，目前学术界尚有争议，但这并不影响对其实际应用的研究。

1.3.2 过渡金属氧化物材料

过渡金属氧化物是通过活性物质在电极表面或亚表面发生快速可逆的氧化还原反应来实现能量的存储，属于法拉第赝电容材料或电池型超电容材料。过渡金属氧化物的特点是其比容量较高。当使用过渡金属氧化物作为超级电容器电极材料时，其比容量比使用碳基材料作为电极材料时高 10～100 倍[18]。目前对于金属氧化物的使用主要为：一方面，寻找廉价的金属氧化物来代替贵金属使用；另一方面，尝试与其他金属掺杂，从而减少贵金属的使用量；再者，与其他材料，如碳基材料复合来增加其电化学综合活性。

RuO_2 是最早被用于法拉第赝电容的过渡金属氧化物，它具有高比电容、较高的电导率、循环稳定性与化学稳定性强等优点，从而非常适用于法拉第赝电容。但是由于它价格昂贵且具有毒性，致使无法在超级电容器中广泛使用。研究人员们常用 NiO、MnO_2、Co_3O_4、Fe_2O_3 等与 RuO_2 具有相似电化学性质的廉价金属氧化物来代替 RuO_2 作为超级电容器电极材料。

近年来，基于碱性体系的储能策略已成为研究热点，特别是在电极材料的研究中。过渡金属氧化物/氢氧化物，例如镍基、钴基和锰基材料，由于其出色的物理和电化学性质，被认为是有前途的活性材料。价格低廉的 MnO_2 具有理论比容量较高、工作窗口宽且环境友好等特点，被认为是 RuO_2 的完美替代品。但是单独使用 MnO_2 作为超级电容器电极材料会因其较差的稳定性和导电性引发容量衰减过快和循环稳定性差的问题，所以常常通过复合来改善 MnO_2 的电化学性能。NiO 作为电池型的超电容材料之一，表现出独到的优势，例如其电化学活性和稳定性都较好[19]。Co_3O_4 是具有尖晶石型结构的 p 型半导体材料，因为其电化学性能良好所以被广泛关注。

以过渡金属材料作为超级电容器材料的另一个问题是正负极材料的匹配问题，尤其是在水系电解液中较为突出。例如，近几年广泛被报道的 Ni、Co 等氧化物材料，其种类和性能已经达到较高水平。然而，这些材料往往具有高的工作电势（$>0V$，相对 Ag/AgCl，碱性体系），以至于它们仅仅适合用作正极材料。相较之下，负极材料的研究较为匮乏，其种类和数量远少于正极材料。因此，从长远的角度来看，负极材料的设计和开发值得关注。Fe 基材料由于其理论容量高、电势较负（约$-1.0\sim-0.2V$，相对 Ag/AgCl，碱性体系）、无毒、成本低以及储量丰富的优点而被证明是有希望的负极活性材料[20]。

1.3.3 导电聚合物基电极材料

导电聚合物电极材料通常具有电导率较高、电催化活性高等优点。这种材料内阻小、价格低廉且比容量大。导电聚合物通过发生快速可逆的 n 型或 p 型元素掺杂/去掺杂的氧化还原反应，快速存储高密度电荷获得法拉第电容。但是由于离子在导电聚合物上容易扩散，所以它的功率密度较低而且循环稳定性较差。常见的导电聚合物材料有聚吡咯（PPy）、聚噻吩（PTh）和聚苯胺（PANI）等。聚苯胺（PANI）的使用较为广泛，因为它本身稳定性好、价格便宜、容易合成，并常与碳材料复合形成碳材料/聚苯胺复合材料来提高其电化学性能[21]；聚吡咯（PPy）因具有较高的理论容量、良好的导电性以及容易合成的特点被广泛使用于超级电容器中，但是其循环寿命短，所以常常通过与石墨烯等材料复合来提高其寿命；导电聚合物类的电极材料常常与碳材料进行复合，来提高电极的电化学性能。

1.3.4 其他新型电极材料

金属有机骨架（MOF）材料即多孔配位聚合物，拥有较大比表面积、较大孔隙率、较大密度、孔道结构规整等优点，这些优点使MOF材料成为当前电极材料研究热点之一[3]。

共价有机骨架（COF）材料是一种由碳、氧、氮、硼等轻元素以共价键形式连接构建形成的多孔晶体材料，与金属有机骨架材料相似。虽然两者都有较大的比表面积，但是COF更加容易通过在单体或者聚合物上添加官能团进行改性，所选择的单体不同，得到的COF材料的结构、孔隙大小、结晶度也都不同，这就使得COF材料能够具有不同的性能[22]。

此外，过渡金属氮化物（MN，其中M可为Ti、W、Mo、Nb、Ga等元素）硬度强、耐腐蚀、化学稳定性强、价格低廉等特点引起人们的关注[23]。MXene材料是由过渡金属碳化物、氮化物以及碳氮化物组成的二维材料，主要问题就是不容易生产，生产成本高，价格昂贵[24]。

1.3.5 超级电容器电解质材料

根据电解液种类不同可将超级电容器分为水系、有机系两大类。根据电解液的状态形式，又可将超级电容器分为基于固体电解质和液体电解质两大类。下面简要介绍几类典型的电解质体系。

① 水系电解质。水系电解质最突出的优势在于其低成本、高安全性等，目前主要分为酸性、中性和碱性三大体系，其中尤以碱性最受关注。酸性电解质多采用36%的H_2SO_4水溶液作为电解质；中性电解质通常采用KCl、NaCl等盐作为电解质；碱性电解质通常采用KOH、NaOH等强碱作为电解质。水系电解质的优点是电导率高、内阻低，其缺点主要是分解电压较低、电化学窗口窄、低温性能差。

② 离子液体电解质。离子液体电解质是一类由于阴、阳离子极不对称和空间阻碍，导致离子静电势较低，完全由离子组成的液态物质。其优点在于几乎无蒸气压、不爆炸、不挥发、离子导电率高、具有较宽的电化学窗口，缺点在于黏度过高、成本较大。

③ 固体、凝胶电解质。固体电解质或凝胶聚合物电解质由聚合物、电解质盐、低分子有机溶剂组成，已成为近几年研究的热点之一。该类电解质的优点在

于无电解液泄漏、能量密度高、工作电压较高；其缺点为电解质盐在聚合物中溶解度相对较低、电导率较低、电极/电解质之间接触情况有待提高。令人可喜的是，经过近几年的研究，上述缺陷已得到持续改善。

④ 有机电解质。超级电容器有机电解液体系主要由强离解能力的有机溶剂、产生高电导率的电解质及少量改善电容器性能的添加剂组成。其主要用的溶剂包括碳酸丙烯酯（PC）、乙腈（AN）等，电解质为四氟硼酸四乙基铵、双草酸硼酸锂等，添加剂主要包括导电添加剂、阻燃剂、过充保护剂等。其优点在于工作电压较高、工作温度范围宽；缺点为电导率较低、溶剂易挥发、具有可燃性。

1.4 超级电容器的机遇与挑战

正如前文所述，随着科学技术的日益进步和社会的不断发展，人们迫切需要一种高效的能量存储系统来为不断增加的电子产品以及混合动力/电动汽车供电。目前投入运用的主要电化学储能设备包括：铅酸电池、锂离子电池以及超级电容器等。

传统的铅酸蓄电池虽然安全稳定、价格低廉且易于维护，但是其较大的体积和重量，必然导致其不易于携带；同时，长期使用会出现硫酸化现象而使其性能和电容量下降。这些缺点都注定了铅酸电池在如今追求轻量化、微型化供电设备的市场中很难占有一席之地。

锂离子电池作为如今最热门的移动供电设备，其能量密度可以达到 $300W \cdot h \cdot kg^{-1}$。但是，由通过大量活性物质的电化学氧化还原反应进行化学键转变的电荷存储机制，使得电池的功率和寿命受到很大限制；加之循环过程中材料的体积变化较大，使得锂离子电池循环寿命仅能够保持在千余次左右。同时锂离子电池的充电速率相对来说并不是很快，且在长期使用中锂枝晶的生长一直是一个威胁锂离子电池使用安全的棘手问题。尽管人们一直在努力增加锂离子电池的寿命，并同时减少充电时间，但是固相扩散速率、相变和充放电造成的体积变化在根本上限制了电池性能的进一步突破。此外，各类电池的能量密度都会随着尺寸的减小而迅速降低，这便大大限制了它们在微型和可穿戴设备上的应用。

超级电容器具有电池所不具备的高功率密度和快速充放电性能，同时还有着远高于电池的循环寿命和稳定性，但是传统双电层电容器的能量密度较低，致使其只有数十秒至数分钟的短暂运行时间。因而目前大部分的超级电容器主要被用于小型电子设备的功率缓冲、交流电过滤、大型设备中电车的制动、电网的电能存储等需要在瞬间输出较大功率而不要求长期供能的设备中。这也让许多研究者认为，超级电容器只能被用作电池的辅助设备而不能单独作为新型的能源存储设备，这是超级电容器所面临的挑战之一。

而前文所提到的法拉第赝电容器以及电池型超级电容能够在兼具双电层电容器的高功率密度、快速充放电特性和长寿命的同时，又具有类似电池的较高能量密度，这便在一定程度上弥补了超级电容器的缺点和不足。不仅如此，现如今由于纳米技术的蓬勃发展，电池和超级电容器电极材料之间的界限已经越来越模糊(许多本身不是赝电容型的材料在纳米级尺寸下也可以表现出赝电容的电化学特征)。例如，对高表面积碳材料限制下的双电层现象的最新研究表明：高电容涉及离子去溶剂化或非库仑离子排序，这种机制与限制电解质氧化还原活性的 2D 分层材料中可能发生的现象相似。双电层电容器中使用的碳材料也体现出氧化还原能力。尽管许多锂离子电池的研究都涉及诸如相变和固相扩散等问题，但仍将赝电容电化学储能设备研究的重点放到反应界面的电荷转移机理上。这样一来，基础电化学、表面科学很好地应用于电化学储能设备上。

这也提示我们在未来对电化学储能设备的研究中不应再机械地将超级电容器和电池区分开来，而是应该用辩证的目光审视二者的优缺点，探寻和开发兼具双方优点、有前景的高性能电极材料，用于制造理想的下一代电化学储能设备。最为可行的策略在于，在基于超级电容器的开发中，不断地在电容型高功率密度/长寿命和电池型高能量密度之间取得妥协，从而获得综合性能较为理想的超级电容器件。这一点在以过渡金属氧化物为对象的研究中，已经获得了较为理想的结果，从而为超级电容器作为独立、高效、价格低廉以及高安全性的储能系统提供了新的机遇。

1.5 超级电容器产品典型案例

作为本章内容的结尾，本节主要给出关于超级电容器产品的一些案例，供读者参考。

在交通运输方面，超级电容器已经被应用于汽车、公交车以及城市轨道交通。例如，2006 年 8 月，上海市采用超级电容的 10 辆超级电容公交车正式运营(如图 1-7 所示)，使得新型电容电动公交车在上海的推广应用拉开了序幕，其成功的商业运行也成为第一例世界级运行历程[25]。

2013 年中车长春轨道客车股份有限公司研制了中国第一辆成网运行的架空接触网和超级电容复合电源牵引供电型现代有轨电车［图 1-8(a)］，并在沈阳浑南运营。该有轨电车选择由 2.7V/3000F 超级电容单体组装的 48V/165F 模组为

图 1-7　上海市超级电容公交车

单元，组装成 1.6kW·h 的储能系统，实现了有轨电车在无网区运行以及制动能量的回收[26]。

国外对超级电容器的研究比我国早，技术相对比较成熟。例如 2012 年 9 月，CAF 公司研制的有轨电车采用 8.2kW·h 超级电容组/30kW·h 锂电池组混合储能系统作为中心能源，于 2012 年 9 月在萨拉戈萨［图 1-8(b)］和格拉纳达上线运行。该有轨电车的超级电容组均采用 2.7V/3000F 的超级电容集成，并根据储能装置不同可保障 2.05km 和 4.95km 的无触网区段供电牵引[27]。

(a)　(b)

图 1-8　沈阳浑南区有轨电车（a）和西班牙萨拉戈萨有轨电车（b）

虽然接触网型有轨电车的建设在数十个城市展开，但由于城市中高大树木以及高楼大厦等高大障碍物的存在，使接触网的搭建变得复杂且维修难度增大。同时与内陆城市相比，沿海城市的台风天气也更易使接触网型有轨电车受到损害，不利于城市规划和布局，所以全程无网储能式有轨电车，即纯超级电容动力型有轨电车的研究受到了广泛关注[28]。

2014 年底，由中车株洲电力机车有限公司发布的世界首台超级电容全程无网储能式 100％现代有轨电车［图 1-9(a)］正式于广州海珠线运行，此辆有轨电车使得超级电容器在我国的交通运输应用中更上一层楼。该电车的核心储能部件为中车新能源公司研发的方形 2.7V/7500F 超级电容，车辆利用停车间隙对电车进行充电，1800A 的大充电电流以及 6 并 344 串的紧密结构，保障了电车的充电效率[29]。为了提高有轨电车的续航能力，株洲电力机车有限公司研发了新型储能有轨电车，该电车使用中车新能源公司的 2.7V/9500F、3V/12000F 超级电容为主力能源，并于江苏淮安等地进行运输[30]。

2018 年初，被称为“光谷量子号”的超级电容有轨电车［图 1-9(b)］正式为交通运输添砖加瓦，整车可以储能 47.6kW·h。该辆电车为武汉中车长客轨道车辆有限公司生产，核心储能部件为上海奥威科技开发有限公司的 4.2V/28000F 电池电容，可利用到站停车间隙对车辆本身进行充电，一次有效充电可以保证电车行驶 10km 以上，并且其最高速度可以达到 70km·h^{-1}。[31]

(a)

(b)

图 1-9 广州海珠线储能式有轨电车（a）和武汉东湖储能式有轨电车（b）

在地铁方面，2016 年底我国首套地铁列车用储能装置在广州地铁六号线投入运行。该储能装置由宁波中车新能源科技有限公司等自主研发，可用于 1500V 直流地铁列车，是我国在城市轨道交通应用中以超级电容器为核心部件的新型制动能量回收利用装置获得突破的标志。根据超级电容器的再生制动能量回收装置，可以使供电效果得到改善，并提高电能利用率，降低损耗。地铁超级电容器制动能量回收利用系统示意图如图 1-10 所示[32]。

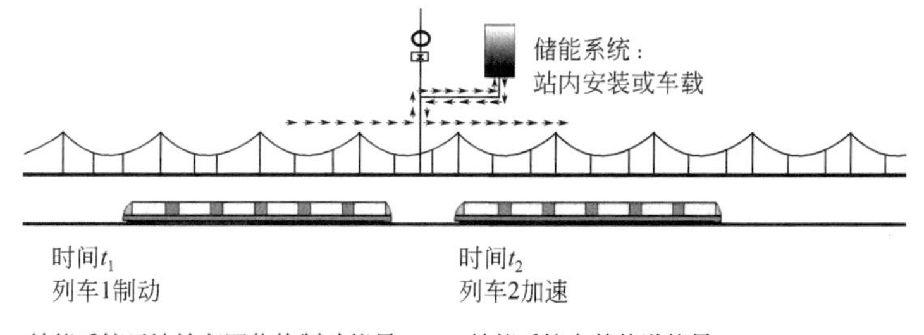

图 1-10 地铁超级电容器制动能量回收利用装置示意图

参考文献

[1] Béguin F, Presser V, Balducci A, et al. Carbons and electrolytes for advanced supercapacitors [J]. Advanced Materials, 2014, 26 (14): 2283.

[2] Wang G, Zhang L, Zhang J. A review of electrode materials for electrochemical supercapacitors [J]. Chemical Society Reviews, 2012, 41 (2): 797-828.

[3] Simon P, Gogotsi Y. Perspectives for electrochemical capacitors and related devices [J]. Nature Materials, 2020, 19 (11): 1151-1163.

[4] Palacín M R. Recent advances in rechargeable battery materials: a chemist's perspective [J]. Chemical Society Reviews, 2009, 38 (9): 2565-2575.

[5] Larcher D, Tarascon J M. Towards greener and more sustainable batteries for electrical energy storage [J]. Nature Chemistry, 2015, 7 (1): 19-29.

[6] Hwang J Y, Myung S T, Sun Y K. Sodium-ion batteries: present and future [J]. Chemical Society Reviews, 2017, 46 (12): 3529-3614.

[7] Fan Y, Wang L, Huang W, et al. Co $(OH)_2$@Co electrode for efficient alkaline anode based on Co^{2+}/Co redox mechanism [J]. Energy Storage Materials, 2019, 21, 372-377.

[8] Dubal D P, Ayyad O, Ruiz V, et al. Hybrid energy storage: the merging of battery and supercapacitor chemistries [J]. Chemical Society Reviews, 2015, 44 (7): 1777-1790.

[9] 郝亮，朱佳佳，丁兵，等. 电化学储能材料与技术研究进展 [J]. 南京航空航天大学学报，2015，47 (05)：650-658.

[10] 王东杰，竺哲欣，竺江峰. 超级电容器技术及其低碳经济意义 [J]. 物理通报，2011，(02)：92-94.

[11] 叶成玉，颜冬，陆安慧，等. 有机介质体系锂离子电容器 [J]. 化工进展，2019，38 (03)：1283-1296.

[12] 谢小英，张辰，杨全红. 超级电容器电极材料研究进展 [J]. 化学工业与工程，2014，31 (01)：63-71.

[13] Ke Q, Wang J. Graphene-based materials for supercapacitor electrodes-A review [J]. Journal of Materiomics, 2016, 2 (1): 37-54.

[14] González A, Goikolea E, Barrena J A, et al. Review on supercapacitors: Technologies and materials [J]. Renewable and Sustainable Energy Reviews, 2016, 58: 1189-1206.

[15] Lu X, Hu Y, Wang L, et al. Macroporous carbon/nitrogen-doped carbon nanotubes/polyaniline nanocomposites and their application in supercapacitors [J]. Electrochimica Acta, 2016, 189: 158-165.

[16] Zhang L L, Zhou R, Zhao X S. Graphene-based materials as supercapacitor electrodes [J]. Journal of Materials Chemistry, 2010, 20 (29): 5983-5992.

[17] 杜伟，鞠翔宇，王美丽，等. 石墨烯/聚吡咯导电复合材料超级电容器电极的制备研究 [J]. 功能材料，2017，48 (01)：1034-1037.

[18] 孟繁慧. 基于新型纳米结构超级电容器材料的研究 [D]. 济南：山东大学，2013.

[19] Zeng Y, Yu M, Meng Y, et al. Iron-based supercapacitor electrodes: advances and challenges [J]. Advanced Energy Materials, 2016, 6 (24): 1601053.

[20] 侯朝霞，王晓慧，屈晨滢，等. 基于超级电容器的 MnO_2 二元复合材料研究进展 [J]. 储能科学与技术，2020，9 (03)：797-806.
[21] 吴荣，陈超，杨修春. 新型超级电容器电极材料 [J]. 陶瓷学报，2018，39 (06)：649-660.
[22] 朱远乐. 基于超级电容的储能系统研究 [D]. 成都：西南交通大学，2012.
[23] 易琛琦，邹俭鹏，杨洪志，等. 过渡金属氧/氮化物赝电容器电极材料的研究进展（英文）[J]. Transactions of Nonferrous Metals Society of China，2018，28 (10)：1980-2001.
[24] Fleischmann S，Mitchell J B，Wang R，et al. Pseudocapacitance：from fundamental understanding to high power energy storage materials [J]. Chemical Reviews，2020，120 (14)：6738-6782.
[25] 高义洋. 武汉光谷现代有轨电车无接触网供电方式分析 [J]. 工程技术研究，2017 (02)：135-136.
[26] 黄晓斌，张熊，韦统振，等. 超级电容器的发展及应用现状 [J]. 电工电能新技术，2017，36 (11)：63-70.
[27] 杨颖，彭钧敏. 城市轨道交通车辆车载储能器件选型研究 [J]. 电力机车与城轨车辆，2017，40 (01)：1-6.
[28] 张炳力，赵韩，张翔，等. 超级电容在混合动力电动汽车中的应用 [J]. 汽车研究与开发，2003 (05)：48-50.
[29] 曾桂珍，曾润忠. 沈阳浑南现代有轨电车超级电容器储能装置的设计及验证 [J]. 城市轨道交通研究，2016，19 (05)：74-77.
[30] 乔志军，阮殿波. 超级电容在城市轨道交通车辆中的应用进展 [J]. 铁道机车车辆，2019，39 (02)：83-86.
[31] 华黎. 超级电容公交车系统的原理和商业模式探索 [J]. 能源技术，2008，29 (06)：362-365.
[32] 赵军，范晓云，何杜明，等. 超级电容有轨电车供电系统研究 [J]. 电力电子技术，2017，51 (06)：86-88.

第2章

超级电容器表征技术

超级电容器即电化学电容器，是近年来发展起来的一种新型电能储存元件。由于其具有优良的充放电性能以及传统物理电容器所不具有的大容量储能性能，同时，又因其质量轻、功能密度高、循环寿命长、充放电速度快、对环境无污染等优点，所以被人们广泛应用到各个领域，包括电动汽车、传感器、电脑存储器的备用电源（UPS）、风力发电和太阳能发电等，特别是锂离子电池-电容器混合动力汽车的出现，使得超级电容器显示出前所未有的应用前景。

为了进一步改善电容器的性能，优化电解质、构造不对称电容器或锂离子电容器等方式已被广泛研究。但对纳米级电化学界面和孔中离子行为等基本机理透彻的理解是提高性能至关重要的一步。由于电极材料的结构多样，有很多问题尚未解决。本章将简要回顾一下超级电容器的表征技术，例如利用 BET 法计算比表面积、非局域密度泛函理论、傅里叶红外光谱仪、X 射线光电子能谱等进行材料特性表征，利用暂态技术和稳态技术对其电化学性能进行表征等。

2.1 材料特性表征

超级电容器主要通过电极材料的表面反应传递电容，因此，有必要对其比表面积、孔结构和表面结构（含官能团）进行表征。在一定的相对压力范围内，比表面积计算（BET 法）通常可以确定电极材料的比表面积和孔径分布，包括微孔（＜2nm）、介孔（2～50nm）和大孔（＞50nm）三类[1]。用非局域密度泛函理论（non-local density functional theory，NLDFT）分析氩的吸附等温线来表征微孔。此外，采用傅里叶变换红外（FT-IR）光谱和 X 射线光电子能谱（XPS）技术对赝电容电极材料进行表面分析。

2.1.1 比表面积和孔结构

2.1.1.1 测定原理

比表面积分析测试方法有很多种，其中气体吸附因其测试原理的科学性、测试过程的可靠性、测试结果的一致性，在国内外被广泛应用，成为公认的最权威的测试方法。

2.1.1.2 BET 比表面积测试法

BET 公式：

$$\frac{p}{V(p_0-p)}=\frac{1}{V_mC}+\frac{(C-1)}{V_mC}\times\frac{p}{p_0} \tag{2-1}$$

式中，p 为氮气分压，Pa；p_0 为吸附温度下液氮的饱和蒸气压，Pa；V_m 为样品上形成单分子层需要的气体量，mL；V 为被吸附气体的总体积，mL；C 为与吸附有关的常数。

若已知每个被吸附分子的截面积，可求出被测样品的比表面积，即：

$$S_g=\frac{V_mN_AA_m}{22400W}\times10^{-18} \tag{2-2}$$

式中，S_g 为被测样品的比表面积，$m^2\cdot g^{-1}$；V_m 为标准状态下氮气分子单层饱和吸附量，mL；A_m 为氮气分子等效最大横截面积，密排六方理论值 $A_m=0.162nm^2$；W 为被测样品质量，g；N_A 为阿伏加德罗常数，6.02×10^{23}。

代入上述数据，得到氮吸附法计算比表面积的基本公式：

$$S_g=4.36V_m/W \tag{2-3}$$

由上式可看出，准确测定样品表面单层饱和吸附量 V_m 是比表面积测定的关键。

2.1.1.3 孔径分布测定

气体吸附法孔径（孔隙度）分布测定利用的是毛细凝聚现象和体积等效代换的原理，即以被测孔中充满的液氮量等效为孔的体积。吸附理论假设孔的形状为圆柱形管状，从而建立毛细凝聚模型。由毛细凝聚理论可知，在不同的 p/p_0 下，能够发生毛细凝聚的孔径范围是不一样的，随着 p/p_0 值增大，能够发生凝聚的孔半径也随之增大。对应于一定的 p/p_0 值，存在一临界孔半径 R_k，半径小于 R_k 的所有孔皆发生毛细凝聚，液氮在其中填充，大于 R_k 的孔皆不会发生毛细凝聚，液氮不会在其中填充。临界半径可由开尔文公式给出：

$$R_k=-0.414/\lg(p/p_0) \tag{2-4}$$

开尔文公式也可以理解为对于已发生凝聚的孔，当压力低于一定的 p/p_0 时，半径大于 R_k 的孔中凝聚液将气化并脱附出来。理论和实践表明，当 p/p_0 大于 0.4 时，毛细凝聚现象才会发生，通过测定出样品在不同 p/p_0 下凝聚氮气量，可绘制出其等温吸脱附曲线，通过不同的理论方法可得出其孔容积和孔径分布曲线。

电极材料的表面反应包括电极/电解液界面的电荷吸附/脱附和法拉第反应，它们分别表现为电化学双层电容行为和赝电容行为。超级电容器的电容与电极材料的表面积密切相关。然而，电解质离子不能进入整个表面，电极材料的孔径对电化学活性表面积有显著影响。用 BET 法可以通过氮（77.4K）或氩（87.3K）

吸附实验对比表面积进行表征。此外，还采用 CO_2 吸附/脱附技术研究了孔径小于 1nm 的超微孔的比表面积。例如，Zhu 等人[2] 通过密度泛函理论（DFT）的高分辨氮（77.4K）和氩（87.3K）吸附/脱附对碳基超级电容器的表面和孔径进行了表征。具体形式为：高分辨率低压 N_2 和 Ar 等温线，CO_2 和 N_2 吸附的孔径分布，并假设孔隙为狭缝/圆柱形（图 2-1）。通常，用非局部密度泛函理论（NLDFT）可以从 N_2 或 Ar 吸附等温线来确定孔径分布，包括中孔和微孔。基于微孔的电荷储存可以有效地提高电化学双层电容，因此近年来引起了广泛的关注。特别是 CO_2 气氛能更准确地检测小于 1nm 的微孔。在使用 NLDFT 时，应根据材料性质选择具有狭缝、圆柱体或两者兼具的孔隙几何学。如图 2-1 所示，CO_2 数据分析表明存在超微孔，而 N_2 吸附的孔径分布曲线证实了直径在 1nm 以上微孔的存在，以及直径为 4nm 的窄中孔的存在。

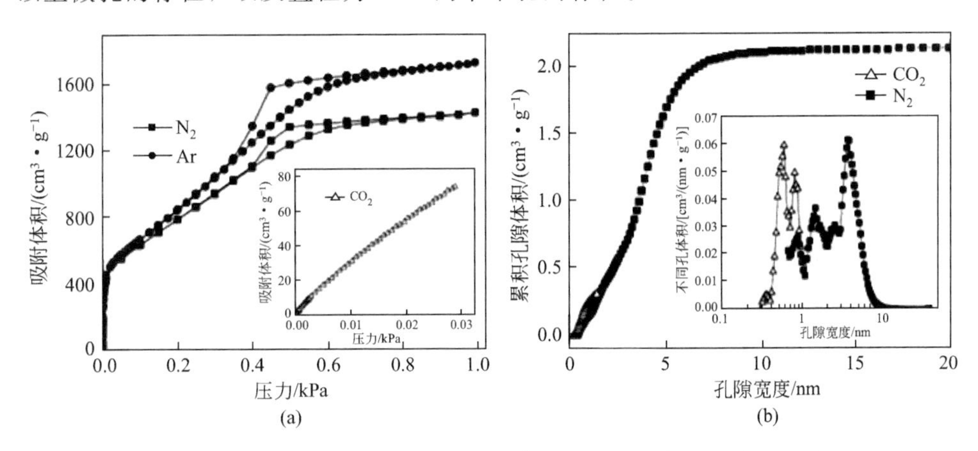

图 2-1　a-MIGO 样品（SSA～3100m²，G1）的气体吸附/解吸分析

（a）高分辨率低压 N_2（77.4K）和 Ar（87.3K）等温线［嵌入为 CO_2（273.2K）等温线］；（b）N_2（用狭缝/圆柱 NLDFT 模型计算）和 CO_2（用狭缝孔 NLDFT 模型计算）的累积孔隙体积和（嵌入）孔径分布

碳材料具有高的比表面积、高的孔隙率和较好的导电性，被用作双电层电容器材料。这些碳材料主要包括活性炭、碳纳米管、碳气凝胶、石墨烯材料等。活性炭材料原料丰富、比表面积高且成本较低，是一种较合适的双电层电容材料。影响该材料的主要因素包括材料的比表面积和其中的孔径分布。研究表明，活性炭的比电容与该材料的比表面积之间不存在线性关系。提高活性炭材料高比表面积的利用率显得尤为重要，研究结果表明，合适的孔径分布是提高材料比电容不可或缺的重要环节。总之，活性炭高的比表面积、丰富的资源和合适的成本是其产业化的关键因素，而提高活性炭材料的比表面积、调节合适的孔径分布和表面官能团化是提高其双电层电容的主要方法。

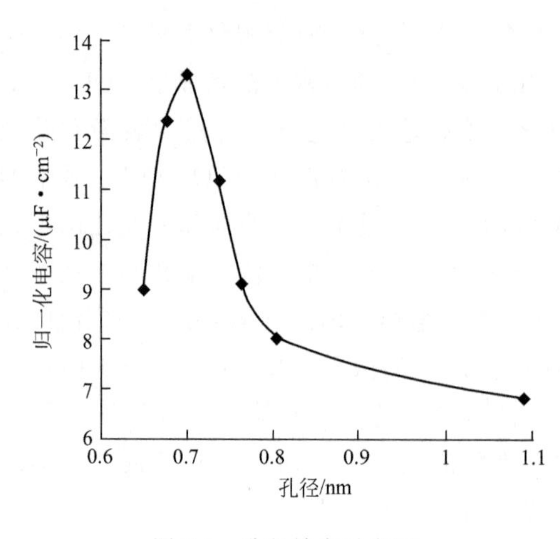

图 2-2 孔径效应示意图

归一化电容随温度的变化而变化，用 SSA（比表面积）除以比电容，得到归一化电容。EMI（电磁干扰）和 TFSI（燃料分层喷射技术）离子结构的超化学模型显示出尺寸相关性

Gogotsi 等人[3] 曾经报道过碳化物衍生碳（Cdc）在孔径小于 1nm 时的电容异常增加，这表明在小于溶剂化电解质离子直径（1nm）的孔隙中电荷储存将达到最大值。图 2-2 中的结果清楚地指出了孔径效应。

当孔径从 1.1nm 降到 0.7nm 时，归一化电容增大，在 0.7nm 处达到最大值，然后在 0.7nm 以下出现较大的比电容下降。这肯定排除了传统上在 EDLC 材料中描述电荷储存的方式，即离子吸附在两个孔壁上：CDC 的孔径与离子的大小相同，每个孔中没有一个以上的离子可用空间。

金属氧化物超级电容器一般为法拉第准电容器，其储存电荷过程不仅包括双电层上的存储，而且包括电解液中离子在电极活性物质中由于氧化还原反应而将电荷储存于电极中，且通常具有更大的比电容。如 RuO_2 等金属氧化物在电极/溶液界面法拉第氧化还原反应产生的准电容是双电层电容的 10～100 倍[4]，远远大于活性炭材料表面的双电层电容，引起了很多研究者的重视。

2.1.2 官能团表征

超级电容器的拟电容主要取决于活性电极材料的表面法拉第反应，因此，需要研究表面原子的结构及价态。

X 射线光电子能谱（X-ray photoelectron spectroscopy，XPS）技术，以 X 射线为探针检测由表面发射的光电子来获取表面信息。当 X 射线照射到样品表面时可以将原子的内层电子激发出来成为光电子，这些光电子主要来自表面原子的内壳层，携带有表面丰富的物理和化学信息，再通过能量分析器对光电子进行分析得到样品表面的元素组成和价态信息。XPS 能够分析除了氢、氦以外的所有元素，原子百分含量测定精确到 0.1%，空间分辨率为 100μm，X 射线的分析深度在 1.5nm 左右。

原子核附近的原子内层电子的结合能随原子周围化学环境变化而变化，这种现象称为化学位移。原子氧化后价轨道留下空穴，排斥势绝对值变小，核势的影响上升，使内壳层向核紧缩，结合能增加。反之，原子在还原后价轨道上增加新的价电子，排斥势能绝对值增加，核势的影响减弱，原子核对内壳层的作用也减弱，结合能下降。因此根据测得的光电子能谱就可以确定材料表面的元素以及元素价态，这就是 XPS 的定性分析。

随着对高性能材料需求的不断增长，表面工程随之显得越来越重要。超级电容器的伪电容主要取决于活性电极材料的表面法拉第反应。只有了解材料层表面处和界面处的物理和化学相互作用，才能解决许多超级电容器存在的问题。XPS 成为检测表面原子的价态以及表面官能团或杂原子的重要工具。

见图 2-3(a)[5]，对于 MoS_2，所有的峰对应于+4 价的 Mo。而在插层后，XPS 峰显示出位于 228.3eV 和 231.5eV 的额外峰。这表明剥离的 MoS_2 单层部分形成 1T 相，进一步对峰面积的定量分析表明约 2/3 的半导体 2H 相转变成金属 1T 相。在单层 MoS_2 负载聚吡咯（PPy）后出现了一对位于 232.9eV 和 235.8eV 的新峰，对应于 Mo^{6+} $3d_{5/2}$，表明在聚合过程中单层的 MoS_2 被部分氧化。在 N 1s 的 XPS 光谱 [图 2-3(b)] 中， 当 MoS_2/PPy 纳米复合材料中 PPy

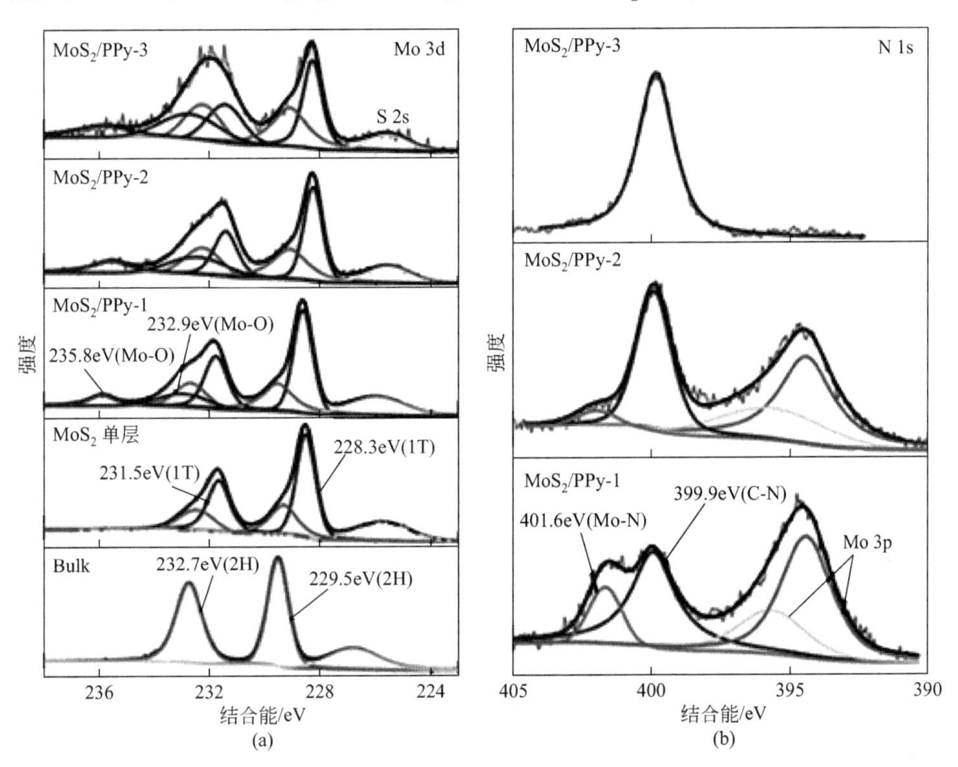

图 2-3　MoS_2/PPy-n 纳米复合材料的 Mo 3d（a）和 N 1s（b）XPS 谱

的厚度很薄时，除了 399.9eV 处 PPy 的 N 1s 峰之外，还出现了位于 401.6eV 的另一个 N 1s 峰，这源于单层 MoS_2 和 PPy 超薄膜之间的配位相互作用。这些相互作用不仅改善了单层 MoS_2 在 PPy 表面上的成核和生长，而且有利于在超级电容器操作的充电和放电过程中保持夹层结构。

采用电化学恒电位阳极氧化活化玻碳（glass carbon，GC）[5] 制备出比表面积大、电容高的电极，用循环伏安法对活化电极的生长、结构和表面性质进行监测，其中就利用 XPS 对从循环后的电极取下来的 GC 样品进行表面官能团测定。从图 2-4 可以看出，原本只能在 284.4eV 处检测到一个 C 1s 峰，但是氧化之后样品却产生两个明显的化学位移 C 1s 峰，其中峰移 2.2eV 可归为羰基或醌，峰移 4.1eV 可归为羧基[6]。

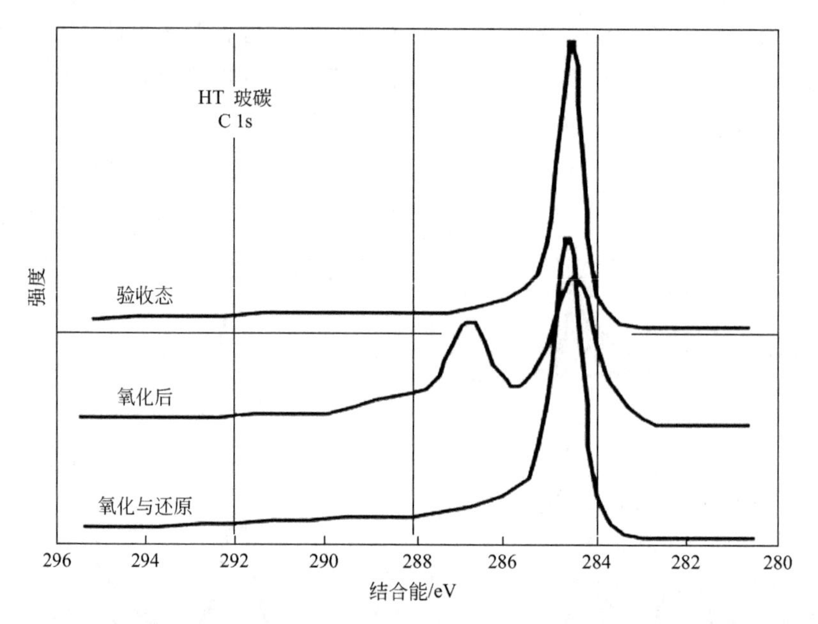

图 2-4　GC 电极氧化前、氧化后、氧化还原后 C1s 的 XPS 谱

氧化电位：1.95V；还原电位：−0.3V

由于 XPS 取样深度仅为 50Å（1Å=0.1nm），所以被认为是探测功能表面物质种类非常灵敏的技术，然而上文中样品的相应 XPS 结果却与表面层无关，因此，可以采用傅里叶变换红外光谱（Fourier transform infrared spectrum，FT-IR）来获取这些信息。当一束具有连续波长的红外光通过物质，物质分子中某个基团的振动频率或转动频率和红外光的频率一样时，分子就吸收能量由原来的基态振（转）动能级跃迁到能量较高的振（转）动能级，分子吸收红外辐射后发生振动和转动能级的跃迁，该处波长的光就被物质吸收。所以，红外光谱法实质上是一种根据分子内部原子间的相对振动和分子转动等信息来确定物质分子结构和鉴别

化合物的分析方法。将分子吸收红外光的情况用仪器记录下来，就得到红外光谱。从参考光谱与氧化样品或者氧化还原后的样品图谱之间的差异可以明显看出表面层的形成。1720cm^{-1} 以及 1620cm^{-1} 处的吸收峰分别归属于羧基和醌的 C═O 双键，在 1225cm^{-1} 处的广泛特征峰可归属于 COOH 基团[7] 的 C—O 键拉伸和 C—H 键弯曲模式。在还原后，吸收特征峰明显减少，略有移动，但是仍旧可以看到。

还原前后在 GC 电极上形成的阳极膜的 FT-IR 图谱如图 2-5 所示。

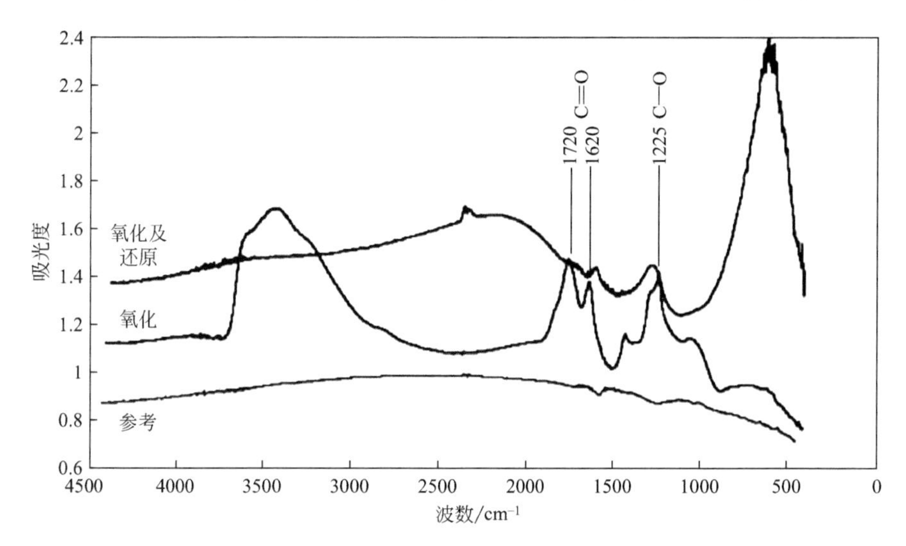

图 2-5 还原前后在 GC 电极上形成的阳极膜的 FT-IR 图谱

（参考图谱为未处理表面）

2.1.3 原位核磁共振波谱

核磁共振（nuclear magnetic resonance，NMR）是一种探测局部结构和动力学的技术，磁矩不为零的原子核（质子数和中子数不同时为偶数的原子核）在外部磁场的作用下发生塞曼能级分裂固定吸收某一特定频率的电磁波，此时原子核会出现能级跃迁。所以，对于不同元素来说，其核磁共振频率也是不同的，而对于同一种同位素原子核来说，虽然其核磁共振频率是一定的，但是当分子结构和所处外部化学环境不同时，它们在谱图上表现出的核磁信号也会不同。目前，NMR 广泛运用在化学、生物学、材料学和医学等多个领域。核磁共振具有元素选择性，能够独立观察某种离子周围环境的变化，从而可以用来研究超级电容器充放电过程中的电荷储存机理。

要想对超级电容器的储能机理有清晰的认识，就需要检测多孔电极材料中离子/分子的吸附分布情况，原位核磁能够定量化描述碳纳米孔道中的离子数量，并且核磁共振具有元素选择性，可以单独追踪一个化学体系中的某个元素。其最大优点是在工作装置上便可以观察到双电层中离子的局部环境变化，该方法为超级电容器的充放电机制研究提供了一种定性依据[8]。

2.2 电化学表征

表征超级电容器电极（三电极单元）或超级电容器器件（两电极单元）的常用技术有：暂态技术和稳态技术。

2.2.1 暂态技术

暂态技术允许随电流变化或者随电压变化，循环伏安和恒流充放电循环经常用到暂态技术。

2.2.1.1 循环伏安技术

循环伏安技术是一种实验设备简单、操作方便的研究电化学体系的实验技术，由于其功能多样化而被电化学家广泛使用。循环伏安是一种精确的技术，它可以：

① 定性和半定量研究；

② 通过大范围的扫描进行动力学分析；

③ 决定电压窗口。

循环伏安技术是控制电极电位按恒定速度从起始电位 φ_a 变化到某一电位 φ_b，然后按相同速度再从 φ_b 变到 φ_a，或在 φ_a 和 φ_b 之间多次往复循环变化，同时记录相应的响应电流。采用循环伏安技术能在很短时间内观测到宽广电位范围内未知电极体系电极在该过程中的变化。如果对 CV 曲线进行数据分析，可以得到峰值电流（I_p）、峰值电位（φ_p）、反应动力学参数、反应历程等诸多化学信息。由于该法具有方便、迅速、提供广泛信息等特点，因此，在电化学研究分析领域具有重要地位。

循环伏安的原理是在两电压上下限之间对电极（或器件）施加一个线性的电压，然后测定输出电流。施加的电压如下：

$$V(t)=V_0+vt, V_2\leqslant V_1 \tag{2-5}$$

$$V(t)=V_0-vt, V_2\geqslant V_1 \tag{2-6}$$

式中，v 为扫描速度，$V \cdot s^{-1}$；V_1、V_2 为电压上下限口。

电极材料的电容可以使用式(2-7) 从矩形 CV 曲线估算：

$$C = i/V \tag{2-7}$$

式中，C 为微分电容，$F \cdot g^{-1}$；i 为平均电压下的电流密度，$A \cdot g^{-1}$；V 为扫描速率，$V \cdot s^{-1}$。循环伏安测量可以直接用于评估双电层电容行为的平均电容或呈现矩形 CV 曲线的典型赝电容行为。

图 2-6 为活性炭双电极单元在乙腈-1.5mol・L^{-1} 四乙基四氟硼酸铵(TEATFB) 电解液的循环伏安曲线。对于这样的超级电容器可获得一个典型的方形 i-V 曲线。

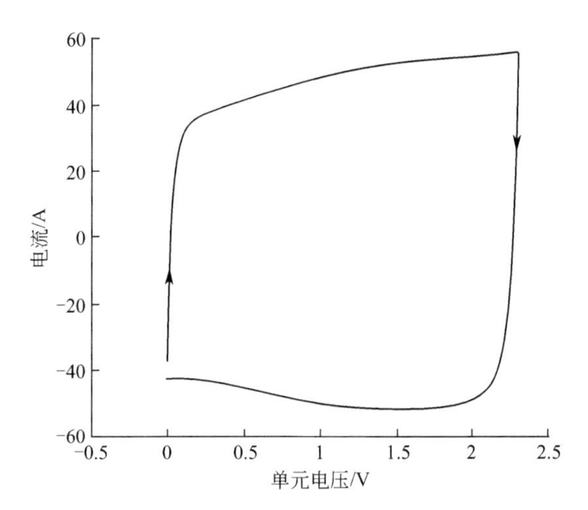

图 2-6　活性炭超级电容器的循环伏安曲线

扫描速度为 20mV・s^{-1}，电解液为 TEATFB 基电解液，测试温度为 25℃

式 (2-8) 通常用来描述电化学信号：

$$i = vC_{dl}[1 - \exp(-t/R_s C_{dl})] \tag{2-8}$$

式中，i 为电流，A；C_{dl} 和 R_s 分别表示双电层电容和等效串联阻抗（通常简化为整个电解质的阻抗）。从这个曲线可以测定一个电极（或一个超级电容器）的电压窗口，也就是说，这个曲线不包括任何不可逆法拉第反应的信号；电解液的分解或者电极的氧化通常限制电压窗口。同样，应用式 (2-9)，可以描绘 Q 对 V（电压）的图：

$$Q = \left| \int i \, dt \right|_{V_i} \tag{2-9}$$

式中，Q 为 $V = V_i$ 的电容，C。为了获得电容值，循环伏安测试从反向扫描开始计算，即超级电容器（或电极）放电以后。其计算是选用 V_1 和 V_2 之间的每一个 V_i，得到图 2-7。

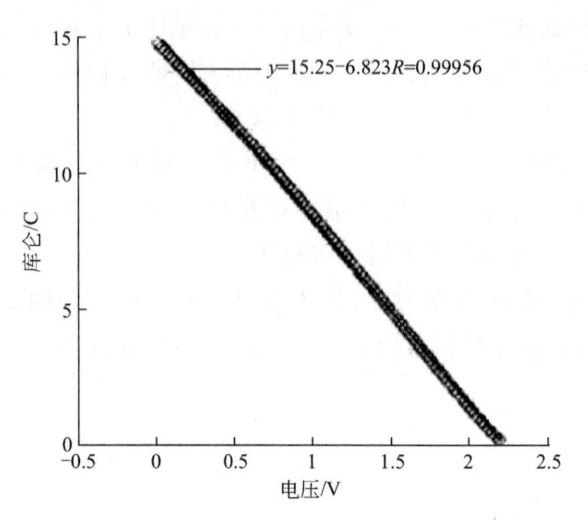

图 2-7 放电过程中不同电压下的电容量

因为

$$Q=CV \tag{2-10}$$

这个曲线的斜率代表电容的大小 C（F）。当 Q-V 曲线并不呈良好的线性关系时，容量可用另外一种方式计算，当材料为赝电容时经常出现这种情况。图 2-8 介绍了两个大家比较熟知的电化学系统——MnO_2［图 2-8(a)］和 RuO_2［图 2-8(b)］的 Q-V 曲线。与活性炭电极相比，这种例子中容量值则更倾向取决于电压值，其线性回归的准确度并不像想象中的那样好。为了克服这个缺点，应用式（2-11）来表述：

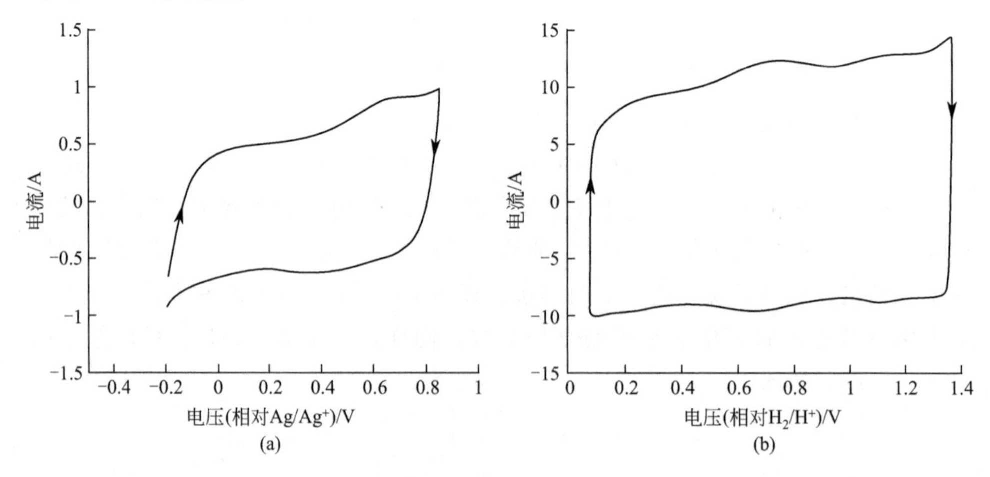

图 2-8 MnO_2 在 K_2SO_4 溶液中的循环伏安曲线(a) 和 RuO_2 在 H_2SO_4 溶液中的循环伏安曲线(b)

扫描速度为20mV・s^{-1}，测试温度为 25℃

$$C=\frac{\int_{V_1}^{V_2} i\,\mathrm{d}t}{\int_{V_1}^{V_2} V\,\mathrm{d}t} \tag{2-11}$$

式中，$[V_1;V_2]$为电压范围；C 为电容；i 为电流；V 为电压。一般从反向扫描（放电）进行计算。

同一沉积电位下制得的 MnO_2 在不同扫描速度下的循环伏安曲线比较，如图 2-9 所示。随着扫描速度的增加，循环伏安曲线对称性降低，这可能是由于在大扫描速度下，存在电化学极化和浓差极化，使得电极活性物质利用率不高；在低扫描速度下呈现更好的对称矩形，这说明在小电流放电条件下，MnO_2 电极具有更好的可逆性。

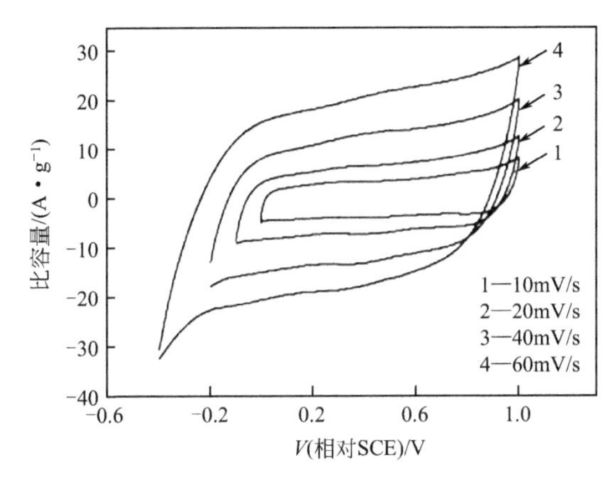

图 2-9　25℃、0.5V 时 MnO_2 电极在 $2mol \cdot L^{-1}$ KCl 溶液中的循环伏安曲线

当然，循环伏安测试对超级电容器（或电极）循环性能的评估也非常有用，且容量随着循环进行的变化更为人所了解。但是，一般情况下，相对于循环伏安测试，恒电流充放电循环在这种实验时应用更多。

2.2.1.2　恒电流循环技术

恒电流循环技术与循环伏安技术非常不同，其电流受控制而被测试的是电压。这是电容评估最有效的测量方式，不仅可应用于实验室级规模，而且还可应用于工业化规模。这个方法也被称作计时电位分析法，而且可以得到不同参数，如电容、阻抗、循环性能。

电容器的测试可采用如下的组合：

① 恒电流充电，然后立即通过不同的负载电阻器放电。

② 恒电流充电，保持一段时间，随后通过事先选定的负载电阻放电。

③ 不同倍率下充电，通过固定负载电阻器放电。

④ 恒电流充电，然后在不同的恒电流下放电。

式（2-12）描述了电压变化 $V(t)$，单位为 V：

$$V(t)=Ri+\frac{t}{c}i \tag{2-12}$$

式中，i 为电流；t 为时间；c 为电容；R 为电阻。

由上式可知，超级电容器的电容可通过计算曲线的斜率而得；对于赝电容器而言，当 V-t 曲线并不呈良好的线性时，容量的计算可通过放电时间或充电时间段内对电流的积分而得：

$$C=i\ \frac{\partial t}{\partial V} \tag{2-13}$$

$$C=\frac{i\,\Delta t}{\Delta V} \tag{2-14}$$

式中，C 为电容，$F \cdot g^{-1}$；i 为电流密度，$A \cdot g^{-1}$；Δt 为放电/充电时间，s；ΔV 为电极的工作电位窗口。超级电容器表现出潜在的独立电荷存储。因此，计算的双电层行为电容不依赖于工作电位窗口（ΔV）的选择。然而，对于一些赝电容行为或嵌入赝电容行为，电容通常以特定的潜在窗口为中心。因此，这些行为的计算电容随工作电位窗口的选择而变化。

超级电容器的电压变化如图 2-10 所示：

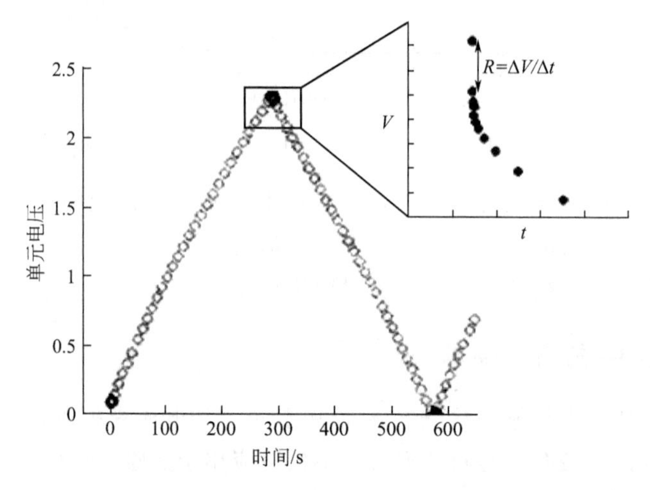

图 2-10　对超级电容器单元施加电流时，恒流充放电曲线

电压对时间的曲线。插图为电流反向区域的放大图

在实际情况中，由于电容器存在一定的内阻，充放电转换的瞬间会有一个电位的突变（V_{dro}），如图 2-11 所示。等效串联阻抗（R）可以从电流（ΔI）反向时电压降（V_{drop}）进行推导，如图 2-10 的插图所示。

$$R=\frac{V_{drop}}{\Delta \mathrm{I}} \tag{2-15}$$

当电流反向或者中断时，电压降就与整个单元的阻抗直接相关。通过重复测试循环下的容量和阻抗，可观测到超级电容器（双电层电容器和赝电容器）的循环性能。

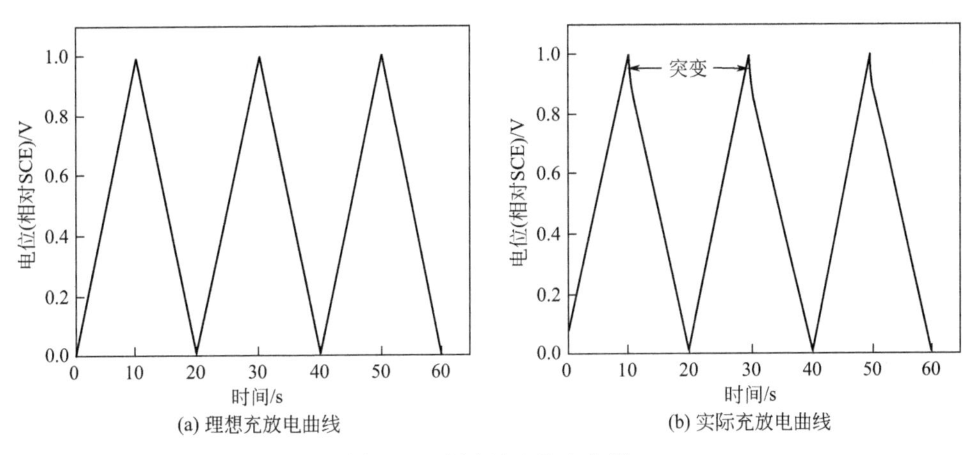

图 2-11　恒电流充放电曲线

对于非理想电容器，由于存在各种电阻（材料的接触电阻、孔电阻、电解液电阻等），因此，在不同的电流密度下所得到的电容是不同的，如图 2-12 所示。

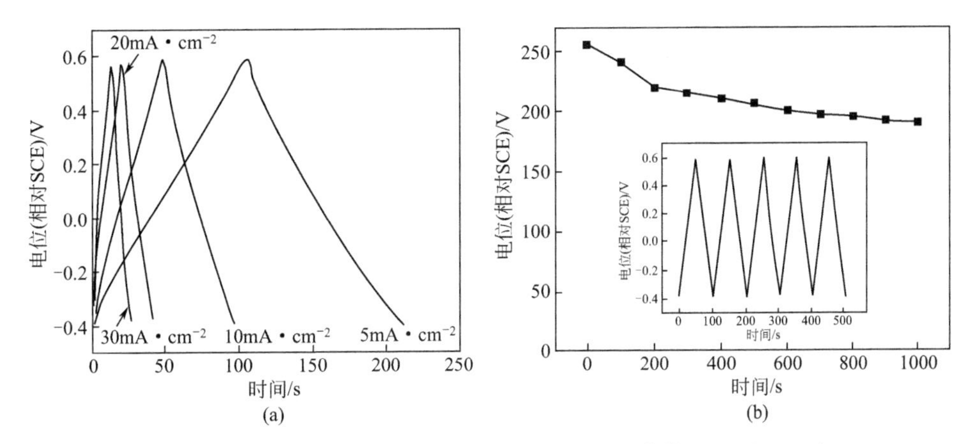

图 2-12　PPy/TSA 电极在不同电流密度下的充放电曲线（a）和 PPy/TSA 电极在 $10mA/cm^2$ 比容量下与循环次数的关系（b）

2.2.2　稳态技术

2.2.2.1　电化学阻抗谱

电化学阻抗谱（electrochemical impedance spectroscopy，EIS）是给电化学

系统施加一个频率不同的小振幅的交流正弦电势波，测量交流电势与电流信号的比值（即系统的阻抗）随正弦波频率 ω 的变化，或者是阻抗的相位角 Φ 随 ω 的变化。和前面的测量方法相比，EIS 法具有如下的特点：

① 由于采用小幅度的正弦电势信号对系统进行微扰，当在平衡电势附近测量时，电极上交替出现阳极和阴极过程，二者作用相反，因此，即使扰动信号长时间作用于电极，也不会导致极化现象的积累性发展和电极表面状态的积累性变化（对电极表面状态的破坏作用较小）。因此 EIS 法是一种“准稳态方法”。

② 由于电势-电流间存在线性关系，测量过程中电极处于准稳态，使得测量结果的数学处理大大简化。

③ EIS 是一种频率域测量方法，可测定的频率范围很宽（0.01Hz～100kHz），并且采用 5～10mV 较小振幅的正弦波信号，因而比常规方法得到更多的动力学信息和电极界面结构信息。

测试时整个系统的电压按要求设定，会以较小振幅（5～10mV）的正弦波信号叠加且在多个频率下进行。由于信号足够小，在每个振动（$\omega=2\pi f$）下电流与电压之间存在线性关系：

$$V=Zi \tag{2-16}$$

式中，V 为电压，V；i 为电流，A；Z 为阻抗，Ω。

V 和 i 也可以用复数法来表示，如下：

$$V(\omega)=\delta_V \exp(\mathrm{j}\omega t) \tag{2-17}$$

$$i(\omega)=\delta_i \exp[\mathrm{j}(\omega t+\Phi)] \tag{2-18}$$

式中，δ_V 和 δ_i 分别代表电压和电流的振幅；j 为复数单位；t 为时间。

因此，前面的阻抗 Z 可表示如下：

$$Z(\omega)=\frac{\delta_V}{\delta_i}\exp(-\mathrm{j}\Phi) \tag{2-19}$$

式中，Z（ω）也被认为是复阻抗，Ω，现在可以给出不同的定义。

阻抗也可表述如下：

$$Z(\omega)=Z_{\mathrm{Re}}+\mathrm{j}Z_{\mathrm{Im}} \tag{2-20}$$

阻抗的模为：

$$|Z(\omega)|=\frac{\delta_V}{\delta_i}=\sqrt{Z_{\mathrm{Re}}^2+Z_{\mathrm{Im}}^2} \tag{2-21}$$

相位角 Φ（°）为：

$$\Phi=\arctan(Z_{\mathrm{Im}}/Z_{\mathrm{Re}}) \tag{2-22}$$

式中，Z_{Re} 和 Z_{Im} 分别为 $Z(\omega)$ 的实部和虚部。

若能够用一些“电学元件”以及“电化学元件”来构成一个电路，使得这个电路的阻纳频谱与测得的电极系统的电化学阻抗谱相同，就称这一电路为该电化学系统的等效电路，称用来构成等效电路的“元件”为等效元件。这种方法让一些复杂电化学系统的分析变得方便。表 2-1 是一些简单理想电学元件的阻抗。

表 2-1　简单理想电学元件的阻抗

元件	$\|Z\|$	Z_{Re}	Z_{Im}	$\Phi/(°)$
电阻	R	R	0	0
电容	$\frac{1}{C\omega}$	0	$\frac{-1}{C\omega}$	$\frac{\pi}{2}$
电感	$L\omega$	0	$L\omega$	$\frac{-\pi}{2}$

这里要注意相位角的定义，很多电化学阻抗谱的研究者将相位角当作阻抗的幅角。但是，幅角应该是相位角的相反数，如下式所示：

$$Z(\omega)=|Z|\exp(-\mathrm{j}\Phi)=|Z|\exp(\mathrm{j}\theta) \tag{2-23}$$

式中，Φ 为相位角；θ 为复数的幅角。

电化学系统一般比较复杂，可通过表 2-1 的化学元件加以组合将其模型化。用得最多的元件是电阻（R）和电容（C）。通常电阻可以通过电化学过程和动力学来鉴别，电容则更多与电化学单元中不同界面上的电荷积累情况有关。

图 2-13 为 Randles 等效电路，这是描述简单电化学反应最常用的电路模型，例如，铜的电沉积。

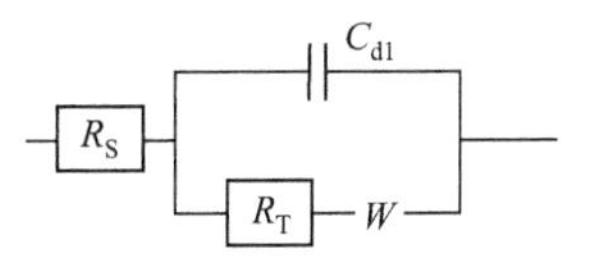

图 2-13　Randles 等效电路

图中，R_S 是串联电阻，主要与整个电解液阻抗有关，C_{dl} 是双电层电容，与电极/电解液界面电荷积累有关，传荷电阻 R_T 与 Butler-Volmer 方程中定义电流交换有关（在能斯特系统中，R_T 接近 0）。最后一个元件 W，表示扩散阻抗。这个阻抗定义为电化学系统受扩散控制时的极化程度。对于一个电化学反应（如下式），Warburg 元件可描述如下：

$$\mathrm{Ox}+n\mathrm{e}^- \rightleftharpoons \mathrm{Red} \tag{2-24}$$

$$Z_W=\frac{\sigma(1-\mathrm{j})}{\omega^{1/2}} \tag{2-25}$$

且

$$\sigma=\frac{RT}{n^2F^2S\sqrt{2}}\left(\frac{1}{D_{Ox}^{1/2}C_{Ox}}+\frac{1}{D_{Red}^{1/2}C_{Red}}\right) \tag{2-26}$$

式中，σ 为应力，$\Omega\cdot \mathrm{rad}^{1/2}\cdot \mathrm{S}^{-1/2}$；$n$ 为交换电子的个数；R 为摩尔气体常数；T 为热力学温度；F 为法拉第常数；S 为轨迹面积；D_{Ox} 和 D_{Red} 分别表

示氧化反应和还原反应的扩散系数；C_{Ox} 和 C_{Red} 分别表示电活性物质的体积浓度。

电化学阻抗技术就是测定不同频率的扰动信号 X 和响应信号 Y 的比值，得到不同频率下阻抗的实部、虚部、模值和相位角，然后将这些量绘制成各种形式的曲线，就得到电化学阻抗谱，常用的电化学阻抗谱有两种：一种叫作奈奎斯特图（Nyquist plot），一种叫作伯德图（Bode plot）。

Nyquist 图是以阻抗的实部为横轴，虚部的负数为纵轴，图中的每个点代表不同的频率，左侧的频率高，称为高频区，右侧的频率低，称为低频区。

Bode 图包括两条曲线，它们的横坐标都是频率的对数，纵坐标一个是阻抗模值的对数，另一个是阻抗的相位角。

利用 Nyquist 图或者 Bode 图就可以对电化学系统的阻抗进行分析，进而获得有用的电化学信息。图 2-14 为 Randles 等效电路的 Nyquist 图和 Bode 图。Nyquist 图左边部分（低 Z_{Re} 值）与高频（HF）有关，而右边部分（高 Z_{Re} 值）与低频（LF）有关。在高频区，$R_{CT}-C_{dl}$ 是主要的，其表现为 Nyquist 图中出现一个高频圆环，阻抗模量为一条斜线（斜率为－1）和相位角为一个峰。在低频区，传质阻抗是占主导的，在 Nyquist 图中出现斜率为－1 的斜线和在 Bode 图中出现斜率为－1/2 的斜线。这样的扩散电阻是在半-无穷的条件下观测得到的，即当扩散层的厚度从电极表面逐渐增加到电解液的时候（但是扩散层的厚度相对于电极的尺寸而言却足够小，可以忽略不计）。

当扩散层在特殊的流体学条件下有一定的厚度时，可得到另外一种特殊的扩散情况，比如旋转圆盘电极。如图 2-14 所示，在高频区 R_{CT} 仍可被观察到，但是与有限长度扩散有关的低频环也会观察到。两个环之间的转变是特殊的，且在 Bode 阻抗图中引出一条斜率为－1/2 的斜线。低频环的阻抗与扩散层的厚度直接有关。当扩散层厚度在电极尺寸数量级（或者稍大）时，这种图也会是球形扩散。

最后一个特殊的情况是当扩散层受限制时，也就是电极和另外一个惰性表面之间存在薄的电化学溶液层的情况。和前面一样，可得到同样的高频区行为，但是在低频区的阻抗却与电容器中的阻抗类似。在 Nyquist 图中可观察到 R_{CT} 环和低频垂线之间存在一条斜率为－1 的垂直线，以及在 Bode 图中观察到斜率为－1/2 的斜线。这说明 $\sqrt{D/2\pi f}\gg l$（l 为电化学溶液的厚度，D 为扩散系，f 为信号频率）。

2.2.2.2 超级电容器阻抗

超级电容器阻抗是电化学阻抗研究的一部分。图 2-14 是 Randles 电路的几种基本情况描述。

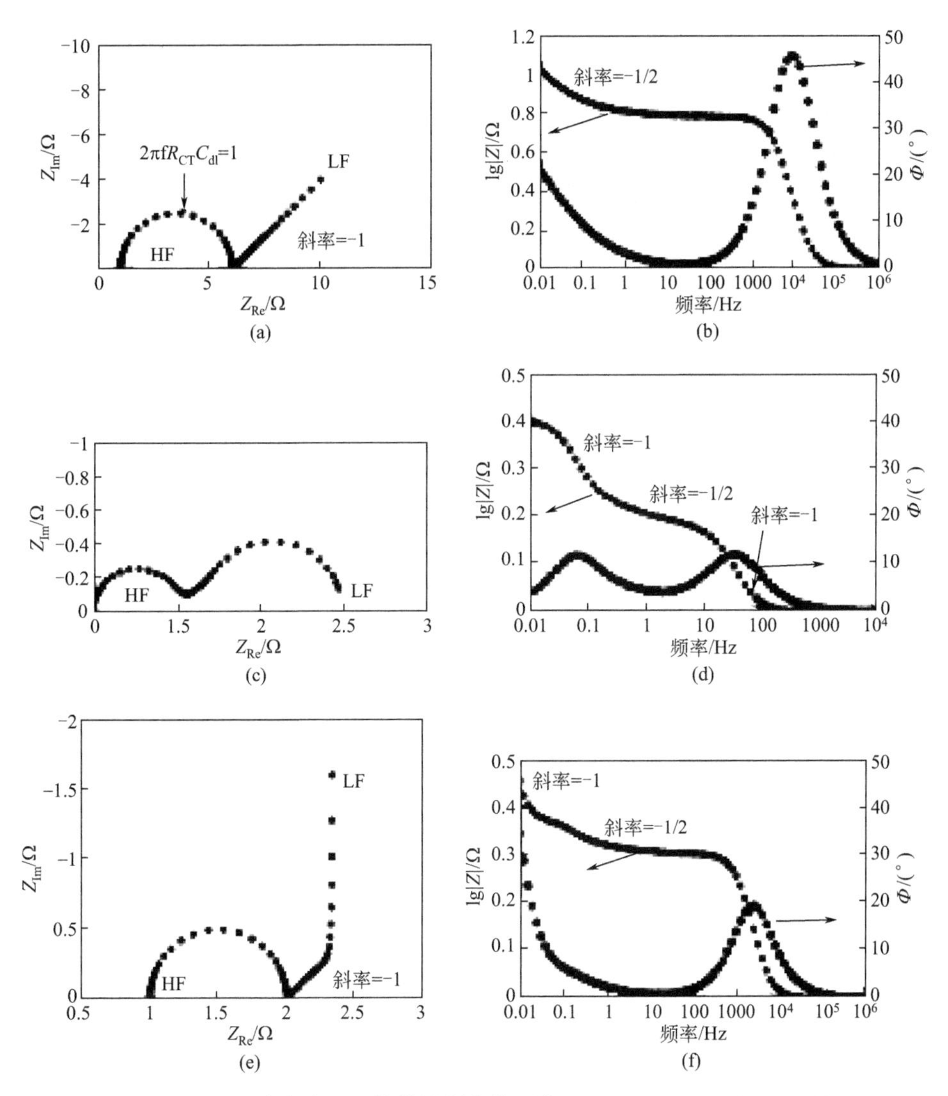

图 2-14　Randles 电路在半无限扩散限制条件下的 Nyquist 图（a）和 Bode 图（b），Randles 电路在有限长度扩散限制条件下的 Nyquist 图（c）和 Bode 图（d），Randles 电路在受限制扩散条件下的 Nyquist 图（e）和 Bode 图（f）

图 2-14(a) 和（b）代表双电层电容的行为，可以简单描绘为一个电阻（R_S）和电容（C_{dl}）的串联。R_S 主要是与电解液关联的阻抗（接触阻抗，且包括集流体阻抗）有关，C_{dl} 主要与电极/电解液界面电荷的积累有关。有许多理论描述这样的电荷分布，但是 Helmholtz 理论描述得最充分，电解液的浓度正好高于 $0.1mol \cdot L^{-1}$，因此，扩散层（gouy-chapman）层可忽略[9,10]。

图 2-14(c) 和（d）描述了赝电容器的行为，基本描述为一个电解质阻抗和

一个双电层电容与一个赝电容分支并联而成[9,11]。最后面的赝电容分支可用电荷传递电阻表示，与法拉第反应过程有关；电容与电解液/电极界面的电荷积累有关，但是这个却在特殊的位点上与双电层电容有所不同。实际上，法拉第反应发生在有利的活性点位置，而纯电容性电荷积累则不是这样的情况。这就意味着存在动力学速率常数（传荷电阻）以及会出现传质的限制。最后一点未纳入我们讨论中，但是可通过在赝电容分中添加相关 Warburg（韦伯）阻抗来解决此问题。

图 2-15(a) 表示理想的双电层电容器的 Nyquist 图。从中可看出，可得到一条垂直线，说明在整个研究的频率范围内电容为一个常数。图 2-15(b) 显示的是理想赝电容器的电化学阻抗响应。在高频区，可观察到与电荷传递阻抗和双层电容相关的圆环。低频垂直线则与表面电化学反应储存的电荷有关。

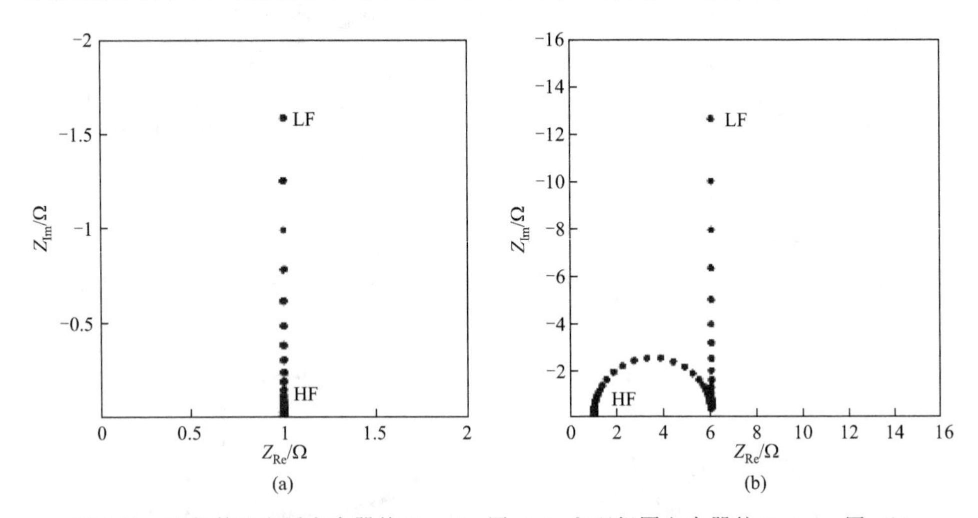

图 2-15　理想的双电层电容器的 Nyquist 图（a）和理想赝电容器的 Nyquist 图（b）

实际上，由于分散等因素，真实电极的行为要稍微复杂一些。这些因素主要与几何特性有关，例如电极孔隙度和电极的粗糙度，也与活性位点活化能分布有关，尤其是对赝电容器而言更为显著。分形电极会诱导电学参数的频率分布[12]，电阻和电容在整个频率范围内也不再是一个常数。在 20 世纪 60 年代早期，de Levie 以一个特殊的孔模型研究过孔隙度特性[13]。当然，最近的模型更为复杂且考虑了许多孔的形状参数[14]。de Levie 模型仍然为孔度对电化学阻抗信号的影响建立了基础。

2.2.2.3　能量密度和功率密度

Ragone 图（能量密度与功率密度）已被广泛用于评估超级电容器装置的整

体性能。超级电容器装置的能量密度值可以通过数字积分放电曲线来计算：

$$E=\int_{t_1}^{t_2} IV\mathrm{d}t=\frac{1}{2}C(V_1+V_2)(V_2-V_1) \tag{2-27}$$

式中，C 为超级电容器的电容，$F \cdot g^{-1}$；V_1 和 V_2 分别为充电结束电压和放电终止电压。（V_2-V_1）应为超级电容器装置电容行为的特定电压窗口。显然，只有当 V_1 为 0V 时，上式才能写为 $E=1/2CV_2^2$。

超级电容器装置的功率密度值可以根据下面式子计算：

$$P=\frac{E}{t} \tag{2-28}$$

式中，P 为功率密度，$W \cdot kg^{-1}$；E 为能量密度，$W \cdot h \cdot kg^{-1}$；t 为放电时间，h。

超级电容器件的最大功率密度（P_m）可以用下面式子来评估：

$$P_m=\frac{V^2}{4R_S} \tag{2-29}$$

式中，V 为电容行为的最大电压；R_S 为等效串联电阻（ESR），它由电极电阻、电解质电阻和电极孔中离子扩散引起的电阻组成。

需要注意的是，能量/功率密度（即 Ragone 图）仅可用于表征超级电容器装置的电化学曲线，而不是单个电极。此外，能量/功率密度严重依赖电极活性材料的质量负载。很明显，由于其较低的相对电流，电极的低质量负载总是导致更好的电化学性能。然而，电极材料的低质量负载会导致计算的活性材料的质量远离实际超级电容器装置的质量。

参考文献

[1] Wang Y，Song Y，Xia Y. Electrochemical capacitors：mechanism，materials，systems，characterization and applications [J]. Chemical Society Reviews ，2016，45（21）：5925-5950.

[2] Zhu Y，Murali S，Stoller M D，et al. Carbon-based supercapacitors produced by activation of graphene [J]. Science，2011，332（6037）：1537-1541.

[3] Largeot C，Portet C，Chmiola J，et al. Relation between the ion size and pore size for an electric double-layer capacitor [J]. Journal of the American Chemical Society，2008，130（9）：2730-2731.

[4] Wu Z S，Winter A，Chen L，et al. Three-dimensional nitrogen and boron co-doped graphene for high-performance all-solid-state supercapacitors [J]. Advanced Materials，2012，24（37）：5130-5135.

[5] Sullivan M G，Schnyder B，Bärtsch M，et al. Electrochemically modified glassy carbon for capacitor electrodes characterization of thick anodic layers by cyclic voltammetry，dif-

ferential electrochemical mass spectrometry, spectroscopic ellipsometry, X-ray photoelec tron spectroscopy, FTIR, and AFM [J]. Journal of the Electrochemical Society, 2000, 147 (7): 2636.

[6] Kozlowski C, Sherwood P M A. X-ray photoelectron spectroscopic studies of carbon fibre surfaces vii-electrochemical treatment in ammonium salt electrolytes [J]. Carbon, 1986, 24 (3): 357-363.

[7] Boerio F J, Hong P P. Non-destructive characterization of epoxy-dicyandiamide interphases using surface-enhanced Raman scattering [J]. Materials Science and Engineering: A, 1990, 126 (1): 245-252.

[8] Grey C P, Tarascon J M. Sustainability and in situ monitoring in battery development [J]. Nature Materials, 2017, 16 (1): 45-56.

[9] Conway B E. Electrochemical supercapacitors: scientific fundamentals and technological applications [M]. Springer US, 1999.

[10] Rooij D. Electrochemical methods: fundamentals and applications [J]. Anti-Corrosion Methods and Materials, 2003, 50 (5).

[11] Qu D. Studies of the activated carbons used in double-layer supercapacitors [J]. Journal of Power Sources, 2002, 109 (2): 403-411.

[12] Sapoval B, Gutfraind R, Meakin P, et al. Equivalent-circuit scaling random-walk simulation and an experimental study of self-similar fractal electrodes and interfaces [J]. Physical Review E, 1993, 48 (5): 3333-3344.

[13] de Levie R. On porous electrodes in electrolyte solutions: I. Capacitance effects [J]. Electrochimica Acta, 1963, 8 (10): 751-780.

[14] Keiser H, Beccu K D, Gutjahr M A. Abschätzung der porenstruktur poröser elektroden aus impedanzmessungen [J]. Electrochimica Acta, 1976, 21 (8): 539-543.

第3章

碳基超级电容器电极材料

3.1 概述

传统电容器是在相向的金属平板电极间夹持介电常数高的物质（如云母），当两极间施加电压时可存储符号相反的电荷，并能很快地放出，其储电荷容量很小，每平方厘米仅为皮法拉至纳法拉级，是一种物理电容。双电层电容器（EDLC）与传统电容器相比，其物理现象与组成材料明显不同，一对固体电极浸渍在电解质溶液中，当施加电压低于溶液分解电压时，在固体电极与电解质溶液的不同两相间，电荷会在极短距离内分布、排列。作为补偿，带正电荷的正极会吸引溶液中的阴离子（相反，负极就会吸引阳离子），从而形成紧密的双电层（electric double layers），在电极和电解液界面存储电荷。但电荷不通过界面转移，过程中的电流基本上是由电荷重排而产生的位移电流，伴随双电层的形成，在电极界面形成的电容被称为双电层电容。

超级电容器电极中的电荷存储利用电解质离子与电极表面存在的电荷之间的静电吸引力，这允许在电解质/电极界面处形成带相反电荷的空间电荷层。超级电容器主要使用多孔碳作为电极材料，因此可以从可用于离子吸附的高表面积中获益。在电极/电解质界面处极化时发生的电荷分离可以使用亥姆霍兹在 1853 年提出的双层电容模型以粗略的方法描述：

$$C=\frac{\varepsilon_r \varepsilon_0 A}{d} \tag{3-1}$$

式中，ε_r 为电解质相对介电常数；ε_0 为真空介电常数；d 为双层的有效厚度（电荷分离距离），A 为电极表面积。实际上，双电层的结构并不像亥姆霍兹所认为的那样紧密。由于离子或分子的热运动，往往具有一定的分散性。后来斯特恩（Stern）指出，双电层的结构是由紧密双电层和分散双电层两部分组成的。由于界面上存在一个位垒，两层电荷都不能越过边界彼此中和，因而存在电容量。

当一个电极浸在电解质溶液中时，电极表面上的电荷会吸引溶液中带有相反电荷的离子，使离子在电极表面发生定向排列。这个电极上的电子电荷层与溶液中的离子电荷层合起来称为双电层。根据 Stern 双电层模型[1]，溶液中的离子电荷并非完全吸附在电极表面形成紧密层，也有一部分分散在电极表面附近的液层中，称为分散层，整个双电层由紧密层和分散层两部分构成，见图 3-1。

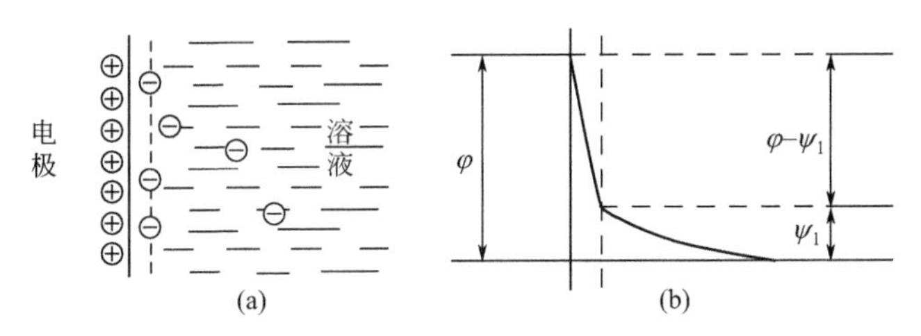

图 3-1　双电层模型（a）及电位分布（b）

由于电荷在电极表面的积累，使得电极上产生相应的电极电势分布。整个双电层电势为 φ，分散层的电势为 ψ_1，则紧密层电势为 $\varphi-\psi_1$。根据 Stern 模型，可以推导出双电层溶液一侧的电势分布 ψ_1 与电荷密度 q 和溶液浓度 c^0 之间的关系为：

$$q=\sqrt{\frac{\varepsilon RTc^0}{2\pi}}\left[\exp\left(\frac{F\psi_1}{2RT}\right)-\exp\left(-\frac{F\psi_1}{2RT}\right)\right] \tag{3-2}$$

利用 $q=C_{紧}(\varphi-\psi_1)$代入式(3-1)，可得：

$$\varphi=\psi_1+\frac{1}{C_{紧}}\sqrt{\frac{\varepsilon RTc^0}{2\pi}}\left[\exp\left(\frac{F\psi_1}{2RT}\right)-\exp\left(-\frac{F\psi_1}{2RT}\right)\right] \tag{3-3}$$

从式(3-3) 可以看出，双电层电容电极电位是与电极表面液层中离子的分布紧密相关的，当溶液浓度 C^0 较大时，上式中第一项（分散层的电势 ψ_1）贡献较小，溶液中的剩余电荷几乎全部紧贴在电极表面，基本全是紧密层电容作用。因此实验中当电解液和电极材料固定时，双电层电容也可视为一个定值。此时可以利用平行电容器模型进行等效处理，根据平行板电容模型，电容量计算公式为：

$$C=\frac{\varepsilon S}{4\pi d} \tag{3-4}$$

式中　C——电容，F；

ε——介电常数；

S——电极板正对面积，等效双电层有效面积，m^2；

d——电容器两极板之间的距离，等效双电层厚度，m。

可以看出，超级电容的容量与双电层的有效面积和双电层厚度有关，双电层有效面积与碳的比表面积及碳的质量有关，双电层厚度则是受到溶液中离子的影响。根据 Stern 双电层模型可计算的电极表面的双电层电容一般在 20～40$\mu F \cdot cm^{-2}$，如果电极有较大的表面积，将能获得较大的双电层电容。

值得注意的是，在当前高度无序材料中，所有这些量（ε_0 除外）都不合适。直到 2005 年，人们认为增加电容的最佳策略在于最大化电化学双层充电。因此，当时的挑战是开发具有最高特定表面积的新型中孔碳。然后，根据 Aurbach 小组的原创工作，在纳米孔中发现了一种不同的、更有效的储存机制（孔径小于1nm：也就是说，小于溶剂化离子的大小），导致视野发生变化：不仅增大表面积可以提高电化学性能，而且调整孔径和碳纳米结构也可以驱动电化学性能。因此，该团队不得不重新考虑电荷储存在超小孔中的碳/电解质界面的方式。从那时起，考虑到界面的两面：碳结构和电解质组织，包括离子的去溶剂化及其相互作用，在纳米和亚纳米尺度上对电荷储存机制的基本理解已经引起了很大的反响。

3.2 碳基超级电容器的工作原理

3.2.1 双电层电容

碳基超级电容器的电容主要由双电层引起。双电层电容器的能量储存在双电层电容器界面上，界面两边分别是电子导电的电极和离子导电的电解液。高表面积活性炭是一个很好的例子，其工作的电化学过程可以写成：

正　极：
$$E_S + A^- \underset{放}{\overset{充}{\rightleftharpoons}} E_S^+ // A^- + e^- \tag{3-5}$$

负　极：
$$E_S + C^+ + e^- \underset{放}{\overset{充}{\rightleftharpoons}} E_S^- // C^+ \tag{3-6}$$

总反应：
$$E_S + E_S + C^+ + A^- \underset{放}{\overset{充}{\rightleftharpoons}} E_S^+ // A^- + E_S^- // C^+ \tag{3-7}$$

式中，E_S 为碳电极表面；“//”为积累电荷的双电层；C^+、A^- 分别为电解液的正负离子。从式(3-5) 和式(3-6) 中可以看出，在充电时电子是通过外加电源从正极流向负极，同时，正负离子从溶液体相中分离并分别移动到电极表面；在放电时，电子通过负载从负极流向正极，正负离子从电极表面被释放并进入体相。从总反应中可以看出，电解液中盐离子 C^+、A^- 在充电时被消耗掉，因此电解液在某种意义上也可以被认为是一种活性物质[2]。

实际超级电容器的充放电过程也可以描述如下：充电过程中，在外界电场的作用下，溶液本体中的正负离子分别向负极、正极迁移，在正负极分别形成双电层，使正极电位上升，负极电位下降，在正负极之间产生电势差。当充电完成外界电场撤销后，出于构成双电层的固、液相正负电荷的相互吸引，使得离子不会迁移回溶液本体，电容器的电压能够得以保持。放电时外接电路将正负极连通，固相中聚集的电荷发生定向移动，在外接电路中形成电流，同时溶液中的离子也会迁移回溶液本体。所以，整个过程基本上是一个电荷的物理迁移过程，充电过程可以采用大电流，使离子可以迅速迁移到电极表面形成双电层，放电时也可以直接短路。由于这种物理储电的原理，超级电容器的漏电现象要比电池明显。从原理上讲，双电层中的离子浓度比溶液本体中离子浓度大得多，这些离子受到固相异性电荷吸引的同时，还存在一个扩散回浓度较低的溶液本体的趋势。双电层的分散层中离子的扩散趋势更加明显，离子扩散回溶液本体的过程便是电容器的漏电过程，其中可能还会伴随杂质离子在两极发生氧化还原反应造成的漏电等。

3.2.2 附加准法拉第反应的准电容

经典的双电层电容是在电导体与离子导体相接触时形成，电荷在界面两边分离产生双电层，没有电荷通过界面转移，过程中产生的电流基本上是电荷重排产生的位移电流，而准电容现象是被吸附介质在法拉第类型 $O_{ad}+ne^{-}\longrightarrow R_{ad}$ 的氧化还原反应时所产生的电荷 ne^{-} 在反应中交换，以吸附的形式储存，而在逆过程中能放出。当碳电极上有附加含氧官能团或沉积有钌之类的金属氧化物时，电容器的电容量则为：

$$C=\frac{(C_d+C_\psi)^2+W^2C_d^2C_\psi R_t^2}{C_d+C_\psi+W^2C_dC_\psi^2R_t} \tag{3-8}$$

式中，C 为总电容量；C_d 和 C_ψ 分别为双电层电容器电容和法拉第反应准电容；W 为交流频率；R_t 为电荷转移电阻。这类电容器的电容量与频率有关，当 $W\rightarrow\infty$时，$C=C_d$，而当 $W\rightarrow 0$ 时，$C=C_d+C_\psi$。当 $R_t\rightarrow 0$ 时，由于没有旁路漏电流，来自双电层和准电容的总电容将保持一定。

在−78℃或更低的温度时，碳材料上会发生氧的物理吸附，在约−40℃开始形成表面氧化物，产生不可逆吸附。但即使在室温下，固定在其上的氧含量仍比较低，随温度上升其值增加，在400～500℃达到最大，在更高温度时则形成气相氧化物（CO 和 CO_2）的量增加，反而使表面氧化物的量降低。在碳材料上形成的表面官能团主要有强酸性的羧基和弱酸性的酚基等。这些官能团，特别是醌基的氧化和氢醌基的还原：

$$Q+2H+2e^{-}\longrightarrow H_2Q \tag{3-9}$$

使不与电解质起电化学反应的碳电极产生氧化还原反应形成了有法拉第反应的准电容，从而使电极的双层电容量增加。实验表明，如果碳电极材料在1000℃氢中热处理除去表面官能团后，其双层电容量会降低。基于这样的考虑，通过电化学氧化处理或低温等离子体氧化处理，可使碳材料表面部分氧化，增加含氧官能团，增强对阴离子吸附的静电相互作用，从而使电极的放电容量明显增加。电容器的容量约有10%是由这些表面基团的快速反应贡献的。这些法拉第假电容有时会贡献出很大一部分容量，如用比表面积仅2～3$m^2 \cdot g^{-1}$的碳纤维经过特殊的化学处理达到300$F \cdot g^{-1}$的单电极比容量[3]，基本上都是法拉第假电容的贡献。

3.2.3 碳基超级电容器电荷存储机制

尽管EDLC中电荷存储的基本原理，即电极表面的离子吸附，已经很好地建立，但其相应的微观机制至今仍然不够清晰。Gouy-Chapman-Stern理论是近一个多世纪以来理论电化学的基石，它预测在延伸表面附近，电极电荷由电解质的极化平衡。离子电荷分布和静电势的衰减发生在“德拜长度”上，通常在1～10nm范围内，这取决于电解质浓度和溶剂介电常数。但是，由于高电解质浓度或纯离子液体中的强离子相关性以及显著的混合效应，图3-1在理解超级电容器的界面结构和热力学方面的作用有限。在平面石墨电极的情况下，Gouy-Chapman-Stern理论预测电容随施加电位的增加而增加。然而，该理论没有关注两个重要特征，即离子相关性和离子可接近的有限表面积。这就解释了为什么它在高浓度电解质中无法再现，甚至是定性的实验结果。考虑这些影响和分子模拟的平均场理论表明，差分电容可以根据电解质的性质显示各种形状（“驼峰”或“钟形”形状）。但是这些电容值仍然太小而无法在超级电容器装置中有效利用。当孔径与离子直径相当时，极端限制的一个重要考虑因素是电极内部的电荷通过孔内共离子和反离子数量的不平衡来补偿。在这种“超离子状态”中，通过在金属表面上产生相应的电荷来补偿间质流体中电中性的局部击穿，其有效地屏蔽了相同电荷离子之间的相互作用。几个过程可能导致电极内部反离子的总体过量：反离子的吸附、共离子的交换、反离子的解吸或共离子的解吸。对于给定的电极和电解质的组合（离子的性质，溶剂的存在和选择），观察这些机理中的一种或几种作为电压的函数。核磁共振、分子动力学、红外光谱、SAXS和EQCM表明离子交换是低电压下最常见的过程，但对于大离子尺寸和/或高电压，也观察到单一反离子的吸附，如图3-2所示。而共离子的解吸似乎不那么频繁。最近在溶剂基电解质上的原位NMR测量表明，电荷存储机制可以根据电极极化而不同：观察到正极化的离子交换，而反离子吸附主导负极化。

这表明多种因素可能影响如何实现过量的离子电荷，包括相对大小和共/反离子的迁移率，动力学现象和多次循环中的离子重排。NMR与EQCM的耦合也表明，反离子吸附和离子交换都伴随着溶剂分子的进入或离开。在纯离子

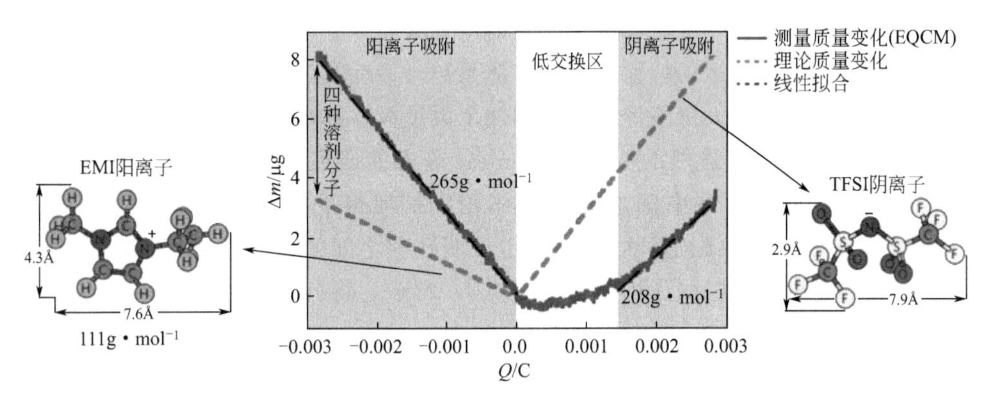

图 3-2 质量相对于有机电解质中累积电荷的变化：1-乙基-3-甲基咪唑鎓（EMI）；双（三氟甲基磺酰基）酰亚胺阴离子（TFSI）[4]

液体中，分子模拟表明交换几乎不会改变电极内液体所占的体积，但应通过考虑阳离子和阴离子的进一步组合来加强这一结论，并需要实验证实。未来可通过电极结构、离子和溶剂的适当组合优化电荷存储，以更好地设计高性能超级电容器。

3.2.4 碳基超级电容器充电和放电动力学

超级电容器的关键特性是其非常高的功率密度，即它们能够在几秒钟内完成充电或放电。因此，实际应用中不应以降低功率的代价实现电容的增加。传统理论预测液体在强烈混合时会因动力学明显减慢而受到影响，原则上不允许使用微孔材料作为超级电容器电极材料。超级电容器的快速充电阻碍了通常原位技术的应用以监控它们的动态行为。在许多情况下，记录光谱或衍射图所需的时间比其充电时间长。然而，诸如红外光谱或小角 X 射线散射（SAXS）技术已被用于研究超级电容器的充电/放电循环，其扫描速率为 $5mV \cdot s^{-1}$。图 3-3(a) 和 (b) 显示了在两个不同的实验中，信号随时间和电位的相对演变。在一种情况下，通过红外光谱法研究由 1-乙基-3-甲基咪唑鎓、双（三氟甲基磺酰基）酰亚胺离子液体和 CDC 电极制成的超级电容器。在第二种情况下，SAXS 研究了微孔活性炭内的 CsCl 电解质水溶液的吸附。在这两种情况下，液体的响应都紧密地跟随施加的电位，滞后仅几秒钟。这些观察结果与微孔超级电容器充电的时间尺度一致。核磁共振（NMR）和磁共振成像（MRI）研究强调了电池设计在充电过程中离子响应在时间尺度中的作用。原位 NMR 实验显示，即使在低扫描速率下，施加的电位和电荷在电极上的滞后也是由于欧姆降。随后通过使用 MRI 解决了该问题，MRI 可以在传统的电池设计中分辨两个电极。

分子动力学模拟可以研究快速充电的微观起源。分子动力学提供了分子的轨迹，非常适合于获得运动特性，例如扩散系数。最近的工作表明，离子的扩散系数在电极中通常比在大量液体中小一到两个数量级，但在离子液体的情况下，电极的褶皱部分观察到强烈的变化。Kondrat 等人的研究已经表明，在狭缝孔隙中，离子甚至可以比在中间电压下的体相中扩散得更快。但在碳化物衍生碳（CDC）中，没有观察到这种效应，这也证明孔隙之间的良好连通性可允许较大的孔隙起到电解质储层的作用，如图 3-3(c) 所示。将分子动力学结果与等效电路模型结合，使 CDC 电极的估计充电时间为 1～10s，进一步证明了这些模拟的良好预测能力。

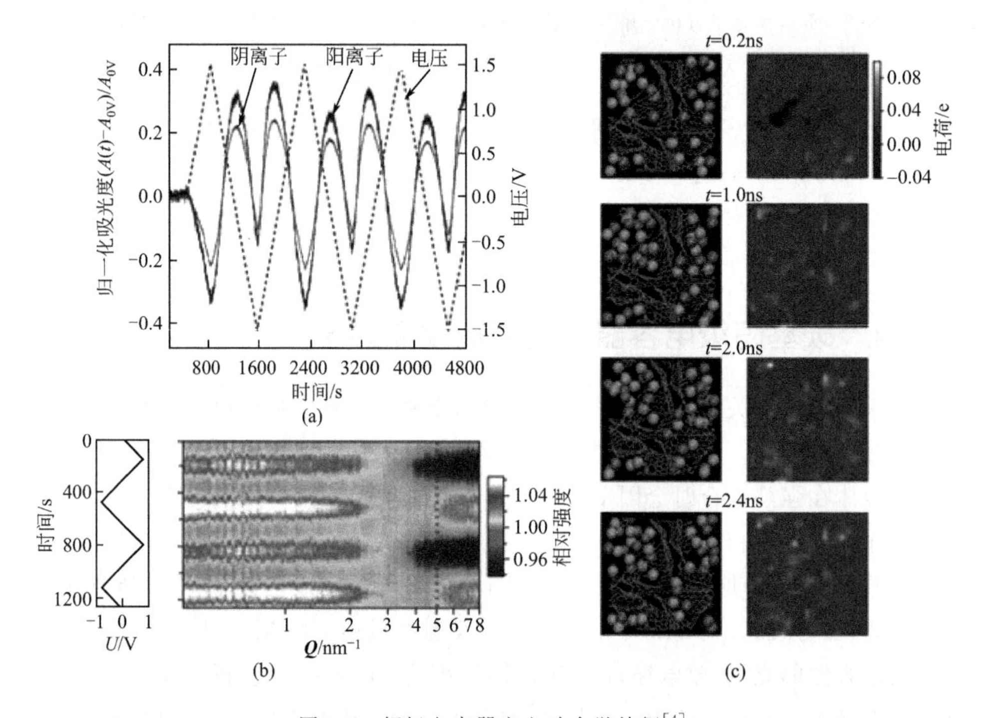

图 3-3　超级电容器充电动力学特征[4]

(a) 各种充放电循环（离子液体电解质）的归一化红外吸收的时间变化；(b) 各种充放电循环（CsCl 水溶液电解质）的 SAXS 强度（右图）的时间变化（$\boldsymbol{Q}$，散射矢量），应用电位 U 随时间的演变如左图所示；(c) 在分子动力学模拟中充电时碳原子上局部电荷的时间演变（绿松石棒，C—C 键；红球，阳离子；绿球，阴离子）

电化学双电层电容器（EDLC）使用具有高可接触表面积的多孔碳电极，其可充当“电海绵”，在充电时吸收电解质中的离子并在放电时释放它们。经过多年的渐进式发展，纳米多孔碳（孔径小于 1nm）不同充电机制的发现促进了对 EDLCs 的进一步研究。

3.3 超级电容器用碳基电极材料

3.3.1 碳材料发展历程简介

碳材料是一种既古老又年轻的材料，与人类生活息息相关，是目前新材料产业最前沿、最诱人，也是最具市场潜力的方向。碳元素三种电子轨道杂化方式：sp^1、sp^2、sp^3，使碳材料的结构多样、种类丰富。其数量比任何其他物质都多，迄今为止已发现有近千万种化合物，而这也仅为理论上化合物数量的一小部分而已，因此碳可谓是元素之王。其中，在碳材料发展过程中，传统碳材料主要包括：木炭、焦炭、炭黑、石墨、石墨电极、炭电刷、炭电极糊、活性炭等。人类社会的发展，到近代热解石墨、碳纤维、膨胀石墨、中间相炭微球和金刚石薄膜等逐渐被发现，奠定了碳材料科学的基础。进入 21 世纪以来，新型多孔碳、富勒烯、碳纳米管、石墨烯等新型碳材料逐渐被合成出来，如图 3-4 所示。目前碳材料展现出了史无前例的生机与活力，并以其不可替代的卓越物理和化学性能，应用在了人类生活中的各个领域。随着科学技术的发展，可以说碳材料可以给人们带来无限的可能性。

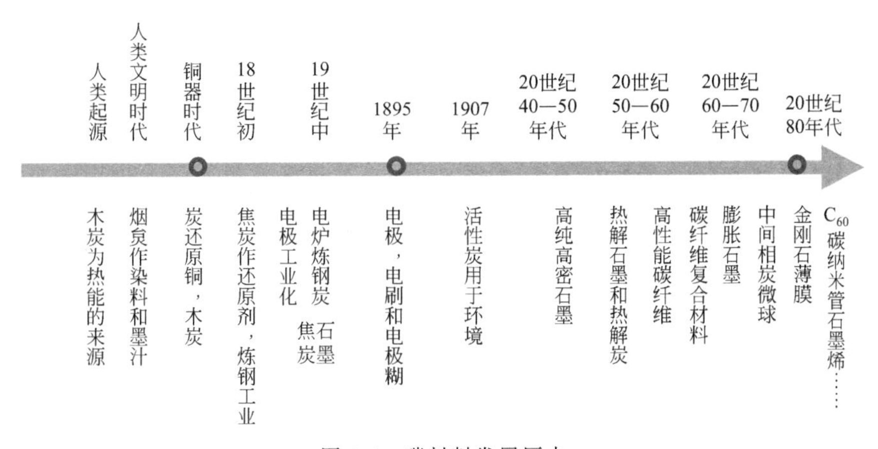

图 3-4　碳材料发展历史

众所周知，根据碳原子排列方式不同碳材料以三种形式存在：无定形碳、石墨和金刚石（图 3-5 所示）[5]。无定形碳即指那些石墨化、晶化程度很低，近似非晶形态（或无固定形状和周期性的结构规律）的碳材料。无定形碳中还含有直径极小的（<30nm）二维石墨层面或三维石墨微晶，在微晶边缘上存在大量不规则的键。

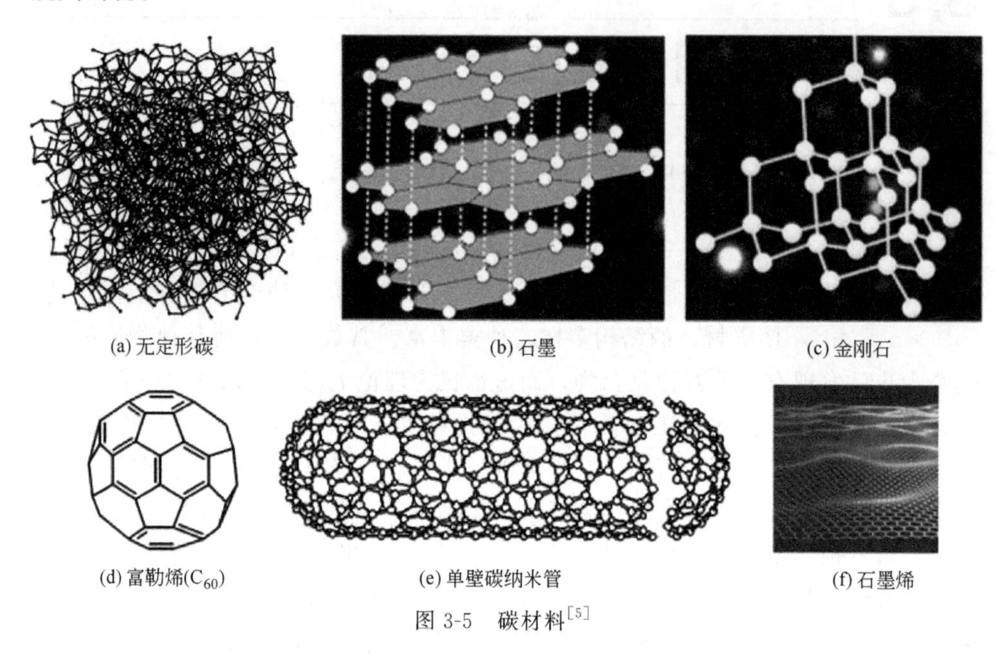

(a) 无定形碳　(b) 石墨　(c) 金刚石

(d) 富勒烯(C_{60})　(e) 单壁碳纳米管　(f) 石墨烯

图 3-5　碳材料[5]

石墨是黑色的且比较软，具有稳定的晶体结构，碳层上是由 C—C sp^2 杂化形成共价键连接而成的，碳层之间是较弱的范德华力，故而碳层易剥离。钻石坚硬而透明，是由每一个碳原子与邻近的四个碳原子通过 sp^3 杂化结合在一起的点阵结构。在此基础上一些新型碳材料被不断发现。诺贝尔奖得主 Robert F. Curl Jr 等发现 C_{60}，为碳材料研究领域创造了一个全新的世界。富勒烯是由碳原子组成的足球状的碳纳米笼。C_{60} 是富勒烯系列全碳分子的代表，是由 12 个五边形和 20 个六边形组成的对称的中空球形结构，球的外部是杂化电子，内部是一个离域的大 π 键使其具有缺电子烯烃的性质，碳球内外表面都能反应。随着 C_{70}、C_{76}、C_{84} 等不断发现，富勒烯及其衍生物显示出巨大的应用前景。目前，富勒烯已广泛地应用在了机械、电子、光学、磁学、化学、医学、材料科学和生物工程学等各个领域，展现出了巨大的应用前景[6]。

随后 Iijima 碳纳米管的发现更是打开了材料科学与纳米科技的大门。碳纳米管（CNT）是由呈六边形排列的碳原子所构成的没有缝隙的同轴圆管。根据管壁碳原子层数的不同可以分为单壁碳纳米管（SWCNTS）和多壁碳纳米管（MWCNTS)。碳纳米管的合成方法主要包括：①电弧法；②石墨激光蒸发法；③化学气相沉积法。碳纳米管的管径一般分布在介孔范围内，该结构比较有利于双电层的形成与电解质离子的迁移。它独特的中空结构、极高的强度、良好的柔韧性和导电性（取决于管壁与管径的螺旋角，当管径小于 6nm 时，可以将其看作具有良好导电性的一维量子导线；当管径大于 6nm 时，导电性会下降）及相互缠绕的纳米级网状结构，是提高超级电容器倍率性能的一种理想电极材料，碳纳米管将在纳米电子器件、柔性光电器件等领域展现出更为广阔的应用和发展前景[7,8]。

石墨烯（graphene）是碳材料家族的新晋成员。石墨烯是一种由单层碳原子（0.334nm）组成的二维六边形晶体，可以作为制备富勒烯和碳纳米管的母体。其传统制备方法主要包括机械剥离法、化学气相沉积法、SiC 热解法、氧化石墨烯还原法等。石墨烯集较高的导电性、导热性，较高的比表面积，非常好的化学稳定性和较强的机械强度等优点于一身，在储能、催化和化学传感等领域展现出了巨大的应用价值[9]。

3.3.2 活性炭

活性炭是目前应用最广泛的电极材料，具有表面积大、电性能好、成本低等优点。活性炭通常是通过对各种碳质材料前驱体（如木材、煤、果壳等）进行物理活化或者化学活化制备的。物理活化方法通常是指在蒸汽、二氧化碳和空气等气氛存在的情况下，对碳前驱体进行高温处理（700～1200℃）。化学活化方法通常是在较低温度（400～700℃）下，使用活化剂如磷酸、氢氧化钾、氢氧化钠和氯化锌等对碳前驱体进行处理。众所周知，活性炭在活化过程中产生的多孔结构具有广泛的孔径分布，多数活性炭材料中大孔所形成的表面积通常小于 $2m^2 \cdot g^{-1}$，与中孔和微孔表面积相比可忽略不计，而总表面积通常也被分为微孔表面积和不包括微孔表面积在内的所谓外表面积。如果微孔表面积和外表面积都有相同的电吸附性能，则随着总表面积的增大，电极的比容量将线性增大。然而，活性炭微球和活性炭纤维的实验表明，总表面积与比电容之间没有这样的线性关系。电解质中的离子在不同大小的孔隙中扩散速度不同，它们更容易进入大孔和中孔，也更容易在这类孔隙中用高电流密度充放电。孔大小分布对电容量放出的影响已有实验证明。如果电极材料的表面积大部分由 2nm 的微孔产生，就难以在较短时间内（时间常数 $t \to 0$ 时）达到电容器的总电容量。电化学电容器（EC）中可利用的电容量和在 $t \to 0$ 时可达到的电容量与电极材料孔径的关系如图 3-6 所示[10]。可以看出，当时间常数 $t \to 0$ 时，并非高比表面积的材料可达到高容量，只有在孔径分布合适时才有可能获得。对于大孔和中孔，电解液能顺利进入并使表面润湿，能在这样的表面上形成双电层。然而，由于毛细管效应，电解液很难进入微孔中而使孔壁被电解液浸润。对于活性炭颗粒，电解液能够浸润孔表面形成双电层。图 3-7[10] 所示的是碳基超级电容器的原理，电容的正负电极均由具有较大表面积的碳粒子构成，碳粒子的表面及内部能被电解液浸润的孔道表面液层中都会吸附上离子，固相表面聚集着与其电性相反的电荷。对于电容器正极，其碳粒子固相表面聚集着正电荷，表面液层中吸附阴离子；负极碳粒子固相表面聚集负电荷，表面液层中吸附阳离子。根据双电层理论，在平面电极与电解液表面上形成的双电层容量可达 16～40μF・cm^{-2}，活性炭的比表面积可以高达 2000m^2・g^{-1}、4000m^2・g^{-1}。假如活性炭与电解液界面双电层容量为 20μF・g^{-1}，而每克活性炭仅有 1000m^2 的表面积能够被电解液浸润而得以利用的话，可以得到高达 200F・g^{-1} 的单电极比容量，则双电极的比容量约有 50F・g^{-1}。

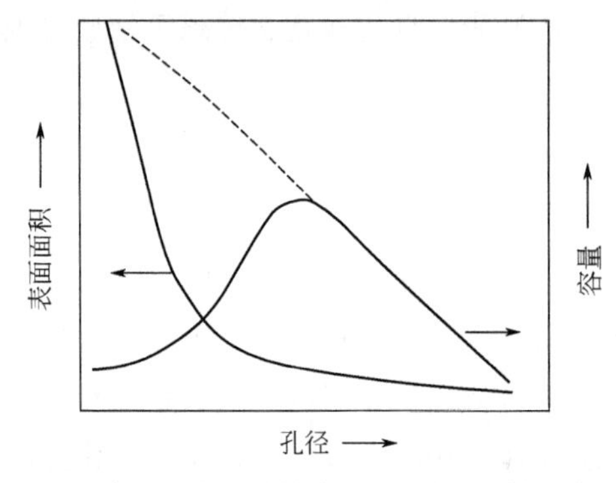

图 3-6　碳基电容器系统在 $t \to 0$ 时，可能（虚线）和可达到（实线）电容量与电极材料孔径的关系

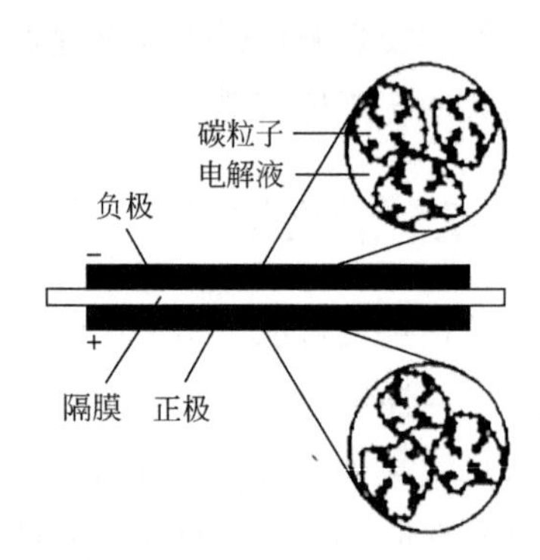

图 3-7　碳基超级电容器原理示意图

活性炭虽然已成为商业超级电容器电极材料，然而由于其有限的能量存储，其应用仍然有很大的局限性。通过设计孔径分布窄（可接近电解质离子）、孔结构互联、孔长度短、表面化学可控的活性炭有利于提高超级电容器的能量密度，同时又不影响其高功率密度和循环寿命，如图 3-8 所示。

3.3.3　碳纳米管

碳纳米管的发现极大地推动了碳材料的发展。碳纳米管以其独特的孔结构、优异的电学性能、良好的机械稳定性和热稳定性，成为超级电容器电极领域的研究热点。碳纳米管可分为单壁碳纳米管（SWNTs）和多壁碳纳米管（MWNTs），这两种碳纳米管都是被广泛研究的储能电极材料。由于其良好的导电性和易于获得的表面积，碳纳米管通常被认为是一种高功率电极材料的选择。此外，其高机械回弹性和管状网络使其成为活性材料的良好支撑。通过化学活化（KOH 活化）增加碳纳米管的比表面积可以提高其能量密度。然而必须在孔隙率和电导率之间取得适当的平衡，以便同时具有高电容和良好的倍率性能。

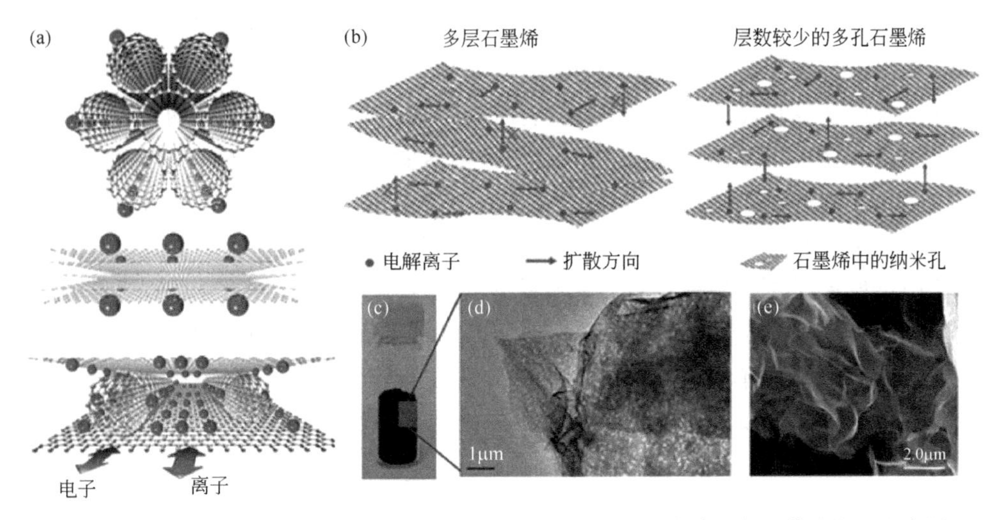

图 3-8　不同碳材料（碳纳米管、石墨烯、石墨烯/碳纳米管复合材料）作为超级电容器电极材料的比较（a），平面内纳米孔促进离子在二维石墨烯平面传输作用的示意图（b）和石墨烯纳米网材料的光学图像、透射电子显微镜图像和扫描电子显微镜图像（c～e）

尽管碳纳米管具有优异的性能，但其与活性炭相比，较小的比表面积（通常低于 $500m^2 \cdot g^{-1}$）使得碳纳米管的能量密度成为一个问题。更重要的是，很难在宏观尺度上保持单个碳纳米管的固有特性，以及电解质依赖性的电容性能。此外，目前的提纯困难高和生产成本高仍然阻碍了碳纳米管的实际应用。

3.3.4　石墨烯

石墨烯是一种单原子厚度的二维纳米片，由 sp^2 杂化方式结合的碳原子组成，密集地堆积在蜂窝状晶格中。其蜂窝状网状结构是构成其他重要碳同素异形体的基本构件，它可以被包裹成零维富勒烯，卷成一维碳纳米管，堆积成三维石墨。由于其独特的二维结构，石墨烯具有许多特殊的物理和化学性质，如高本征载流子迁移率、高导热系数、高光学透过率、高杨氏模量、高抗拉强度、良好的灵活性以及极高的比表面积（理论上讲为 $2630m^2 \cdot g^{-1}$）。因此，石墨烯有望广泛应用于能源转换和存储领域。

自从用透明胶带对天然石墨进行微机械切割生产石墨烯的演示以来，各种化学合成方法被广泛应用于从各种碳前驱体中生产单层/多层石墨烯材料。根据传统的纳米材料合成方法，这些化学合成方法大致可分为两类：自下而上法和自上而下法。自下而上法主要包括碳化硅热分解外延生长、聚合物前驱体热解、甲烷等气态碳前驱体的化学气相沉积（CVD）以及具有精确化学结构和功能的芳香烃的有机合成。其中，化学气相沉积已被证明是一种制备大面积高质量石墨烯的有前途的方法，可控制石墨烯的尺寸、形状、边缘、掺杂状态和层数。此外，化学气相沉积可使石墨烯在各种基底上生长，如一维线材、二维箔片和三维泡沫，从而可直接制备宏观石墨烯结构。自上而下法包括对带状石墨烯碳纳米管（或石墨烯带）、氧化石墨的剥离和还原以及直接剥落的天然石墨或将石墨插入特定溶剂（例如 *N*-甲基吡咯烷酮、离子液体和表面活性剂）中通过使用外部驱动力如声波降解法、电场或剪切。目前，低成本、大规模生产化学衍生或转化石墨烯的方法中，最常用的方法是先将石墨氧化剥离成氧化石墨烯（GO），然后还原氧化石墨烯以还原石墨烯的结构和导电性能。将氧化石墨烯还原成为还原氧化石墨烯（RGO）可以简单地通过各种成熟的方法去实施。例如，通过使用无机或有机还原化学药剂（如水合肼、苯肼、硼氢化钠、活性金属或金属离子、抗坏血酸、氢碘酸、氨和其他强碱性溶液）、热退火、电化学治疗、激光照射、催化反应和水热/溶剂热处理等方法对氧化石墨烯进行还原。更值得注意的是，氧化石墨烯/还原氧化石墨烯表面具有结构性缺陷和含氧官能团，可以进一步改性或化学定制，使其在水溶液或有机溶液中可以理想地分散和操纵，从而使其与不同功能的无机和有机物的复合可控。

还原氧化石墨烯材料的电容性能在很大程度上取决于它们的比表面积和碳/氧原子比。高比表面积通过提供更多空间电荷积累提升其电容贡献，而碳/氧原子比对材料电化学性能的影响则表现在两个相反的方面：高碳/氧原子比意味着高导电性，有利于快速电子转移，但会由于对赝电容贡献较小而导致较低的比电容。虽然化学方法可以较低的成本制备氧化石墨烯或还原氧化石墨烯，但还原/干燥过程中还原氧化石墨烯薄片的堆叠是阻碍石墨烯作为超级电容器电极应用的主要问题。石墨烯薄片通过范德华力形成不可逆的石墨团块，导致了显著的表面积损失，这反过来又限制了离子扩散和电化学性能。因此，研究了多种方法，包括气固还原过程、弱还原剂处理以及在石墨烯纳米薄片之间添加间隔物等，以解决石墨烯再填充问题。

3.4 影响碳材料电容的因素

影响碳材料电容的重要因素有比表面积、孔径分布、导电性和表面官能团。其中，比表面积、孔径分布是双电层碳材料电化学性能的两个最重要的影响因素。

由双电层理论可知，碳材料的比电容会随着比表面积的增加而变大。但实验证明碳材料的比容量并不总是随其比表面积的增大而呈现线性增大，实际测量的比容量要远小于理论值。这是由于一些孔径太小的孔不能使电解质离子进入，造成比表面积利用率偏低。国际纯粹与应用化学联合会（IUAPC）将多孔材料按孔径的大小分为大孔（大于 50nm）、介孔（2～50nm）和微孔（小于 2nm）三类。碳材料存在大量微孔，这对比表面积的增加起到了很大的作用，但是由于电解质离子很难进入孔径很小的微孔中，使得这部分微孔所对应的比表面积对比电容的贡献微乎其微。碳材料的孔构型必须要有助于电解液的扩散和电解质离子的快速转换。

碳材料的电导率会随着材料表面积的增加而降低。原因如下：比表面积的增大会直接导致微孔孔壁上的碳含量减少，碳材料的表面官能团种类及数量、碳材料与电解质溶液之间的浸润状况、微孔的孔径分布和孔的深度、碳材料所处的位置及碳材料与碳材料颗粒之间的接触面积等，都会对电容器电导率的大小产生影响[11,12]。目前很多的研究工作旨在解决双电层电容器电极材料的电导率，其中在碳材料中掺杂导电性金属颗粒是一种有效的途径，或者提高碳材料的石墨化程度来提高导电性。

另外由于碳材料表面存在大量的官能团，这些官能团不仅能在一定的电位下发生氧化还原反应而影响碳材料的比电容，还可以改善碳材料的表面浸润性[13]。在碳材料表面人为添加官能团的方法主要有：电化学氧化法[14]、化学氧化法[15]、等离子体氧化法[16] 等方法。这些官能团能在酸性或者碱性水系电解液中，发生氧化还原反应而产生赝电容，进而大幅度提高碳材料的比容量。

3.5 碳材料在电化学电容器中的应用

碳材料是双电层超级电容器主要的电极活性材料，包括多孔碳、碳微球、碳纳米管、石墨烯等。上述材料一般具有丰富可调的结构、较大的比表面积以及良好的化学稳定性等优点，被广泛应用于各类超级电容器。通常碳材料比表面积越大其形成的双电层就会越多，可以储存更多的电荷。但是目前研究发现，超级电容器（SCs）的容量与碳材料比表面积没有相应的线性关系（电极材料表面积大于 $1200m^2 \cdot g^{-1}$ 后，比电容不再随之继续增加），而是受电极材料比表面积（吸附/脱附）、孔隙大小/孔径分布［介孔有利于电化学双电层的形成，微孔可以提高材料的比电容（水系 0.7nm，有机体系 0.8nm 时最佳）］和表面杂原子官能团（改善碳材料电负性和提供赝电容）等因素共同影响[17,18]。

其中活性炭（AC）是一种多孔结构碳，在 SCs 中应用最早且最为广泛，其来源广泛、比表面积大、导电性良好和稳定性优异。AC 一般是通过热解、活化含碳前驱体（生物质、煤炭、有机聚合物等）而得。其中活化条件对 AC 的孔隙和电化学性能有着非常大的影响。活化主要是在 600～1200℃温度下通过物理活化（水蒸气和二氧化碳活化）或 400～900℃温度下通过化学活化（KOH、NaOH、$ZnCl_2$、H_3PO_4、H_3BO_3 等）[19,20]。通常化学活化制备的 AC 会比物理活化的具有更高的比表面积和更为丰富的孔隙结构。在化学活化过程中，活化温度高、活化时间长、活化剂与前驱体的质量比大通常会导致比表面积和孔隙率的增加，这些因素都有利于 AC 的电容性能。例如，Li 等[21] 以脱落的树叶为前驱体，利用 KOH 和 K_2CO_3 作为活化剂制备了一种三维层次孔 AC（图 3-9）。测试表明 KOH 和 K_2CO_3 分别与 AC 中的微孔和介/大孔形成有关。所制备电极材料在 $6mol \cdot L^{-1}$ KOH 电解液中展现出了 $242F \cdot g^{-1}$（$0.3A \cdot g^{-1}$）的比容量。Zhang 等[22] 采用天然大蒜皮通过炭化活化法成功合成三维分级多孔炭材料，当其用于超级电容器电极材料时，表现出优异的电化学性能和循环稳定性。最后，作者研究了分层孔隙形成和演化的机理，讨论了孔径分布与电容的关系，发现微孔特别是在 0.4～1.0nm 范围内的微孔对电容贡献最大。该大蒜皮衍生的碳表现

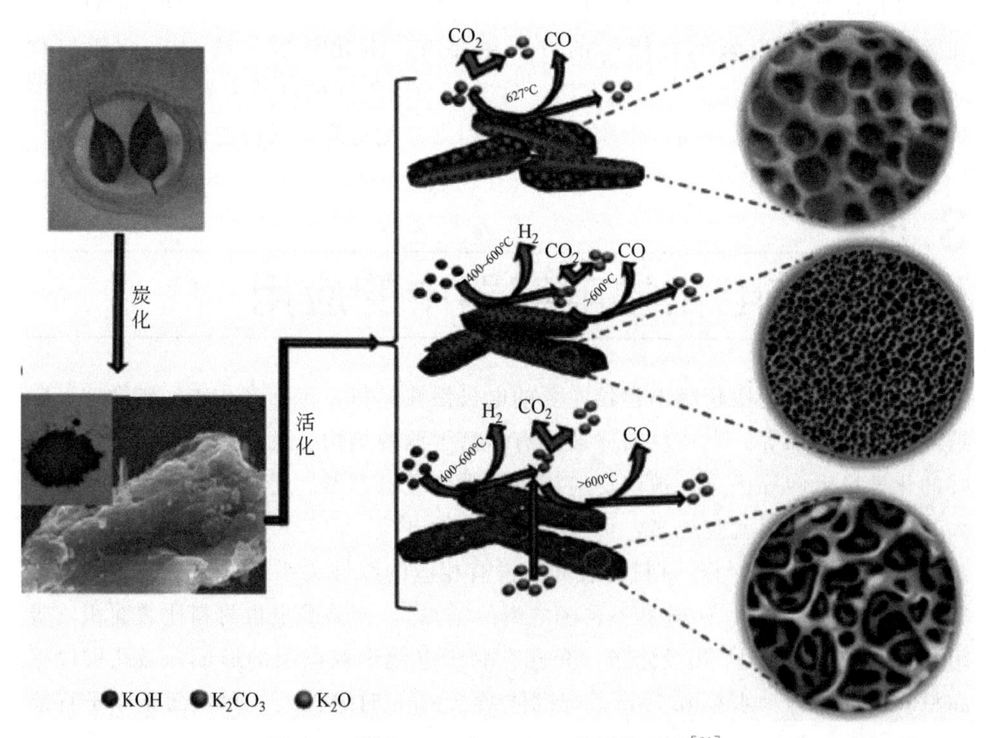

图 3-9　利用 KOH 和 K_2CO_3 的活化过程[21]

出优异的电化学性能和循环稳定性。在 0.5A·g^{-1} 时比电容为 427F·g^{-1}，即使高电流密度为50A·g^{-1} 时，电容保持率仍高达 74%。功率密度为 310.67W·kg^{-1} 时的能量密度为 14.65W·h·kg^{-1}。在高功率密度 27.3kW·kg^{-1} 的情况下，能量密度仍然可以达到 11.18W·h·kg^{-1}。在 4.5A·g^{-1} 的电流密度下，经过 5000 次循环后电容保持率可以高达 94%，其中，第 1 次、第 2500 次、第 5000 次充放电曲线的差异较小，表现出优异的循环稳定性。

同时杂原子的引入也可以改善碳材料的电负性和提供活性位点从而大大增加 AC 的比电容。例如，赵玉峰等[23] 以卤虫卵壳为碳源，700℃下炭化并使用 KOH 活化制备了富 O(13.1%) 层次孔碳（HPC)。其比表面积高达 1758m^2·g^{-1}，BJH 平均孔径为 2.62nm。当电流密度为 0.5A·g^{-1} 时，在 6mol·L^{-1} KOH 电解液中比容量达到了 349F·g^{-1}（0.5A·g^{-1}），在 1mol·L^{-1} H_2SO_4 中比容量达到了 369F·g^{-1}（0.5A·g^{-1}），在经过 10000 圈恒流充放电后比容量基本无衰减。Huo 等[24] 利用蚕丝 900℃下炭化，并用 $ZnCl_2$ 活化制备了氮(4.7%，质量分数) 掺杂的碳纳米薄片。当电流密度为 0.5A·g^{-1} 时，该材料在 $EMIMBF_4$（1-丁基-3-甲基咪唑四氟硼酸盐）电解液中比容量达到了 242F·g^{-1}，10000 圈长循环后比容量保持率为 91%。组装成双电层电容器，其在功率密度为 8750W·kg^{-1} 时能量密度达到了 90.0W·h·kg^{-1}。然而普通热解的活性炭由于较低的热解温度、高度无序的内部结构使其导电性较低，从而在充放电过程中产生较大的电压降，会大大降低 SCs 的高倍率性能发挥。因此，Li 等[25] 通过在前驱体中引入 Ni^{2+} 作为催化剂，通过活化制备了一种三维层次孔石墨化碳(3D HPG)。所制备 3D HPG 石墨化程度较高并展现出了 1000S·m^{-1} 的良好导电性。在所组装的双电层超级电容中展现出了 100A·g^{-1} 的超高倍率性能，且在 20A·g^{-1} 电流密度下循环 15000 圈后容量保持率为 100%（图 3-10)。

在过去的几十年里，碳纳米管（CNTs）也在 SCs 中有了较为广泛的应用。相比 AC 而言，CNTs 具有更高的电子导电能力，因此常用于高倍率电极材料。最近，Liu 等[26-28] 利用直接生长的自支撑柔性碳纳米管薄膜的高导电率、高力学性能、高自吸附力等特点，提出了一种结构简单、重量轻、能量密度和功率密度高的碳纳米管薄膜简洁式超级电容器及其制备方法。实验结果表明，简洁式超级电容器表现出理想的双电层电容行为，在电势反转时，表现出很好的电流响应，碳纳米管薄膜简洁超级电容器的充放电效率达 99%，计算得到的质量比电容为 35F·g^{-1}，能量密度为 43.7W·h·kg^{-1}，最大功率密度为 197.3kW·kg^{-1}，这远大于目前用活性碳材料制备的传统超级电容器的能量密度（1～10W·h·kg^{-1}）和功率密度（2～10kW·kg^{-1}）。此外，简洁超级电容器还表现出了优异的频率特性。但是碳纳米管普遍较低的比表面积（$<500m^2$·g^{-1}）也在较大程度上限制了其

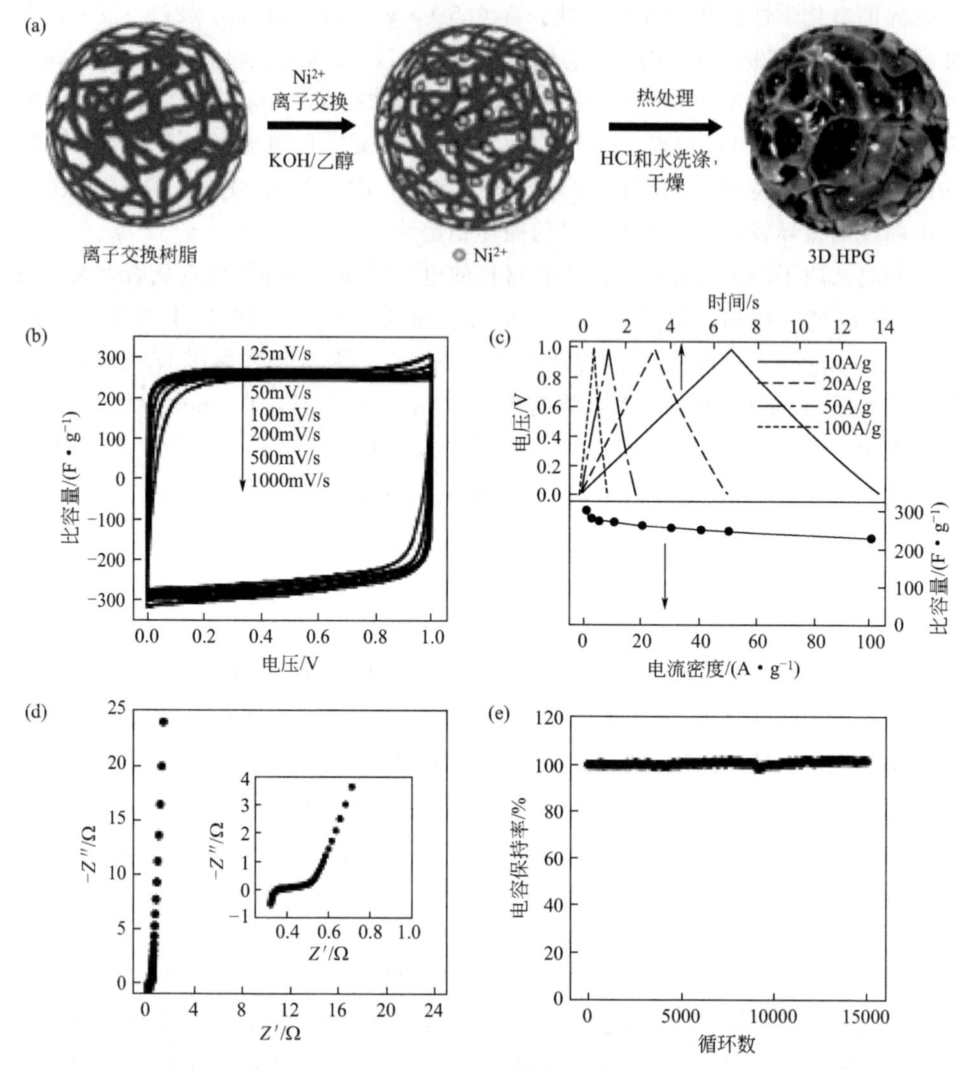

图 3-10 3D HPG 的合成过程示意图（a）和 3D HPG 电极所组装的双电层超级电容器电化学性能图（b～e）[25]

能量密度的发挥。鉴于此，Niu 等[29] 利用硝酸氧化修饰的碳纳米管作为电容器电极材料。使其在酸性电解液中的比容量达到了 $102F \cdot g^{-1}$。同时，Hiraoka 等[30] 还对 CNTs 氧化改性制备了比表面积大于 $2200m^2 \cdot g^{-1}$ 的电极材料，从而大大提高了碳纳米管的电容能力。此外，CNTs 优异的弯曲性能也使其在柔性可穿戴超级电容器中展现了很好的应用。例如，Yuksel 等[31] 将沉积了 SWCNTs 的聚二甲硅氧烷基片作为电极片，并利用凝胶电解质，组装了柔性全固态超级电容器。电化学测试结果表明其比容量达到了 $22.2F \cdot g^{-1}$，功率密度达到了 41.5kW·kg^{-1}，在经过 500 圈充放电循环后容量可以保持 94%。此外，碳纳米管网络、三维碳纳米管海绵、碳纳米管纱等一系列不同结构都被合成并应用于柔性超级电容器中，由于这些结构兼具高导电性和大比表面积，通常也被作为基底来负载其他活性材料。

石墨烯具有比 CNTs 更大的比表面积，比 AC 更好的导电性、更好的柔性性能和易调控的形貌和内部结构，是目前来说最为理想的一类 SCs 电极材料。而且 3D 石墨烯不仅具有二维石墨烯的固有性质，而且具有良好的结构稳定性和多级孔道结构，这种结构更有利于电解质离子的传输与能量的储存。近年来人们对石墨烯在柔性/微型 SCs 中的研究也越来越多。Ye 等[32] 发现高性能、柔性的微型超气相沉积（CVD）方法，结合直接激光写入（DLW），制备多层石墨烯基微型超级电容器（MG-MSC）。结合多层 CVD 石墨烯薄膜的干转移，DLW 可以高效地制造大面积的 MSC。这种方法具有灵活性、多样的平面几何形状和设计集成能力。在离子凝胶电解质中，MG-MSC 表现出 23mW·h·cm^{-3} 的超高能量密度和 1860W·cm^{-3} 的功率密度。Wang 等[33] 制备出一种高强度、自支撑、超薄石墨烯薄膜，并成功将该薄膜组装为全固态柔性超级电容器（图 3-11）。据介绍，该薄膜仅由两层氧化石墨烯单层膜组成，厚度仅为 22nm，无需辅助材料即可实现自支撑，并可通过增减单层膜数量实现厚度和性能的可控调节。同时，该薄膜横向尺寸达厘米级，具备可裁剪性和优异的拉伸性，且对强酸强碱高度兼容。实验结果表明，该新型薄膜在可见光 550nm 处透光率高达 84.6%，经过原位还原后仍然保持优异的力学性能及光学性能。石墨烯薄膜电阻仅有 420 方阻。

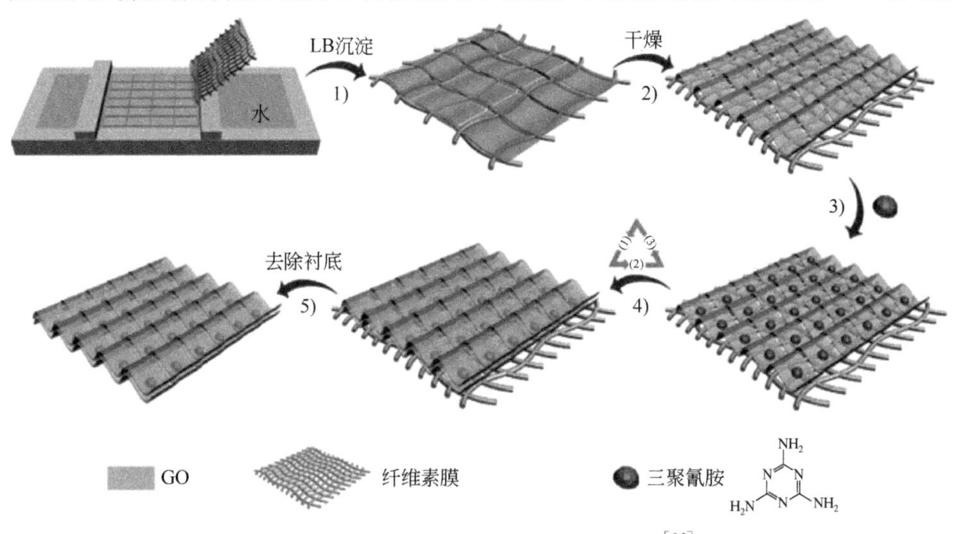

图 3-11　自支撑石墨烯膜的制备流程图[36]

由该薄膜组装而成的全固态柔性超级电容器具有较高的体积电容值、良好的电机械稳定性，展现了优异的超级电容器性能。在循环充放电 7500 圈后，该薄膜电容值保留高达 91.4%。

此外，碳微球（CMs）、碳纤维和一些碳碳复合材料在 SCs 中也有一定的应用。比如，Zhou 等[34] 合成了一种高体积密度氮、氟共掺石墨化碳微球，体积比容量达到了 521F·cm^{-3}，是普通活性炭的 3 倍左右。Dong 等[35,36] 还选择活性炭纤维布作为柔性基底合成了高电化学性能的纺织电极，并展现出了良好的电化学性能。但是，对一种碳材料而言有其优点必然也有其不足之处。AC 比表面积大、孔道结构丰富、比容量高，但是较低的导电性使其倍率性能比较差；CNTs 倍率性能高、柔韧性好，但是能量密度很低；石墨烯具有 AC 和 CNTs 的综合优异性能，但易团聚。因此，通过碳碳复合可能是解决单一碳材料弊端的有效策略[37-39]。

参考文献

[1] 周仲柏，陈永言. 电极过程动力学基础教程 [M]. 武汉：武汉大学出版社，1988：34-41.

[2] Amatucci G G，Badway F，Pasquler A D. An asymmetric hybrid nonaqueous energy storage cell [J]. J Electrochem Soc，2001，148：930-939.

[3] 杨红柳，周啸，姜翠萍，等. 化学合成聚（3-甲基噻吩）及其在超电容器中的应用 [J]. 电子元件与材料，2002，21（9）：6-7.

[4] Salanne M，Rotenberg B，Naoi K，et al. Efficient storage mechanisms for building better supercapacitors [J]. Nature Energy，2016，1（6）：1-10.

[5] Dai L，Chang D W，Baek J B，et al. Carbon nanomaterials for advanced energy conversion and storage [J]. Small，2012，8（8）：1130-1166.

[6] Deguchi S，Alargova R G，Tsujii K. Stable dispersions of fullerenes，C_{60} and C_{70}，in water，preparation and characterization [J]. Langmuir，2001，17（19）：6013-6017.

[7] Jorio A，Dresselhaus G，Dresselhaus M S. Carbon nanotubes：advanced topics in the synthesis，structure，properties and applications [J]. Materials Today，2008，11（3）：52-60.

[8] Ebbesen T W. Carbon nanotubes：preparation and properties [M]. CRC press，1996.

[9] Chen D，Feng H，Li J. Graphene oxide：preparation，functionalization，and electrochemical applications [J]. Chemical Reviews，2012，112（11）：6027-6053.

[10] 刘彦芳. 电化学超级电容器电极材料的研究 [D]. 哈尔滨：哈尔滨工程大学，2004.

[11] Maletin Y，Novak P，Shembe E，et al. Matching the nanoporous carbon electrodes and organic electrolytes in double layer capacitors [J]. Appl. Phys. A，2006，82：653.

[12] Kastening B，Heins M. Properties of electrolytes in the micropores of activatedcarbon [J]. Electrochim. Acta，2005，50（12）：2487.

[13] Qu D Y. Studies of the activated carbons used in double-layer supercapacitors [J]. J. Power Sources，2002，109（2）：403.

[14] Momma T, Liu X J, Osaka T, et al, Electrochemical modification of active carbon fiber electrode and its application to double-layer capacitor [J]. J. Power Sources, 1996, 60 (2): 249.

[15] Kim C H, Pyun S, Shin H C. Kinetics of double-layer charging/discharging of activated carbon electrodes: role of surface acidic functional groups [J]. J. Electrochem. Soc., 2002, 149 (2): A93.

[16] Ishikawa M, Sakamoto A, Monta M, et al. Effect of treatment of activated carbon fiber cloth electrodes with cold plasma upon performance of electric double-layer capacitors [J]. J. Power Sources, 1996, 60 (2): 233.

[17] Choi N S, Chen Z, Freunberger S A, et al. Challenges facing lithium batteries and electrical double-layer capacitors [J]. Angewandte Chemie International Edition, 2012, 51 (40): 9994-10024.

[18] Barbieri O, Hahn M, Herzog A, et al. Capacitance limits of high surface area activated carbons for double layer capacitors [J]. Carbon, 2005, 43 (6): 1303-1310.

[19] Wen Z, Li J. Hierarchically structured carbon nanocomposites as electrode materials for electrochemical energy storage, conversion and biosensor systems [J]. Journal of Materials Chemistry, 2009, 19 (46): 8707-8713.

[20] Pognon G, Brousse T, Bélanger D. Effect of molecular grafting on the pore size distribution and the double layer capacitance of activated carbon for electrochemical double layer capacitors [J]. Carbon, 2011, 49 (4): 1340-1348.

[21] Li Y T, Pi Y T, Lu L M, et al. Hierarchical porous active carbon from fallen leaves by synergy of K_2CO_3 and their supercapacitor performance [J]. Journal of Power Sources, 2015, 299: 519-528.

[22] Zhang Q, Han K, Li S, et al. Synthesis of garlic skin-derived 3D hierarchical porous carbon for high-performance supercapacitors [J]. Nanoscale, 2018, 10 (5): 2427-2437.

[23] Zhao Y, Ran W, He J, et al. Oxygen-rich hierarchical porous carbon derived from artemia cyst hells with superior electrochemical performance [J]. ACS Applied Materials & Interfaces, 2015, 7 (2): 1132-1139.

[24] Hou J, Cao C, Idrees F, et al. Hierarchical porous nitrogen-doped carbon nanosheets derived from silk for ultrahigh-capacity battery anodes and supercapacitors [J]. ACS Nano, 2015, 9 (3): 2556-2564.

[25] Li Y, Li Z, Shen P K. Simultaneous formation of ultrahigh surface area and three-dimensional hierarchical porous graphene-like networks for fast and highly stable supercapacitors [J]. Advanced Materials, 2013, 25 (17): 2474-2480.

[26] Ma W, Song L, Yang R, et al. Directly synthesized strong, highly conducting, transparent single-walled carbon nanotube films [J]. Nano Letters, 2007, 7 (8): 2307-2311.

[27] Ma W, Liu L, Yang R, et al. Carbon nanotube fibers: monitoring a micromechanical process in macroscale carbon nanotube films and fibers [J]. Advanced Materials, 2009, 21 (5).

[28] Ma W, Liu L, Zhang Z, et al. High-strength composite fibers: realizing true potential

of carbon nanotubes in polymer matrix through continuous reticulate architecture and molecular level couplings [J]. Nano Letters, 2009, 9 (8): 2855-2861.

[29] Niu C, Sichel E K, Hoch R, et al. High power electrochemical capacitors based on carbon nanotube electrodes [J]. Applied Physics Letters, 1997, 70 (11): 1480-1482.

[30] Hiraoka T, Izadi-Najafabadi A, Yamada T, et al. Compact and light supercapacitor electrodes from a surface-only solid by opened carbon nanotubes with 2200 $m^2 \cdot g^{-1}$ surface area [J]. Advanced Functional Materials, 2010, 20 (3): 422-428.

[31] Yuksel R, Sarioba Z, Cirpan A, et al. Transparent and flexible supercapacitors with single walled carbon nanotube thin filmelectrodes [J]. ACS Applied Materials & Interfaces, 2014, 6 (17): 15434-15439.

[32] Ye J, Tan H, Wu S, et al. Direct laser writing of graphene made from chemical vapor deposition for flexible, integratable micro-supercapacitors with ultrahigh power output [J]. Advanced Materials, 2018, 30 (27): 1801384.

[33] Wang G F, Qin H, Gao X, et al. Graphene thin films by noncovalent-interaction-driven assembly of graphene monolayers for flexible supercapacitors [J]. Chemistry, 2018, 4 (4): 896-910.

[34] Zhou J, Lian J, Hou L, et al. Ultrahigh volumetric capacitance and cyclic stability of fluorine and nitrogen co-doped carbon microspheres [J]. Nature Communications, 2015, 6: 8503.

[35] Dong L, Xu C, Li Y, et al. Simultaneous production of high-performance flexible textile electrodes and fiber electrodes for wearable energy storage [J]. Advanced Materials, 2016, 28 (8): 1675-1681.

[36] Dong L, Liang G, Xu C, et al. Multi hierarchical construction-induced superior capacitive performances of flexible electrodes for wearable energy storage [J]. Nano Energy, 2017, 34: 242-248.

[37] Zhu Z, Hu Y, Jiang H, et al. A three-dimensional ordered mesoporous carbon/carbon nanotubes nanocomposites for supercapacitors [J]. Journal of Power Sources, 2014, 246: 402-408.

[38] Zeng F, Kuang Y, Zhang N, et al. Multilayer super-short carbon nanotube/reduced graphene oxide architecture for enhanced supercapacitor properties [J]. Journal of Power Sources, 2014, 247: 396-401.

[39] Zhang L, Zhang F, Yang X, et al. Porous 3D graphene-based bulk materials with exceptional high surface area and excellent conductivity for supercapacitors [J]. Science Report, 2013, 3: 1408.

第4章

赝电容电极材料

赝电容（pseudocapacitance），一种涉及表面或近表面氧化还原反应的法拉第反应过程，提供了一种在高充放电速率下实现高能量密度的方法。所谓赝电容超级电容器，实质上是作为双电层型电化学电容器的一种补充形式。与双电层电容材料和电池材料相比，赝电容材料可同时具有较高比容量和高倍率特征，这促进了大量关于赝电容材料及相关储能体系的研究。随着消费电子和交通电气市场的扩大以及可再生能源储能系统的出现，电能储存显得尤为重要。特别是对于运输和电网存储应用，需要在几秒或几分钟内快速地输送或接收大量能量。尽管碳基电化学电容器具有所需的功率密度，但其相对较低的能量密度限制了自身的可行性。20 世纪 70 年代，Conway 等人认识到某些材料在其表面或附近经历氧化还原反应，其电化学性质与超级电容器的电化学性质类似。

因此，在过去的几年中，人们对赝电容器的兴趣日益浓厚，仍在研究在高充放电速率下产生高能量密度的材料及其电化学特性，因为它们有望实现传统电池电极材料的高能量密度以及双电层电容器的长循环寿命和高功率密度。迄今为止，过渡金属氧化物是最广泛的具有赝电容行为的材料。通过选择合适的过渡金属氧化物，利用最有效的电极结构，并分析其赝电容行为的电化学行为，这些材料有望成为在高倍率下提供高能量密度的电化学能量存储装置的基础。目前 EES 的成功在很大程度上是由于在一个或两个电极中使用过渡金属氧化物。表现出赝电容的过渡金属氧化物材料，当在与电解质接触的材料表面处或附近发生可逆的氧化还原反应时，或当这些反应不受固态离子扩散限制时，产生赝电容。该行为可以存在于水系和非水系电解质中，并且可以是材料固有的，或者是外在的。电池和赝电容材料之间的显著差异在于赝电容材料的充电和放电行为发生在几秒和几分钟的量级。因此，研究和开发赝电容的根本目的是它在同一材料中产生高能量密度和高功率密度。

4.1 赝电容的分类及产生机制

赝电容按照储能方式分为欠电位沉积赝电容（underpotential deposition pseudocapacitance）、氧化还原赝电容（redox pseudocapacidance）和插层赝电容（intercalation pseudocapacitance）三类，反应过程如图 4-1 所示。

4.1.1 欠电位沉积赝电容

欠电位沉积赝电容是指金属（或氢）在正于其能斯特（Nernst）电位时，在

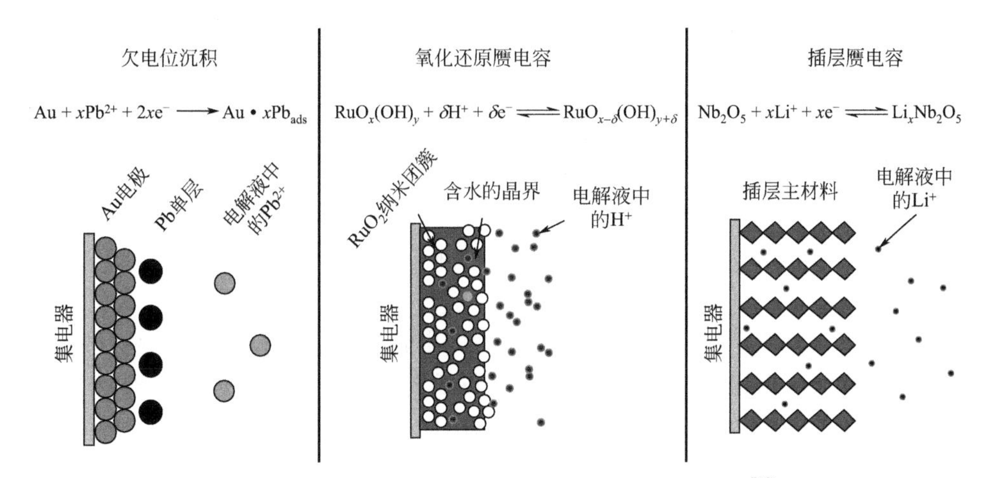

图 4-1　产生赝电容的不同类型的可逆氧化还原机制[1]

异种金属表面或体相中的二维或准二维空间上形成单层（或亚单层）沉积时产生的电容，主要是因为沉积物种与基底间的相互作用大于沉积物种之间的相互作用。这种相互作用不限于单层（或亚单层）沉积，当基底对第二或第三个单层有影响时，在欠电位下也可以产生沉积[2,3]，其中 Pb^{2+} 在 Au 表面的欠电位沉积是一个非常经典的例子[4]。

金属原子在外来金属基底上的吸附和沉积是一个非常有吸引力的研究体系，因为强吸附原子/基底结合可以控制生长行为和所得结构。通过电化学方法研究这种系统，特别是在欠电位沉积的背景下。这指的是金属单层在外来金属基底上的电沉积，其电位可以显著小于与吸附物在相同金属表面上沉积的负电位。这种现象允许精确和可再现地控制表面覆盖并用于研究覆盖相关的性质，包括金属附着层的结构及其电子性质。早期的欠电位沉积研究主要在多晶电极表面上进行。这部分是由于在表面结构和清洁度的明确（和受控）条件下制备和维持单晶电极较为困难。尽管对金属单晶进行了一些研究，但这些研究通常涉及使用超高真空系统和转移方案。这些研究提供了大量信息，然而，由于固有的非原生境性质，也提出了一些问题，特别是在涉及弱吸附物种情况下关于所研究表面的确切性质/特性。用于制备和清洁单晶表面的程序和方案的出现，即使是关于非常活泼的金属，例如铂，也彻底改变了该领域，并且出现了许多关于单晶电极的研究。

4.1.2　氧化还原赝电容

氧化还原赝电容是指通过电解质离子在电极表面或体相中的二维或准二维空间上进行快速可逆的氧化还原反应，从而产生和电极充电电位有关的电容来进行储能的[5]。电极材料主要包括 MnO_2、$RuO_2 \cdot nH_2O$ 和导电聚合物等。以 MnO_2 为例其反应机理如下式所示：

$$MnO_2 + xA^+ + xe^- \rightleftharpoons A_xMnO_2 \tag{4-1}$$

式中，A^+ 表示碱金属离子。镍钴基氧化物/氢氧化物的充放电曲线具有明显的反应平台，属于典型的电池材料储能行为，不再归入赝电容材料。当离子被电化学吸附到材料的表面或表面附近时伴随着法拉第电荷转移，产生氧化还原赝电容。

1971 年，在 RuO_2 中发现了一种新型的电化学电容，称为赝电容，因为它涉及法拉第电荷转移反应，具体为来自电解质质子的储存导致 RuO_2 薄膜电极上的法拉第电荷转移反应。尽管电荷存储过程具有法拉第特性，但循环伏安（CV）图仍然是电容器类型——即矩形形状（图 4-2）[7]。这是首次报道产生低质量比电容值，仅 4%～7%Ru^{4+} 参与氧化还原反应，表明了赝电容过程的独特电化学特征。该研究还表明需要多孔和水合氧化物，因为块状单晶材料没有呈现矩形的 CV 曲线。随后的研究确定结合水（特别是 $RuO_2 \cdot nH_2O$，其中 $x=0.5$）和多孔纳米级结构的重要性，条件为将电容提高到 $700F \cdot g^{-1}$（$700C \cdot g^{-1}$，约 8.3min）。水合 RuO_2 对质子的储存可表示为：

$$RuO_x(OH)_y + \delta H^+ + \delta e^- \rightleftharpoons RuO_{x-\delta}(OH)_{y+\delta} \tag{4-2}$$

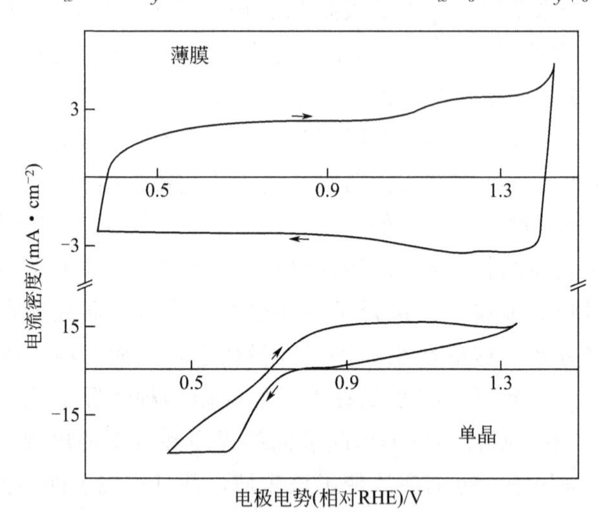

图 4-2　在 $40mV \cdot s^{-1}$ 下的 RuO_2 薄膜（顶部）和单晶（底部）在 $1mol \cdot L^{-1}$ $HClO_4$ 中的循环伏安图[6]

当 $\delta=2$ 时，在 1V 的窗口上 RuO_2 的最大理论电容为 $1450F \cdot g^{-1}$（$1360F \cdot g^{-1}$ 的 $RuO_2 \cdot 0.5H_2O$）。

$RuO_2 \cdot 0.5H_2O$ 具有四种独特的功能，可以实现高电容的快速法拉第反应：①Ru^{4+} 的氧化还原行为，允许法拉第能量储存；②RuO_2 的金属导电性，允许快速电子传输；③存在能够在所谓的“内表面”内快速传送质子的结构水；④存在减小扩散距离的大“外表面”区域。但钌的高成本（目前为 2000 美元/千克）使得基于 RuO_2 的超级电容器仅能适用于微型超级电容器等小尺寸设备，不适合大规模应用。但是，水合 RuO_2 的行为初次表明，在某些系统中，可逆的法拉第反应可以产生与电容器类似的电化学特征。

4.1.3 插层赝电容

插层赝电容是由离子插入氧化还原材料通道或层间时伴随法拉第电荷传输产生赝电容来进行储能的，但该过程不涉及电极材料相转变。Nb_2O_5（T-Nb_2O_5）、MXene 等属于典型的插层赝电容材料。当离子嵌入氧化还原活性材料的隧道或层中并伴随法拉第电荷转移而没有结晶相变时，发生嵌入赝电容。

赝电容材料的另一个重要考虑因素是该结构在插层时不发生相变。例如当 MoO_2 材料尺寸降至纳米尺度，发生锂化时其特征性单斜-正交相变会被抑制，材料从而显示出赝电容响应。纳米 MoO_2 2min 放电速率的质量比容量接近 $200mA \cdot h \cdot g^{-1}$，远远超过此速率下任何其他材料的能量密度[7]。其他研究表明，Nb_2O_5 材料即使在 40μm 厚的薄膜中也能保持赝电容行为。这种薄膜已经用于包含 Nb_2O_5 负电极和活性炭作为正电极[8] 的混合电池中。尽管该装置显示出非常好的性能，但它受到碳电极能量密度的限制，碳电极通过双电层存储能量。

4.1.4 赝电容的产生机制

RuO_2 和 MnO_2 是研究最广泛的两种赝电容材料。随着赝电容研究得更加深入，人们提出了一些严格的指标来进行赝电容识别。在高放电/充电速率下表现出高能量密度的材料更容易显示出赝电容行为的电化学特征。例如，一般认为 Nb_2O_5 属于典型的赝电容材料体系，其理论容量的 70%可以仅在 1min 内完成存储（$125mA \cdot h \cdot g^{-1}$，1min 放电）[8]。此外，通过氧化还原反应的电荷存储可以发生在材料的体相，而不仅仅是通常认为的表面[8]。这里涉及的电荷存储机制为插层赝电容，尽管电荷存储是由氧化还原反应引起的，但其动力学不受扩散控制，而是表现出在双层电容器中观察到的快速动力学响应（导致高功率）。插层赝电容和表征 RuO_2 的氧化还原赝电容[10] 的比较如图 4-3 所示。与赝电容相关的一些关键电化学响应包括：①电位对充电状态的线性依赖性；②充电储存容量大部分与速率无关；③具有小电压组的氧化还原峰。不显示此类特征的材料不应视为赝电容。Brousse 等人的论文指出将 $Ni(OH)_2$ 或钴氧化物等材料作为赝电容具有局限性[11]。

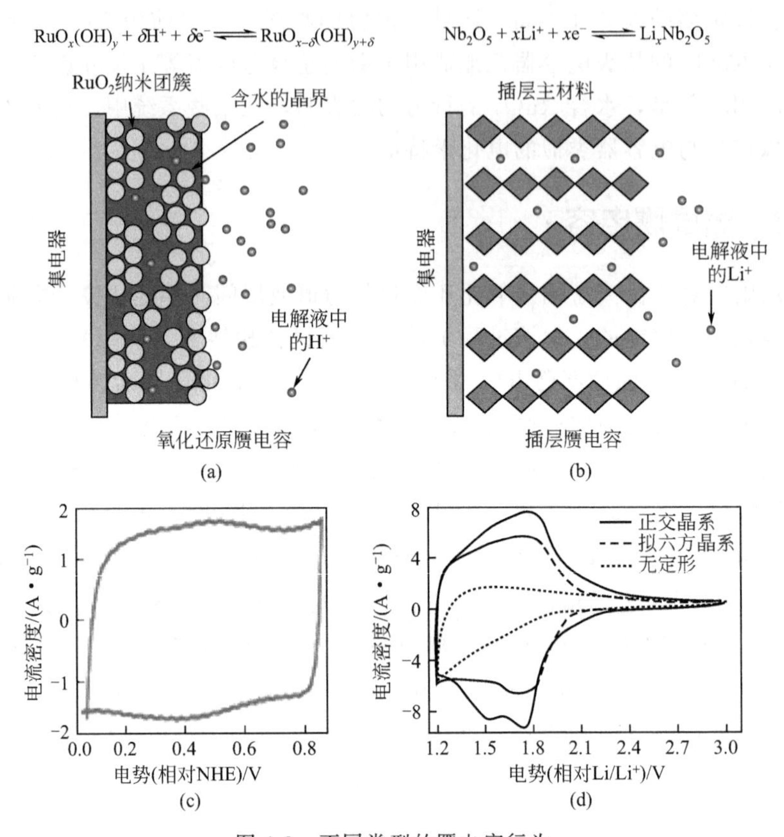

图 4-3 不同类型的赝电容行为

(a) RuO_2 中的氧化还原赝电容发生在近表面区域；(b) Nb_2O_5（T 相）中的插层赝电容是 Li^+ 插入的大量效应[10]；(c) 循环伏安实验表明 RuO_2 具有传统电容器的“盒子”形状 CV 图像[12]；(d) 循环伏安实验表明，正交晶系 Nb_2O_5（T 相）表现出氧化还原峰，且电压设定很小[9]

这三种机制由于不同的物理过程和不同类型的材料而发生；但由于在电极/电解质界面处或在材料内表面的吸附/解吸过程产生的电位和电荷程度之间的关系却遵循同一公式：

$$E=E^{\ominus}-\frac{RT}{nF}\ln\left(\frac{X}{1-X}\right) \tag{4-3}$$

式中，E 为电位，V；R 为摩尔气体常数，8.314J·mol^{-1}·K^{-1}；T 为热力学温度，K；n 为电子数；F 为法拉第常数，96 485C·mol^{-1}；X 为表面或内部结构的分数覆盖程度。其中，电容（C，F·g^{-1}）可以在 E-X 关系曲线呈线性的区域中定义：

$$C=\frac{nF}{m}\times\frac{X}{E} \tag{4-4}$$

式中，m 为活性物质的分子量。由于 E 与 X 的关系曲线并不像电容器那样完全是线性的，电容并不总是恒定的，被称为赝电容。

虽然上述关系描述了赝电容的热力学基础，但这种材料用于储能的效用在于它们的动力学行为。这源于在表面发生或受表面限制的反应不受固态扩散的限制，因此表现出高倍率性能，这是表现出赝电容行为的过渡金属氧化物与不表现出赝电容行为的过渡金属氧化物之间的重要区别。后者是用于可充电电池的材料，其中使用大块固态来存储电荷导致高能量密度。然而，在这些器件中，功率容量受到阴极和阳极活性材料内固态扩散的限制。

典型赝电容电化学行为介于双电层电容和二次电池之间，欠电位沉积赝电容和氧化还原赝电容的电化学曲线（CV 曲线成方形）和动力学都接近于双电层电容。插层赝电容在离子插层过程中所伴随的氧化还原反应又与电池行为类似（CV 曲线有明显氧化还原峰），但是电化学反应（电极过程）的可逆性及动力学特性都要高于电池，其电荷存储行为与典型的赝电容行为接近，表现为近似线性伏安响应。

4.1.5 电极材料本征赝电容和非本征赝电容特性

开发赝电容材料的一种比较常见的方法，涉及纳米材料的合成。越来越多的证据表明，当微晶小于 20nm 时，电化学特性变得更像电容器。例如，由于用于电荷存储的较大数量的表面位置或相变的抑制，对电荷状态的潜在依赖性可以变为线性的。动力学也受到小微晶尺寸的影响，因为距离的减小导致更高的功率密度。此外，使用扫描伏安法将电阻过程与电容过程分开，表明纳米级材料更像电容器[10]。到目前为止，已经表征了仅以纳米片形式制备的少量 2D 材料的电荷存储机制。对于 TiO_2，预期其测定的机制为表面控制响应，因为几乎整个样品表面暴露于电解质[13]。

为了解释纳米结构的作用，Simon、Dunn 及其同事提出赝电容可以是材料的本征或非本征因素[8]。本征赝电容材料，如水系电解液中的 MnO_2 或 RuO_2、非水系电解液中的 Nb_2O_5 等，在任意粒径范围和形貌下均表现出赝电容行为，其赝电容储能行为是材料的本征行为，不受粒径大小和微观结构影响，称为本征赝电容（intrinsic pseudocapacitance）[14,15]。相比之下，非本征赝电容适用于仅显示赝电容特征的纳米颗粒材料。比如某些电池型材料在块体结构下通常不表现出赝电容行为，但在特定的纳米尺度或特定结构下也表现出赝电容特性。这种因特定形貌结构而产生的赝电容并非基于材料的本征特性，被称作广义赝电容或者非本征赝电容（extrinsic pseudocapacitance）[16,17]。这类电化学过程电荷传输不受扩散控制，其电压随电流变化呈现接近线性变化的特征，显示出高倍率特性[18]。这些材料在体相中不显示赝电容行为。纳米结构产生赝电容的程度可能涵盖各种过渡金属氧化物（如 MoO_2）、硫化物和氮化物，并且目前是一个活跃的研究领域。非本征赝电容的提出为创造兼具电池高能量密度和电容器高功率密度的材料提供了令人兴奋的机会。

对于纳米尺度效应的动力学根源，研究人员通过分析材料的储能行为证实多数电池型材料在特定条件下会表现出不同程度的电容特性[19,20]。例如一些过渡金属化合物（如 MoO_2、SnS、V_2O_5、$LiCoO_2$、$LiMn_2O_4$、$Li_4Ti_5O_{12}$ 等）在一定的纳米尺度下，会由于缺陷和表面增多等因素表现出明显的电容过程。如图 4-4 所示，块体 $LiCoO_2$ 的嵌锂电位为 3.9V，当控制其颗粒尺寸为 17nm 并逐渐减小时，电压平台逐渐发生倾斜，而当颗粒尺寸减小到 6nm 时电压平台近乎消失，成为近似线性放电曲线[44]。这种变化一部分是由于表面增多诱发的双电层电容，更主要的则是由于表面快速氧化还原反应或能垒较低的离子插层引起的赝电容[21,22]。非本征赝电容的存在证明了电池型材料的倍率性能可以通过结构调控加以改变，为从根本上提高材料的功率特性提供了科学依据。

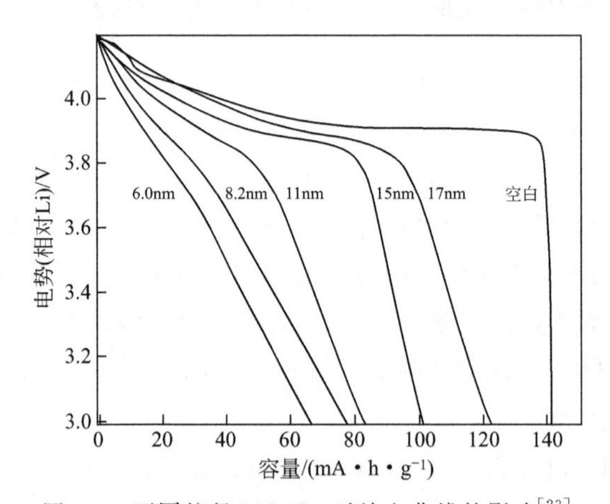

图 4-4　不同粒径 $LiCoO_2$ 对放电曲线的影响[23]

4.1.6　赝电容储能的动力学特性

赝电容可以由各种电化学过程产生，可以分别根据其对电压、恒定电流或者交流电信号的响应，如通过循环伏安测试、恒电流充放电或交流阻抗谱等来描述赝电容储能。

在循环伏安实验中，实验的时间尺度由扫描速率（v，$mV \cdot s^{-1}$）控制。电流对扫描速率的响应根据氧化还原反应是扩散控制还是表面控制（电容）而变化。对于受半无限线性扩散限制的氧化还原反应，电流响应随 $v^{1/2}$ 变化；对于电容过程，电流直接随 v 变化。因此，对于任何材料，可以针对特定电位的电流 i（V）写出以下一般关系：

$$i(V)=k_1 v^{1/2}+k_2 v \tag{4-5}$$

在每个电位处求解 k_1 和 k_2 的值对扩散和电容电流进行分离。这种数学处理方法与其他表征技术相结合，已被用于评估新型纳米结构材料的性能，如图 4-5 中的实例[24]所示。

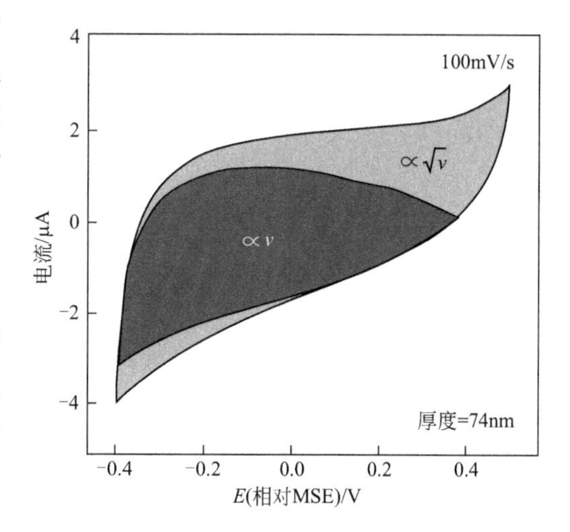

图 4-5　在 $100mV \cdot s^{-1}$ 下将 Au/MnO_2 核心的纳米线分离成电容（随 v 变化）和扩散（随 $v^{1/2}$ 变化）贡献的 CV 图[24]

Trasatti 等人首次描述了容量与扫描速率之间的关系。由于表面过程而产生的容量将随着扫描速率而保持不变，因此，即使在高扫描速率下也将始终存在。由于受半无限线性扩散限制过程而产生的容量将随 $v^{-1/2}$ 变化。在式(4-6）中，电容贡献由 $Q_{v=\infty}$ 表示，其为无限扫描速率容量；扩散控制的容量[constant（$v^{-\frac{1}{2}}$）]是剩余的贡献，并受 $v^{-1/2}$ 的限制：

$$Q=Q_{v=\infty}+\text{constant}(v^{-\frac{1}{2}}) \tag{4-6}$$

如图 4-6 所示，是该分析方法应用于 $NiCo_2O_4$ 的一个例子。在容量对 $v^{-1/2}$ 的图中，将数据线性拟合外推到 y 截距（$v^{-1/2}=0$）求得 $Q_{v=\infty}\approx 10.5mC \cdot cm^{-2}$，表示 $NiCo_2O_4$ 外表面对电荷存储的贡献。在 $5mV \cdot s^{-1}$ 时，$NiCo_2O_4$ 的外表面对总容量的贡献率为 62％。

快速储能的另一个特点是峰值电位和扫描速率之间的关系。在电容系统中，充电和放电步骤之间几乎没有潜在的滞后现象，特别是对于缓慢的充电-放电时间。如对于 30nm Nb_2O_5 纳米晶体的膜，在循环伏安实验中，这种特点转化为在慢扫描速率下阳极和阴极峰值电流之间的小的或没有电位差。Nernstian 过程中的小电位差也表明反应是可逆的，在这样的反应中，峰值电压差为 $59mV \cdot$

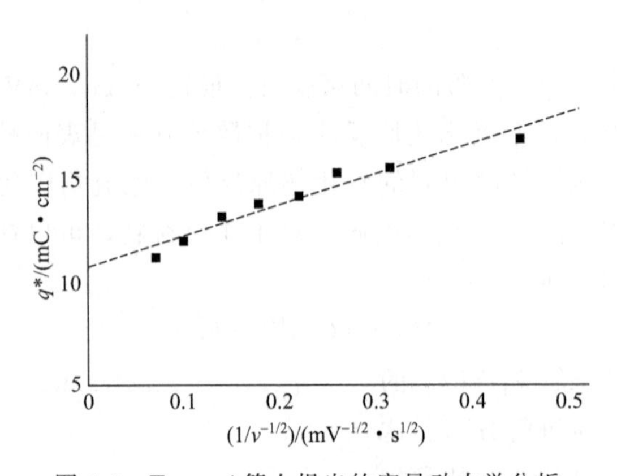

图 4-6 Trasatti 等人提出的容量动力学分析

这里的例子是 $NiCo_2O_4$ 沉积在 Ti 上，中间层为 RuO_2。容量（q^*）与 $v^{-1/2}$ 的关系图中，y 轴截距对应于无限扫描速率容量 $Q_{v=\infty}$[25]

n^{-1}，其中 n 是所涉及的电子数。在过渡金属氧化物中，这种行为表明存在快速的能量存储而没有相变，或者在极少数情况下，相变发生，伴随着充电相和放电相之间非常小的体积变化。极化过程将导致所有电化学系统中的峰值电压分离。对于过渡金属氧化物的薄膜，这意味着实验是在$<100mV \cdot s^{-1}$ 的扫描速率下进行的，通常在 $1\sim10mV \cdot s^{-1}$ 之间。在恒定电流实验中，通过充电和放电步骤之间的小电压滞后来指示赝电容。由于这些材料不经历相变，因此电势与容量的关系几乎是线性的，如图 4-7(b) 所示。

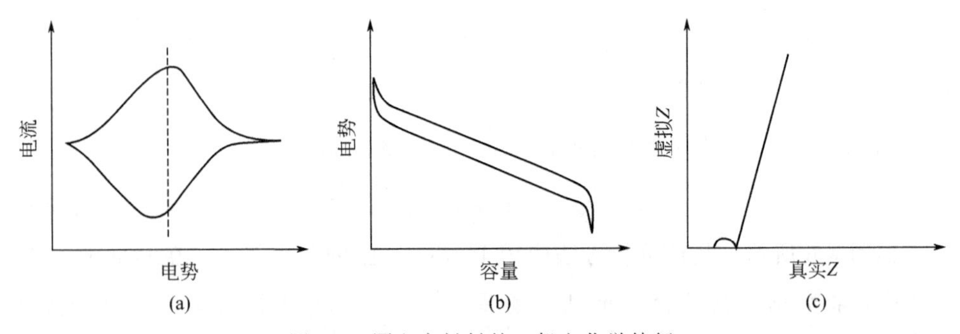

图 4-7 赝电容材料的一般电化学特征

(a) 在循环伏安实验中，形状是矩形的，如果存在峰，则它们很宽并且表现出小的峰-峰电压分离；(b) 在恒电流实验中，形状倾斜，使得可以在每个点分配电容值 DQ/DE，并且电压滞后小（这里，Q 是容量，E 是电压窗口）；(c) 在交流阻抗实验中，奈奎斯特表示将包含相角为 90°或更小的垂直线，还可以存在与电荷转移电阻相关的高频半圆

交流阻抗也可用于确定是否发生赝电容行为，但要注意阻抗结果的解释取决于体系的最佳等效电路。此外，双层电容和赝电容可以给出类似的阻抗结果。理

想电容的奈奎斯特表示（实际与虚拟阻抗，Z）是一条垂直线，表示 90°相位角。经常发生偏离垂直线到相位角<90°，这可以指示赝电容行为，其通常由等效电路中的恒定相位元件表示[26]：

$$Z=\frac{1}{B(i\omega)^{p}} \tag{4-7}$$

式中，Z 为阻抗；B 为常数；ω 为频率；p 为可调常数。当 p 为 1 时，对应于理想电容器；当 p 为 0.5 时，表示半无限扩散。含水 RuO_2 的阻抗行为如图 4-8 所示。在非水锂离子电解质中不同电位下的介孔 CeO_2 电极中，可以根据阻抗行为求出双层和赝电容对于电荷存储的贡献。有趣的是比较介孔 CeO_2 和含水 RuO_2 的阻抗行为。在电极为 RuO_2 的情况下，奈奎斯特图［图 4-8(b)］在 0.2～1.2V 的宽电压范围内是相似的。对于介孔 CeO_2 阻抗是与电位有关的。事实上，在这种材料中，电荷存储是由于潜在的相关 Li^+ 嵌入。

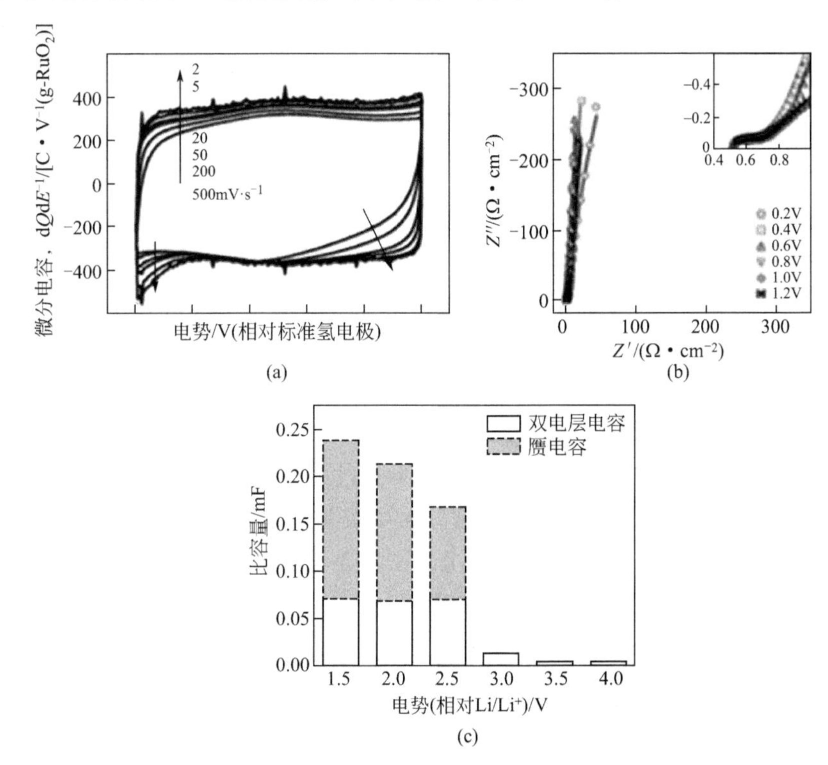

图 4-8 交流阻抗在分析赝电容行为中的应用

(a) 在 $RuO_2 \cdot 0.5H_2O$ 充电期间，在 $0.5mol \cdot L^{-1}$ H_2SO_4 中 $RuO_2 \cdot 0.5H_2O$ 的 CV[27]；(b) 在不同电位下的奈奎斯特（复阻抗）图（阻抗结果表明该材料与理想电容器行为的偏差相对较小[27]）；(c) 在碳酸亚丙酯、$1mol \cdot L^{-1}$ $LiClO_4$ 中的中孔 CeO_2 阻抗数据的等效电路拟合的结果[28]

4.2 典型赝电容材料

4.2.1 钌基氧化物

钌是一种多价的稀有金属元素，它在性质上非常稳定，具有很强的抗腐蚀能力。钌基材料由镍黄铁矿构成，是一种很有前景的电容材料[29]。钌基材料包括二氧化钌（RuO_2）及其复合材料、含水氧化钌（$RuO_2 \cdot xH_2O$）及其复合材料、氧化钌（RuO_x）复合材料[30]。钌基材料的性能取决于多种因素，但是其整体性能很大程度上取决于材料的比表面积[31]。此外，材料制备方法对材料结构的优化可以在一定程度上对电极材料的性能进行改善。近年来，钌基材料在非对称超级电容器方面的研究工作已经取得了许多有价值的进展[32]。

RuO_2 作为一种法拉第赝电容材料，因其宽的电位窗口、可逆的氧化还原反应而受到广泛关注。Hu 和同事通过设计合成纳米管结构的 RuO_2 电极材料，得到了 $1300F \cdot g^{-1}$ 的高比电容。虽然 RuO_2 是一种理想的非对称超级电容器正极材料，但钌的高成本仍然限制了其大规模应用。研究人员尝试用一些赝电容材料或碳材料来制备氧化钌复合材料，以减少氧化钌的使用量，同时保持其高电容。Rajib K. Das 和同事利用单壁碳纳米管薄膜的高导电性和机械强度，将 RuO_2 沉积在多孔单壁碳纳米管薄膜上，复合材料的比容量可以达到 $1084F \cdot g^{-1}$。Zhang 和同事用简单水热法制备富氮介孔碳（NMCs）与 RuO_2 的复合材料，通过调节介孔碳的氮掺杂量，RuO_2 的颗粒不会过度团聚成簇（无氮或过量）而是呈小颗粒（平均粒径 2nm）均匀分散。在中等氮含量和 RuO_2 含量（8.1% N，29.6% $RuO_2 \cdot 1.25H_2O$，均为质量分数）的情况下，该复合材料具有优异的倍率性能、较高的比电容（$402F \cdot g^{-1}$）和更好的循环性能。此外，很多研究工作也将 RuO_2 与导电聚合物和低成本金属氧化物（例如 MnO_2、VO_x、TiO_2、MoO_3 和 SnO_2）结合制备复合材料，降低成本，并发挥 RuO_2 电极材料的优势。比如，Wu 等[33] 将含水纳米颗粒 RuO_2（2～20nm）均匀生长在了石墨烯片（GSs）上并展现出 $570F \cdot g^{-1}$ 的较高容量和良好的循环性能（1000 圈后可保持 97.9%），将其与 GSs 在 $1mol \cdot L^{-1}$ H_2SO_4 中组装成 ACSs，并展现出了 $20.1W \cdot h \cdot kg^{-1}$ 的最大能量密度和 $10000W \cdot kg^{-1}$ 最大功率密度。Kaner 等[34] 制备了一种包裹于石墨烯片上的 3D RuO_2（LSG/RuO_2）[如图 4-9(a～c)

所示]，容量达到了 $1139F \cdot g^{-1}$。将其作为正极，AC 作为负极在 $1mol \cdot L^{-1}$ Na_2SO_4 中组装为 ASCs 器件，展现出了 $55.3W \cdot h \cdot kg^{-1}$（$11.7kW \cdot kg^{-1}$）和 $22W \cdot h \cdot kg^{-1}$（$81.4kW \cdot kg^{-1}$）的超高性能［如图 4-9(d～f) 所示］。

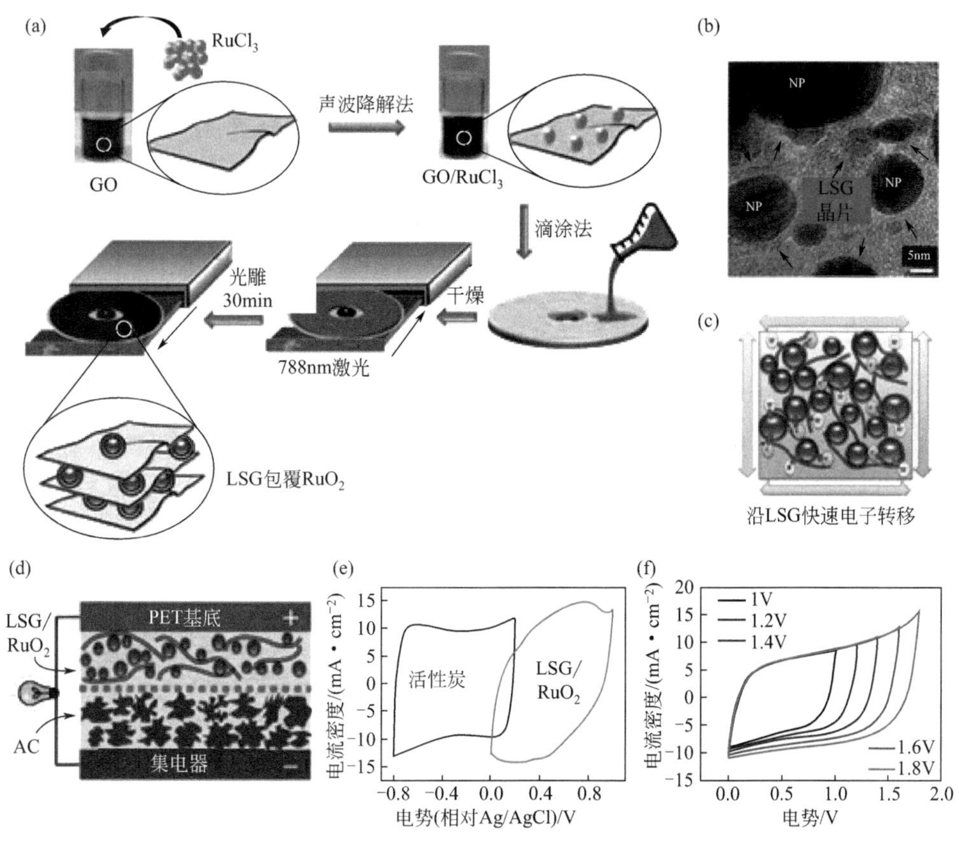

图 4-9 LSG/RuO_2 的合成机理、TEM 和离子及电子传输机理图（a～c）和 LSG/RuO_2//AC 器件示意图及电化学性能图（d～f）[34]

4.2.2 锰基氧化物

MnO_2 是一种过渡金属化合物，价格便宜、资源丰富并且具有良好的赝电容特性，理论比容量达到了 $1233F \cdot g^{-1}$（$1110C \cdot g^{-1}$），在强碱电解液中可承受 0.9V 的操作电压，虽然 MnO_2 导电性（10^{-7}～$10^{-3}S \cdot cm^{-1}$）远低于 RuO_2（$10^4S \cdot cm^{-1}$，块状单晶）[35]，但是较高的容量和较低的价格受到了人们的广泛研究。Lee 和 Goodenough 于 1999 年发起了有关 MnO_2 的开创性电容研究，该研究在 KCl 水性电解液中表现出理想的赝电容行为和出色的循环性[36]。随后，逐渐开发出一系列基于 MnO_2 的改性材料和复合材料，并在储能应用中显示出理想的性能[37]。单一 MnO_2 电极材料导电性比较差，严重影响器件的传荷动力学性能，将其与石墨烯复合可以有效地解决这一问题。赵玉峰等[38] 运用水热法合成了一种 MnO_2/GO 纳米片，并将其与自制多级孔道活性炭在 1mol·L^{-1} Na_2SO_4 中组装了 ASCs。该 ASCs 最高能量密度高达 46.7W·h·kg^{-1} (100W·kg^{-1})，在功率密度为 2000W·kg^{-1} 时能量密度依然可以达到 18.9W·h·kg^{-1}，在 1A·g^{-1} 电流密度下循环 4000 圈容量可以保持为原来的 93%（表征及性能如图 4-10 所示）。此外，MnO_2 与石墨烯或碳纳米管的复合大大提升了材料的柔性，为柔性全固态超级电容器的设计提供了可能性。

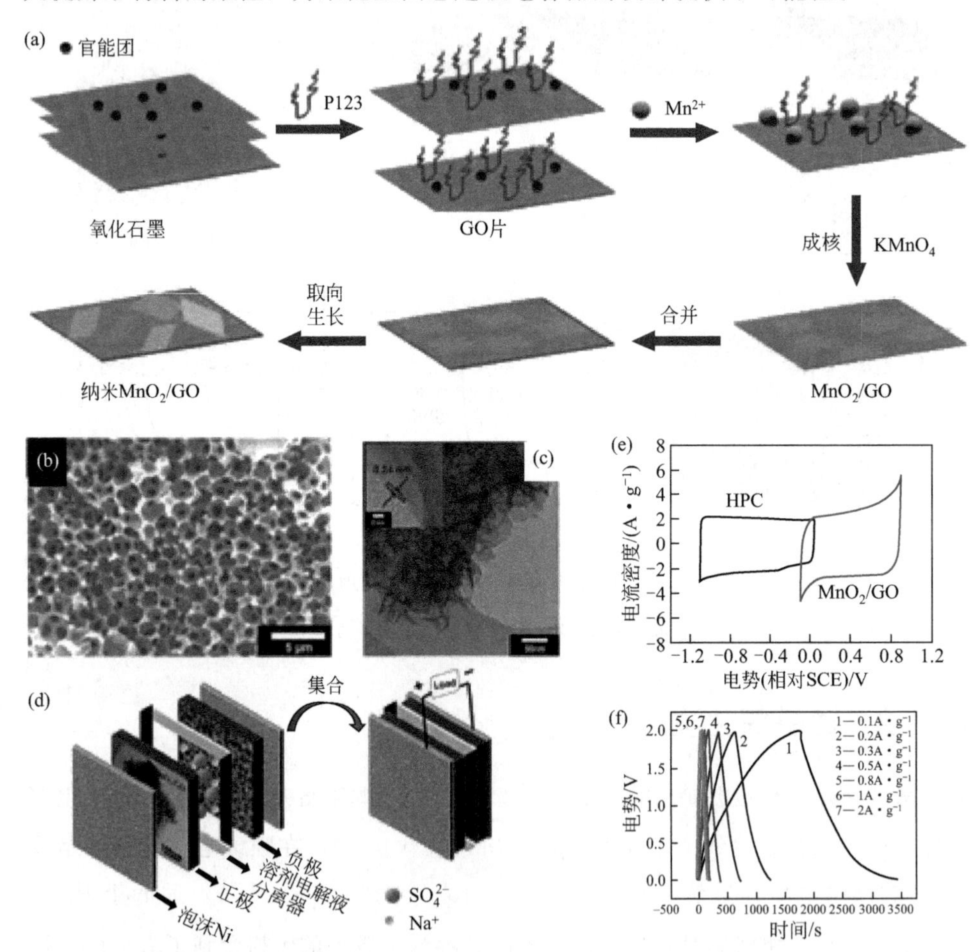

图 4-10 MnO_2/GO 的合成机理图（a），HPC 的 SEM 图（b），MnO_2/GO 的 TEM 图（c），MnO_2/GO//AC 的器件示意图（d）和电化学性能图（e～f）[38]

Zhang 等[39] 将 MnO_2 与石墨烯混合作为正极（MnO_2-ERGO），碳纳米管/石墨烯（CNT/ERGO）作为负极，1.0mol·L^{-1} 聚丙烯酸钾（PAAK）/KCl 作为固态电解质组装成了全固态超级电容器。该器件的最大能量密度和功率密度分别达到了 31.8W·h·kg^{-1}（453.6W·kg^{-1}）和 18.2W·h·kg^{-1}（9188.1W·kg^{-1}），在 5A·g^{-1} 的电流密度下循环 10000 圈容量可以保持为原来的 84.4%。同时该超级电容器具有良好的柔性，将该器件弯曲 180°反复进行 100 次容量仅衰减了 3%。这种电容器将会在柔性电子器件领域展现出广阔的应用前景。此外，随着可穿戴柔性电子产品的发展，纤维型微型超级电容器被逐渐开发出来。比如，Jin 等[40] 将碳纳米颗粒（CNP）长在了碳纤维（CFs）上，得到了一种柔性的碳复合材料（FCNP）。在此基础上他们将 MnO_2 纳米片生长在了该复合材料上（MCNP），并将其作为正极，碳复合材料作为负极，组装了纤维型微型非对称超级电容器。该器件在 1.8V 的操作电压范围内，最大体积能量密度和功率密度分别达到了 2.1mW·h·cm^{-3} 和 8W·cm^{-3}。

除 MnO_2 之外，其他锰氧化物，如 MnO、Mn_3O_4 等也显示出良好的赝电容性能。例如，Yang 等通过超声喷雾的方法，将喷雾得到的前驱体通氮气焙烧，制备出沉积在石墨煤片上的无定形碳包覆的 MnO 纳米颗粒（MnO@C/rGO），在 1A·g^{-1} 电流密度、2mol·L^{-1}KOH 中显示出 264F·g^{-1} 的比电容，在 20A·g^{-1} 下的比电容倍率为 66.7%[41]。Li 等在油酸和十八碳-1-烯存在下，通过油酸锰的热分解，合成了尺寸为 22.5nm 的单分散球形 MnO 纳米晶，其具有优异的电化学性能，在 1A·g^{-1} 的电流密度下具有 736.4F·g^{-1} 的比电容，并在 5000 次循环后保留了 93.3%的初始比电容。Yuan 等用液晶原液静电纺织，然后经过化学还原与热还原，得到一氧化锰/碳化纤维素纳米晶体/还原氧化石墨烯（MnO/CNC/rGO）三元复合纤维，组装好的超级电容器显示出良好的循环稳定性（6000 次循环留存率为 82%）[42]。

Mn_3O_4 具有独特的尖晶石结构，可以提供比其他锰氧化物更多的用于嵌入/脱出电解质阳离子的通道。然而，由于纳米粒子分散性差且容易聚集，降低了表面活性，实现 Mn_3O_4 的适当可逆氧化还原反应仍然具有挑战性。此外，在长循环过程中，颗粒热力学稳定性的降低、电极材料的溶胀、形态变化以及离子在电极材料中的不良扩散路径将限制该材料的长期使用。Bui 等通过溶胶凝胶-原位还原的方法，在低温下合成了 Mn_3O_4 纳米颗粒，在 0.5A·g^{-1} 下比电容有 216F·g^{-1}，但是循环 1000 次后，比电容仅有 85%的留存率[43]。Xiao 等合成了椰壳活性炭/Mn_3O_4 复合材料，在 6mol·L^{-1} 的 KOH 电解液中，其比电容可达 491.2F·g^{-1}[44]。2020 年，Nkele 采用连续离子层吸附反应（Silar）沉积法，在石墨烯上沉积了薄膜，其比电容可达 491.2F・g^{-1}。Cheng 等针对 Mn_3O_4 颗粒容易聚集的缺点，设计了含氮多孔碳负载四方双维体 Mn_3O_4 纳米颗粒的复合材料，具有出色的倍率能力（80%的电容保持率，0.5～10A・g^{-1}），高能量密度（450W・kg^{-1} 时为 34.7W・h・kg^{-1}），以及出色的循环稳定性（10000 次循环后的电容留存率为 97%）[45]。

4.2.3 导电聚合物

导电聚合物作为一种低成本、高电导率和高容量的赝电容电极材料，在非对称超级电容器中有很大的应用前景。聚苯胺、聚乙烯二氧噻吩、聚噻吩和聚吡咯是常用的导电聚合物电极。导电聚合物的一个主要缺点是在插层/脱层过程中会产生强烈的体积膨胀/收缩，从而使电极在经受长循环时发生机械性损伤，导致电化学性能和循环稳定性下降。Sharma 和同事观察到聚吡咯电极在经过 1000 次循环后，初始电容减小了 50%[46]。同样，经过 1000 次循环后，聚苯胺纳米棒的容量损失约为 29.5%[47]。因此，低循环稳定性是导电聚合物电极需要解决的主要问题。

目前，许多研究工作通过设计导电聚合物合理的形貌和微观结构，以增强其电化学容量和循环稳定性。可以发现，纳米纤维、纳米棒、纳米线和纳米管的形貌设计，可以缩短导电聚合物在电化学过程中的扩散路径，增大与电解液接触面积，从而提升其循环稳定性。Huang 和同事利用表面电化学聚合策略，提出了一种制备大面积、长度可控、定向良好的聚吡咯纳米线阵列的无模板方法[48]。如图 4-11 所示，对比了聚吡咯薄膜、纳米线网络和纳米线阵列的扫描电子显微镜截面图，并给出了三种不同结构电极的离子扩散示意图。相比较密实的薄膜和无序纳米线网络，纳米线阵列的有序排列使离子扩散进入空隙更为容易，并得到了 566F・g^{-1} 的高容量。Zhou 和同事以五氧化二钒水合物纳米线为氧化剂和牺牲模板，研究了一种快速原位聚合制备聚苯胺水凝胶的方法[49]。在原位聚合过程中，生成由大长宽比聚苯胺超薄纳米纤维互相连接组成的三维网络形貌，由于其超薄的纤维结构，聚苯胺水凝胶作为超级电容器电极表现出 636F・g^{-1} 的高比电容、良好的倍率能力和高循环稳定性（10000 次循环后，容量保持率约为 83%）。

另一种提高导电聚合物机械强度、导电性和循环稳定性的策略是与碳基材料结合制备复合材料[50]。Wang 等采用模板定向原位聚合法制备了一种自立的三维聚苯胺/还原氧化石墨烯复合泡沫材料，制备的复合材料兼具两者的优点，在电流密度为 1A・g^{-1} 的情况下，表现出 701F・g^{-1} 的高比电容[51]，并且在

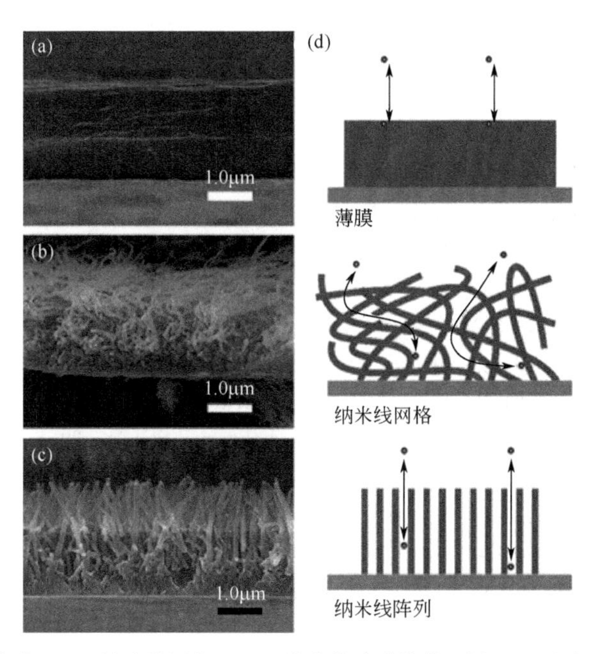

图 4-11 聚吡咯薄膜 (a)，纳米线网络 (b)，纳米线阵列的截面图 (c) 和离子扩散示意图 (d)（比较聚吡咯薄膜、纳米线网络和纳米线阵列的离子扩散）

1000 次循环后仍能保持初始容量的 92%。碳纳米管具有独特的纳米结构、高电导率和出色的力学性能，其电子转移性能优于其他材料[52]。利用碳纳米管作为添加剂或模板合成复合材料，可以通过协同作用提高导电聚合物基电极的电化学性能，尤其是循环稳定性[53]。Shahrokhian 等制备了聚吡咯/多壁碳纳米管复合电极，获得 $265F \cdot g^{-1}$ 的比电容，优于原始聚吡咯和碳纳米管电极[54]。研究工作认为，多壁碳纳米管上均匀涂覆的聚吡咯增加了聚吡咯链上的活性位点。Yang 和同事采用原位化学氧化聚合法制备了新型聚合物/活化碳纳米管复合材料[55]。在空气等离子体活化的碳纳米管表面均匀涂覆聚吡咯，提高了复合材料的热稳定性和电导率。研究认为，由聚吡咯氮基提供的活性位点形成的共轭结构增强了碳纳米管和聚吡咯之间的相互作用，从而提高了复合材料的性能。

参考文献

[1] Okubo M, Hosono E, Kim J, et al. Nanosize effect on high-rate Li ion intercalation in $LiCoO_2$ electrode [J]. ChemInform, 2007, 38 (36): 7444-7452.

[2] Huang M, Henry J B, Fortgang P, et al. In depth analysis of complex interfacial processes: in situ electrochemical characterization of deposition of atomic layers of Cu, Pb and Te on Pd electrodes [J]. RSC Advances, 2012, 29 (29): 10994-11006.

[3] Pangarov N. Thermodynamics of electrochemical phase formation and underpotential metal

deposition [J]. Electrochimica Acta, 1983, 28 (6): 763-775.

[4] Herrero E, Buller L J, Abruña H D. Underpotential deposition at single crystal surfaces of Au, Pt, Ag and other materials [J]. Chemical Reviews, 2001, 101 (7): 1897-1930.

[5] Wang G, Zhang L, Zhang J. A review of electrode materials for electrochemical supercapacitors [J]. Chemical Society Reviews, 2012, 41 (2): 797-828.

[6] Trasatti S, Buzzanca G. Ruthenium dioxide: a new interesting electrode material. Solid state structure and electrochemical behaviour [J]. Electroanal Chem Interfacial Electrochem, 1971, 29 (2): A1-A5.

[7] Shi Y, Guo B, Corr S A, et al. Ordered mesoporous metallic MoO_2 materials with highly reversible lithium storage capacity [J]. Nano Letters, 2009, 9 (12): 4215-4220.

[8] Augustyn V, Simon P, Dunn B. Pseudocapacitive oxide materials for high-rate electrochemical energy storage [J]. Energy & Environmental Science, 2014, 7 (5): 1597-1614.

[9] Kim J W, Augustyn V, Dunn B. Te effect of crystallinity on the rapid pseudocapacitive response of Nb_2O_5 [J]. Adv. Energy Mater, 2012, 2: 141-148.

[10] Augustyn C, Simon P, Dunn B. Pseudocapacitive oxide materials for highrate electrochemical energy storage [J]. Energy Environ. Sci, 2014, 7: 1597-1614.

[11] Brousse T, Belanger D, Long J W. To be or not to be pseudocapacitive [J]. Electrochem. Soc., 2015, 162 (5): A5185-A5189.

[12] Dmowski W, Egami T, Swider-Lyons K E, et al. Local atomic structure and conduction mechanism of nanocrystalline hydrous RuO_2 from X-ray scattering [J]. Phys. Chem. B, 2002, 106: 12677-12683.

[13] Wei X, Hui X, Fuh J Y H, et al. Growth of single-crystal-MnO_2 nanotubes prepared by a hydrothermal route and their electrochemical properties [J]. Journal of Power Sources, 2009, 193 (2): 935-938.

[14] Zhang Y, Sun C, Lu P, et al. Crystallization design of MnO_2 towards better supercapacitance [J]. Crystengcomm, 2012, 14 (18): 5892-5897.

[15] Jabeen N, Xia Q Y, Savilov S V, et al. Enhanced pseudocapacitive performance of alpha-MnO_2 by cation preinsertion [J]. ACS Applied Materials and Interfaces, 2016, 8 (49): 33732-33740.

[16] Augustyn V, Come J, Lowe M A, et al. High-rate electrochemical energy storage through Li^+ intercalation pseudocapacitance [J]. Nature Materials, 2013, 12 (6): 518-522.

[17] Simon P, Gogotsi Y, Dunn B. Where do batteries end and supercapacitors begin [J]. Science, 2014, 343 (6176): 1210-1211.

[18] Augustyn V, Simon P, Dunn B. Pseudocapacitive oxide materials for high-rate electrochemical energy storage [J]. Energy & Environmental Science, 2014, 7 (5): 1597-1614.

[19] Choi N S, Chen Z, Freunberger S A, et al. Challenges facing lithium batteries and electrical double-layer capacitors [J]. Angewandte Chemie International Edition, 2012, 51 (40): 9994-10024.

[20] Sun R, Wei Q, Sheng J, et al. Novel layer-by-layer stacked VS_2 nanosheets with intercalation pseudocapacitance for high-rate sodiumion charge storage [J]. Nano Energy, 2017, 35: 396-404.

[21] Chao D, Liang P, Chen Z, et al. Pseudocapacitive Na-ion storage boosts high rate and areal capacity of self-branched 2D layered metal chalcogenide nanoarrays [J]. ACS Nano, 1936, 10 (11): 10211-10219.

[22] Li S, Qiu J, Lai C, et al. Surface capacitive contributions: towards high rate anode materials for sodium ion batteries [J]. Nano Energy, 2015, 12: 224-230.

[23] Okubo M, Hosono E, Kim J, et al. Nanosize effect on high-rate liion intercalation in $LiCoO_2$ electrode [J]. ChemInform, 2007, 38 (36): 7444-7452.

[24] Yan W, Kim J Y, Xing W, et al. Lithographically patterned gold/manganese dioxide core/shell nanowires for high capacity, high rate, and high cyclability hybrid electrical energy storage [J]. Chem. Mater., 2012, 24: 2382-2390.

[25] Baronetto D, Krstajic N, Trasatti S. Reply to "note on a method to interrelate inner and outer electrode areas" by H. Vogt [J]. Electrochim. Acta, 1994, 39: 2359-2362.

[26] Mahmood Q, Park S K, Kwon K D, et al. Charge storage: transition from diffusion-controlled intercalation intoextrinsically pseudocapacitive charge storage of MoS_2 by nanoscale heterostructuring [J]. Advanced Energy Materials, 2016, 6 (1): 1501115.

[27] Sugimoto W, Iwata H, Yokoshima K, et al. Proton and electron conductivity in hydrous ruthenium oxides evaluated by electrochemical impedance spectroscopy: The origin of large capacitance [J]. J. Phys. Chem. B, 2005, 109: 7330-7338.

[28] Brezesinski T, Wang J, Senter R, et al. On the correlation between mechanical flexibility, nanoscale structure, and charge storage in periodic mesoporous CeO_2 thin films [J]. ACS Nano, 2010, 4: 967-977.

[29] Axet M R, Philippot K. Catalysis with colloidal ruthenium nanoparticles [J]. Chemical reviews, 2020, 120 (2): 1085-1145.

[30] Ju Q J, Ma R G, Pei Y, et al. Ruthenium triazine composite: a good match for increasing hydrogen evolution activity through contact electrification [J]. Advanced Energy Materials, 2020, 10 (21): 2000067.

[31] Kenya K, Joel H, Ömer D, et al. Electrochemical synthesis of mesoporous architectured ru films using supramolecular templates [J]. Small, 2020, 16 (35).

[32] Wang Y F, Zhang L, Hou H Q, et al. Recent progress in carbon-based materials for supercapacitor electrodes: a review [J]. Journal of Materials Science, 2020, 56: 173-200.

[33] Wu Z S, Wang D W, Ren W, et al. Anchoring hydrous RuO_2 on graphene sheets for high-performance electrochemical capacitors [J]. Advanced Functional Materials, 2010, 20 (20): 3595-3602.

[34] Hwang J Y, El-Kady M F, Wang Y, et al. Direct preparation and processing of graphene/RuO_2 nanocomposite electrodes for high performance capacitive energy storage [J]. Nano Energy, 2015, 18: 57-70.

[35] Ghodbane O, Pascal J L, Favier F. Microstructural effects on charge-storage properties

in MnO_2-based electrochemical supercapacitors [J]. ACS Applied Materials & Interfaces, 2009, 1 (5): 1130-1139.

[36] Hee Y, Lee V, Goodenough. Electrochemical capacitors with kcl electrolyte [J]. Comptes Rendus de l Académie des Sciences-Series IIC-Chemistry, 1999, 2 (11): 565-577.

[37] Xiao H Q, Tao Z Q, Bai H, et al. The electrochemical impedance spectroscopy features of the lithium nickel manganese cobalt oxide based lithium ion batteries during cycling [J]. IOP Conference Series: Earth and Environmental Science, 2020, 526 (1).

[38] Zhao Y F, Ran W, He J, et al. High-performance asymmetric supercapacitors based on multilayer MnO_2/graphene oxide nanoflakes and hierarchical porous carbon with enhanced cycling stability [J]. Small, 2015, 11 (11): 1310-1319.

[39] Zhang Z, Xiao F, Qian L, et al. Facile synthesis of 3D MnO_2-graphene and carbon nanotube-graphene composite networks for high performance, flexible, all-solid-state asymmetric supercapacitors [J]. Advanced Energy Materials, 2014, 4 (10): 867-872.

[40] Jin H, Zhou L, Mak C L, et al. Improved performance of asymmetric fiber-based micro-supercapacitors using carbon nanoparticles for flexible energy storage [J]. Journal of Materials Chemistry A, 2015, 3 (30): 15633-15641.

[41] Yang X, Liu X, Wang Y, et al. Spray-assisted synthesis of MnO@C/graphene composites as electrode materials for supercapacitors [J]. Energy Technology, 2019, 7 (6): 1800625.

[42] Yuan H, Pan H, Meng X, et al. Assembly of MnO/CNC/rGO fibers from colloidal liquid crystal for flexible supercapacitors via a continuous one-process method [J]. Nanotechnology, 2019, 30 (46): 465702.

[43] Bui P T M, Song J H, Li Z Y, et al. Low temperature solution processed Mn_3O_4 nanoparticles: enhanced performance of electrochemical supercapacitors [J]. Journal of Alloys and Compounds, 2017, 694: 560-567.

[44] Xiao X, Wang Y, Chen G, et al. Mn-CVactivated carbon composites with enhanced electrochemical performances for electrochemical capacitors [J]. Journal of Alloys and Compounds, 2017, 703: 163-173.

[45] Nkele A C, Chime U, Ezealigo B, et al. Enhanced electrochemical property of SILAR-deposited Mn_3O_4 thin films decorated on graphene [J]. Journal of Materials Research and Technology, 2020, 9 (4): 9049-9058.

[46] Sharma R K, Rastogi A C, Desu S B. Pulse polymerized polypyrrole electrodes for high energy density electrochemical supercapacitor [J]. Electrochemistry Communications, 2008, 10 (2): 268-272.

[47] Guo J, Zhao G, Xie T, et al. Carbon/polymer bilayer-coated Si-SiO_x electrodes with enhanced electrical conductivity and structural stability [J]. ACS Applied Materials & Interfaces, 2020, 12 (16): 19023-19032.

[48] Liao J, Wu S, Yin Z, et al. Surface-dependent self-assembly of conducting polypyrrole nanotube arrays in template-free electrochemical polymerization [J]. Acs Applied Materials & Interfaces, 2014, 6 (14): 10946.

[49] Zhou K, He Y, Xu Q, et al. A hydrogel of ultrathin pure polyaniline nanofibers: Oxi-

dant-templating preparation and supercapacitor application [J]. ACS Nano, 2018, 12: 5888-5894.

[50] Shi Q, Zhou J, Ullah S, et al. A review of recent developments in Si/C composite materials for Li-ion batteries [J]. Energy Storage Materials, 2021, 34: 735-754.

[51] Wang Z, Jiang L, Wei Y, et al. In-situ polymerization to prepare reduced graphene oxide/polyaniline composites for high performance supercapacitors [J]. The Journal of Energy Storage, 2020, 32: 101742.

[52] Ma D, Giglio M, Manes A. An investigation into mechanical properties of the nanocomposite with aligned CNT by means of electrical conductivity [J]. Composites Science and Technology, 2020, 188: 107993.

[53] Jue M L, Buchsbaum S F, Chen C, et al. Ultra-permeable single-walled carbon nanotube membranes with exceptional performance at scale [J]. Advanced Science, 2020, 7 (24): 2001670.

[54] Shahrokhian S, Saberi R S. Electrochemical preparation of over-oxidized polypyrrole/multi-walled carbon nanotube composite on glassy carbon electrode and its application in epinephrine determination [J]. Electrochimica Acta, 2011, 57: 132-138.

[55] Yu L, Zhang B, Yang Y, et al. Polypyrrole-coated α-MoO_3 nanobelts with good electrochemical performance as anode materials for aqueous supercapacitors [J]. Journal of Materials Chemistry A, 2013, 1: 13582-13587.

第5章

水系介质中的非对称器件和混合器件

超级电容器的性能不仅取决于电极材料，而且还受到电解液体系的影响。超级电容器的电解液主要分为有机电解液、离子液体和水系电解液三类。有机电解液通常采用乙腈或碳酸酯类溶剂（如碳酸丙烯酯）、氟化盐（如四氟硼酸四乙铵，$TEABF_4$）为电解质，有机体系超级电容器通常表现出约 2.5V 以上的工作电压。离子液体具有热稳定性高、电位窗口宽和无毒性等优点。虽然前两类电解液体系具有更宽的工作电位，从而具有更高的能量密度，但是相比而言，水系电解液具有高离子电导率（至少高于其他电解液体系一个数量级，这有助于实现高功率密度）[1-3]、较低成本和高安全性等在商业系统中可以强调的优势。因此，水系超级电容器体系具有很好的研究前景。

通常，根据超级电容器正负极电极的组成，可以将超级电容器体系分为三类：对称超级电容器、非对称超级电容器和混合超级电容器。图 5-1 中展示了不同超级电容器装置所使用主要电极材料。图 5-2 为几种电极材料的合成方法及形貌图片。对称超级电容器，即正负极均采用同一种电极材料，具有相同储能机理的超级电容器体系。然而，由于水分解电位的限制（1.23V），对称超级电容器整个装置的工作电位通常不能超过其电极的最大工作电势范围，使得对称超级电容器工作电位较窄（通常低于 1.2V）。根据能量密度计算公式：$E=\frac{1}{2}CV^2$，提升电容量（C）和扩宽工作电位窗口（V）均可以得到高的能量密度。基于此，通

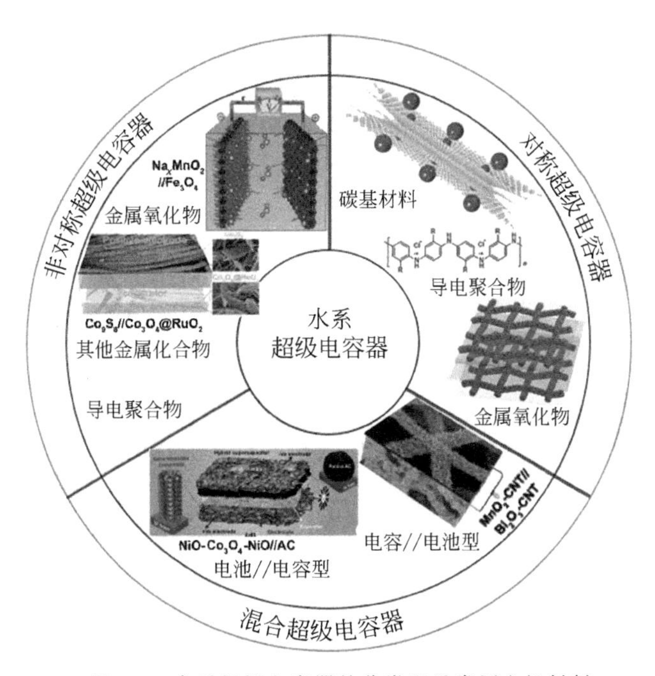

图 5-1 水系超级电容器的分类以及常用电极材料

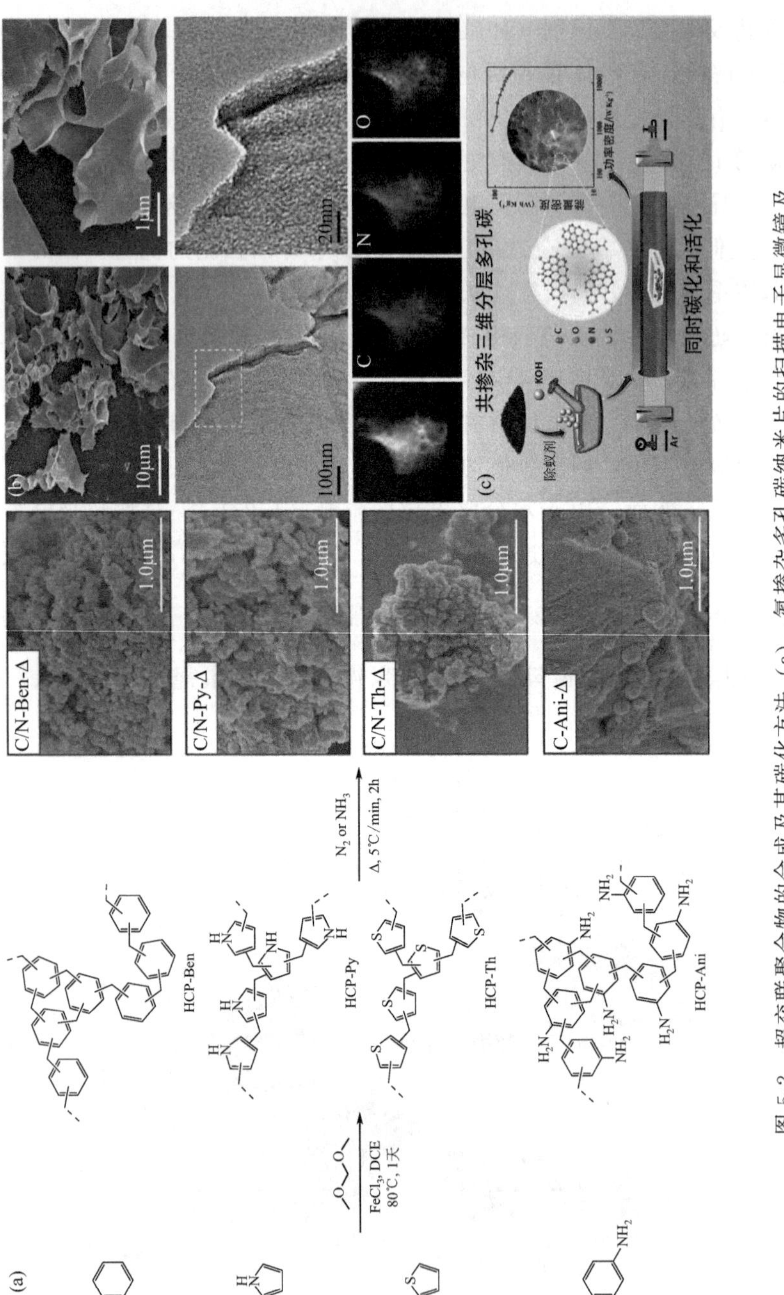

图 5-2 超交联聚合物的合成及其碳化方法（a），氮掺杂多孔碳纳米片的扫描电子显微镜及透射电子显微镜图像（b）和三维分层多孔碳的生产工艺示意图（c）

过设计正负极采用不同的电极材料，例如，一个电极是双电层电极材料，另一电极是赝电容电极材料，二者组合得到非对称超级电容器。非对称超级电容器具有宽电位窗口（约 2V)，可以有效提升超级电容器的能量密度。此外，当正负极的其中一个电极是电池型材料时，称之为混合超级电容器。电池型材料通过氧化还原反应来进行能量存储和转化，具有更高的电化学容量，与另一个电容型电极相结合，一方面通过高容量的电池型电极提升了容量，另一方面扩宽了工作电位，得到更高能量密度的超级电容器体系。

5.1 对称超级电容器

正负两电极均使用同一种电极材料所组成的超级电容器，称之为对称超级电容器。常见的对称超级电容器所使用的电极材料主要有碳基材料、金属氧化物和导电聚合物。水系对称超级电容器的电极和电化学性能的比较见表 5-1。

表 5-1　水系对称超级电容器的电极和电化学性能的比较

器件	电解液	电位窗口	循环性能	能量密度/ $(W \cdot h \cdot kg^{-1})$	功率密度/ $(W \cdot kg^{-1})$
活性炭	$1mol \cdot L^{-1}$ Li_2SO_4	0～1.6V	92%，10000 次	16.9	200
O-N-S 共掺杂分层多孔碳	$1mol \cdot L^{-1}$ Na_2SO_4	0～1.6V	约 91%，10000 次	24.2	400
石墨烯/碳纳米管	$1mol \cdot L^{-1}$ KCl	0～1.0V	约 103%，1300 次	约 11	约 40000
MnO_2-碳纳米管-导电织物纤维	$0.5mol \cdot L^{-1}$ Na_2SO_4	0～1.0V	—	约 5～20	约 13000
水合 RuO_2	$1mol \cdot L^{-1}$ Na_2SO_4	0～1.6V	约 92%，2000 次	18.77	500

5.2 非对称超级电容器

与传统的超级电容器不同，非对称超级电容器（ASC）的正极和负极由两个不同的电极组成，两电极表现出不同的电化学储能机理，如图 5-3（a）所示。通常，在对称超级电容器中，由于使用水系电解液时水分子的热力学击穿电位、工作电位被限制为小于1.2V，虽然使用有机电解液可以将工作电压提高到2.5V以上，但是，有机电解液具有毒性，在使用过程中对环境可能产生不良影响。因此，水系超级电容器体系获得较高工作电压的可行方法是将两种不同的电极材料用于正极和负极。在非对称超级电容器中，获得更高能量密度的原因在于这种超级电容器的设计具有更高的工作电位。此外，可以通过优化电极材料的固有特性（例如，孔隙率、电导率和化学稳定性），合理地将电极材料工程化为低维纳米结构（量子点、纳米洋葱、纳米棒、薄片、泡沫等），并进行新颖的电极设计，例如复合材料、核/壳和异质结构，来提高超级电容器的比电容，进而获得更高的能量密度[4]。图5-3（b）中给出的Ragone图比较了目前常见的几种储能设备的能量密度和功率密度。显然，与电池、燃料电池和对称超级电容器相比，非对称超级电容器可以提供更高的功率密度。

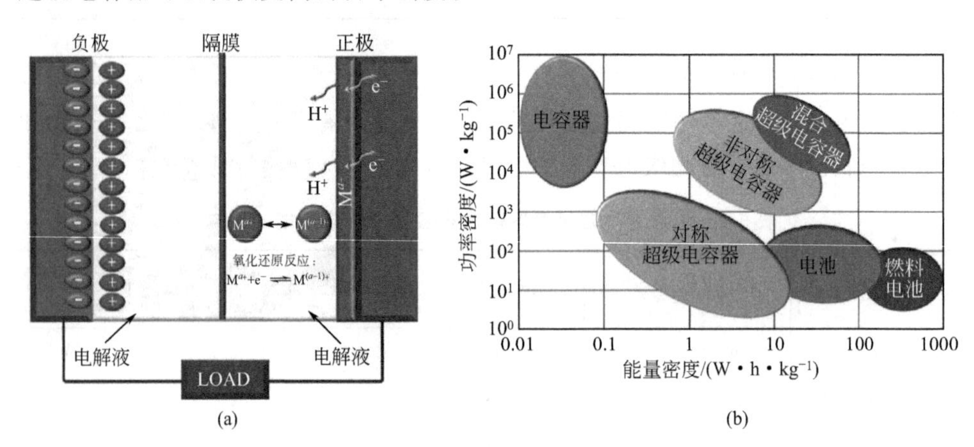

图5-3　非对称超级电容器典型结构示意图（a）和比较非对称超级电容器与各种先进超级电容器和电池的能量密度和功率密度的Ragone图（b）

接下来讨论了非对称超级电容器领域的最新发展，主要集中在正极和负极的电极材料合成以及性能比较。通常，非对称超级电容器的电极组成为双电层电容电极和法拉第赝电容电极，也有不同赝电容电极组成的电化学装置。根据材料特性，非对称超级电容器正极材料主要包括金属氧化物（钌基/锰基/钒基/钴基氧化物）、其他金属化合物（Co_9S_8、MoS_2、Ni_2S_3、Fe_2N等）和导电聚合物，负极材料主要包括金属氧化物（铁基/钨基/钛基氧化物）、其他金属化合物（TiN、VN、Bi_2S_3等）和碳基材料。由于前一节已经对碳基材料做了比较详细的介绍，因此，这一部分不再详述。

此外，由于工作电压窗口小，使用碳电极制成的电化学对称超级电容器在水系电解液中的能量密度较低。然而，使用水系非对称超级电容器可以达到高于2.0V的工作电位[5]，大大提升了装置的能量密度。因此，结合不同正负极电极材料的工作电位范围，设计配置合理的水系非对称超级电容器，优化扩宽装置的工作电位窗口，对其应用和发展起着重要作用（表 5-2）。

表 5-2　水系非对称超级电容器正极和负极电极材料和电化学性能的比较

器件	电解液	电位窗口	循环性能	能量密度	功率密度
MnO_2/碳纳米管//活性炭	$1mol \cdot L^{-1}$ Na_2SO_4	0～2.0V	约 95%,5000 次	$23W \cdot h \cdot kg^{-1}$	$330W \cdot kg^{-1}$
$Na_{0.5}MnO_2$//Fe_3O_4@C	$1mol \cdot L^{-1}$ Na_2SO_4	0～2.6V	约 93%,10000 次	$81W \cdot h \cdot kg^{-1}$	$647W \cdot kg^{-1}$
MnO_2//$NiCo_2S_4$@$F_{e2}O_3$	$1mol \cdot L^{-1}$ Na_2SO_4	0～2.3V	约 90%,6000 次	$2.29mW \cdot h \cdot cm^{-3}$	$196mW \cdot cm^{-3}$
MnO_2//V_O-Fe_2O_3/石墨烯	$1mol \cdot L^{-1}$ Na_2SO_4//$1mol \cdot L^{-1}$ Na_2SO_3	0～2.0V	92.5%,2000 次	$75W \cdot h \cdot kg^{-1}$	$3125W \cdot kg^{-1}$
MnO_2//SnO_{2-x} NPs/SnO_{2-x} NSs	$5mol \cdot L^{-1}$ LiCl	0～2.0V	90%,6000 次	$26.4W \cdot h \cdot kg^{-1}$	$10000W \cdot kg^{-1}$
PO_3^--Co_3O_4//三维石墨烯凝胶	$6mol \cdot L^{-1}$ KOH	0～1.5V	95%,2000 次	$71.58W \cdot h \cdot kg^{-1}$	$1500W \cdot kg^{-1}$

5.3 正极材料

5.3.1 金属氧化物

5.3.1.1 锰基氧化物

锰基氧化物作为贵金属氧化物的替代品之一，具有典型赝电容特性的 MnO_2 已经得到了广泛的研究[6]。Lee 和 Goodenough 于 1999 年发起了有关 MnO_2 的开创性电容研究，该研究在 KCl 水性电解液中表现出理想的赝电容行为和出色的循环性[7]。随后，逐渐开发出一系列基于 MnO_2 的改性材料和复合材料，并在储能应用中显示出理想的性能[8]。MnO_2 有成本低、环境友好和理论容量高（$1380F \cdot g^{-1}$）等优势，然而相对较差的离子电导率（$10^{-13}S \cdot cm^{-1}$）和电子电导率（10^{-5}～$10^{-6}S \cdot cm^{-1}$）使得 MnO_2 的实际容量远低于理论值，倍率性能较差。此外，可能源自 Mn^{3+} 姜泰勒畸变，会导致 MnO_2 的相变和结构变化，进而引发 MnO_2 的结构不稳定性，表现出循环稳定性差。以上问题阻碍了

MnO_2 的实际应用[9]。

对 MnO_2 材料进行改性的方法主要有以下五种：导电材料复合、纳米结构化、缺陷调控、金属离子掺杂和异质结构。在很多研究工作中，通过制备 MnO_2 与导电材料（碳基材料，如石墨烯、碳纳米管和活性炭，导电聚合物）的复合材料来提升材料的电导率，提升其电化学性能。高比表面积和导电碳基底在电荷存储过程中可以加速电荷转移，促进反应动力学。由于碳纳米纤维（CNFs）的低成本和卓越性能，它们被广泛用作基础支撑材料，以沉积一般的氧化物，特别是 MnO_2，以制备碳/MnO_2 复合电极。通过电化学沉积将超薄 MnO_2 层均匀地涂覆在垂直排列的碳纳米纤维上，以形成三维纳米结构。这些独特的核-壳 CNF-MnO_2 纳米结构提供了高导电性和坚固的核，并与 MnO_2 薄壳有效连接[10]。基于多孔碳的碳/MnO_2 复合结构（例如碳气凝胶或中孔碳）通过两种材料的协同作用，形成混合介孔结构，可提供最佳的电子和离子导电性，以最小化系统的总电阻，从而改善材料的电化学性能[11]。除活性炭之外，具有碳纳米管、石墨烯（或氧化石墨烯）或碳量子点的 MnO_2 复合材料也已成为研究工作的热点。Jia 和同事开发了一种水热反应-等离子体增强化学气相沉积的方法来制备独特的石墨烯量子点（GQD）/MnO_2 异质结构电极，从而将高性能水系超级电容器的电位窗口扩展到 0～1.3V。由于 Mn—O—C 共价键的作用，GQD 在 MnO_2 纳米片阵列表面原位形成。此外，在扫描速率为 $5mV \cdot s^{-1}$ 时，电极的比电容达到 $1170F \cdot g^{-1}$。组装得到 2.3V 水系 GQD/MnO_2//氮掺杂石墨烯非对称超级电容器，在功率密度为 $923W \cdot kg^{-1}$ 时，其能量密度为 $118W \cdot h \cdot kg^{-1}$。

制备具有理想晶体纳米结构 MnO_2 的方法有溶胶凝胶法、沉淀法、电化学沉积法、化学浴沉积法、静电喷雾沉积法和水热合成法。当锰的氧化态较低（<+4 价）时，相应的氧化物如 MnO、Mn_3O_4 和 Mn_2O_3 没有表现出良好的电容行为。然而，在许多文献中发现，氧化态较低的 MnO_x（$x<2$）在 Na_2SO_4 水溶液电解液的循环过程中，可以被电化学氧化为 MnO_2[12]。在氧化过程中，MnO_2 中进入了结晶水，形成了多孔结构，大大提高了所制备 MnO_x 的电容性能。因此，电化学氧化可能是合成纳米结构水合 MnO_2 的有效方法，具有良好的超级电容器电容性能。Djurfors 等报道了通过物理气相沉积可以制备出 Mn/MnO 薄膜电极，电化学氧化后表现出良好的电容性行为[13]。然而，他们的研究表明，只有薄膜的表面可以转变为多孔的水化层，而底层的厚度和密度没有改变。夏晖研究发现，电化学氧化前初始膜的孔隙率对电化学氧化过程至关重要[14]。如图 5-4（a）所示，所制备的 Mn_3O_4 薄膜由单晶颗粒紧密堆叠而成，与电解液接触面积有限。而由纳米颗粒组成的纳米多孔 MnO_x 薄膜，纳米孔小于 10nm，并且在嵌锂/脱锂过程中，由于体积变化大产生裂纹，增大了电解液

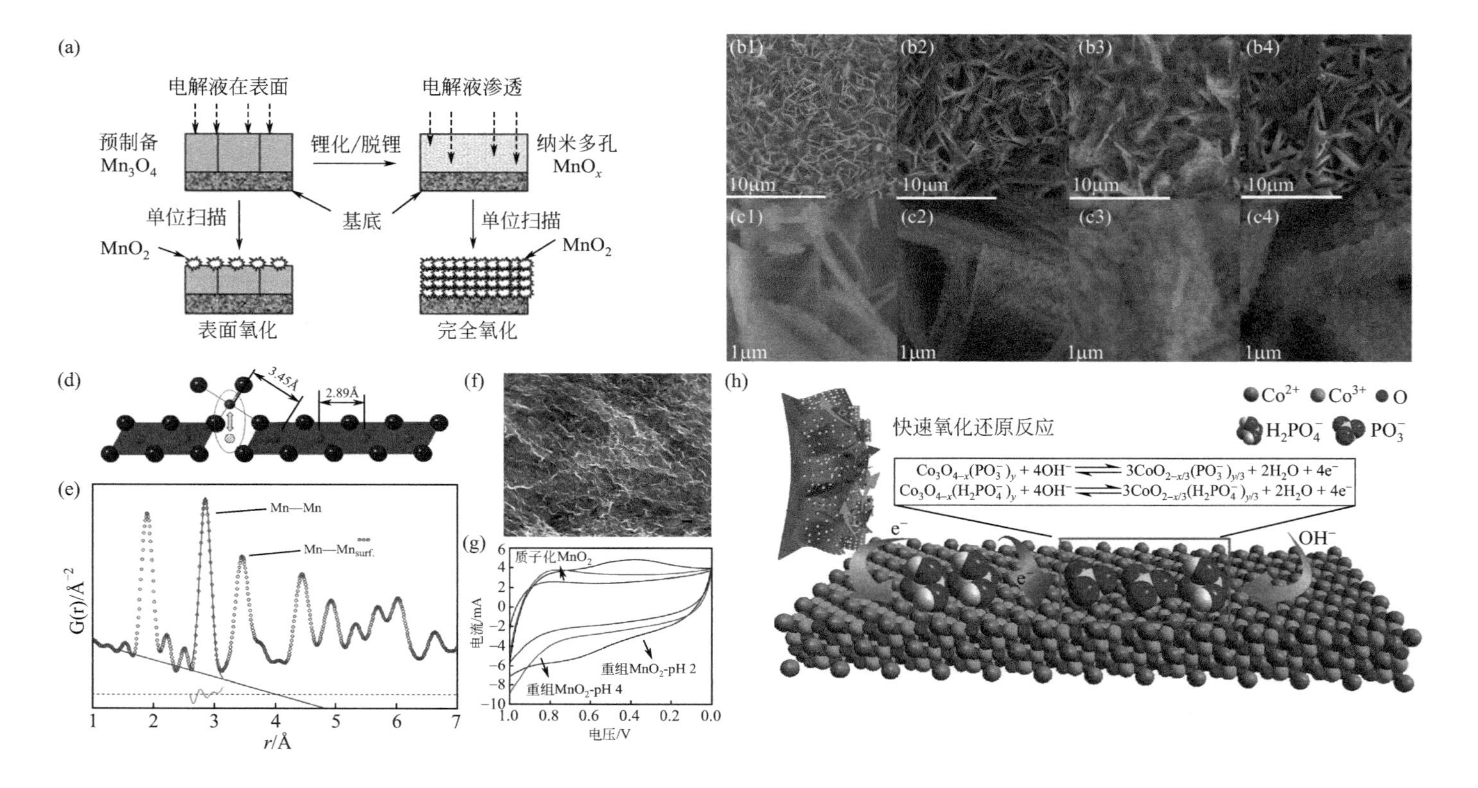

图 5-4 已制备的 Mn_3O_4 经电化学氧化转化为纳米多孔 MnO_x 过程示意图（a），不同温度（25/50/70/90℃）下沉积得到的 Mn_3O_4 纳米墙的扫描电子显微镜图像（b～c），面内 Mn—Mn 键和 Mn—Mn 表面键的模型示意图（d），重组 δ-MnO_2 的对分布函数分析（e），重组 MnO_2 纳米片的扫描电子显微镜图像（比例尺，500nm）（f），质子化 MnO_2、重组 MnO_2（pH＝2，4）在 $50mV \cdot s^{-1}$ 扫速下的循环伏安曲线（g）和增强的表面反应活性和电极动力学在 PCO 表面的示意图（h）

在电极中的渗透性。在 Na_2SO_4 电解液中循环扫描进行电化学氧化，Mn_3O_4 薄膜反应仅发生在表面，而对于纳米多孔 MnO_x，由于纳米孔结构的存在，反应发生在整个电极中，导致其完全转变为由 MnO_2 纳米片组成的多孔结构电极。对比经过电化学氧化后电极的性能，纳米多孔 MnO_x 的比电容比无孔 Mn_3O_4 高 4 倍。因此，初始电极的孔隙率对电化学氧化的完成程度和电极的最终比电容有重要影响。夏晖等对方法进行改进，制备出高钠含量的 Birnessite $Na_{0.5}MnO_2$ 纳米片组成的纳米墙阵列，其电位窗口可以扩展至 0～1.3V，比容量可以达到 $366F \cdot g^{-1}$[15]。

近年来，人们认为引入阴离子或阳离子空位可以有效地调节金属氧化物的电子结构，从而促进表面氧化还原反应动力学[16]。此外，它能够提供额外的离子插入位点，有效地提高比电容。Cao 和同事通过在不同 pH 值（2 及以上）下重组剥离 δ-MnO_2 纳米片，成功地引入了一种可控锰空位的三维 MnO_2 电极[17]。所制备的重组 MnO_2 一般具有褶皱边缘的平整纳米片形貌［图 5-4（f）］。采用高能 X 射线散射分析了锰空位的类型和含量。在 2.89Å 和 3.45Å 处的两个主要对分布函数峰对应于面内 Mn—Mn 和 Mn—$Mn_{表面}$峰［图 5-4（d）和（e）］，并且 $Mn_{表面}$的浓度与锰空位的浓度相等，定义为“表面弗伦克尔缺陷”。基于此，计算得出重组 MnO_2（pH＝2）的锰空位浓度在 26.5%，而质子化 MnO_2（pH＜1）和重组 MnO_2（pH＝4）的锰空位浓度分别为 18.3%和 19.9%。通过比较 $50mV \cdot s^{-1}$ 扫速下这三种不同材料的循环伏安曲线，仅重组 MnO_2（pH＝2）表现出宽的氧化还原峰，说明锰空位浓度的提高有利于材料的离子嵌入过程，从而提升其电化学性能［图 5-4（g）］。Zhu 和同事基于锰盐在不同溶剂中溶解度的差异，通过简单的共沉淀法制备具有可控纳米结构和氧空位的 Birnessite MnO_2[18]。电极材料的纳米结构与缺陷工程均为提高赝电容的有效策略，同时控制材料的晶粒尺寸和缺陷浓度可以提高反应动力学，实现良好的电容性能和循环稳定性。

金属阳离子（如 Al^{3+}、Cu^{2+}、Co^{2+}、Fe^{3+}、Ni^{2+}）掺杂可以通过调控晶体结构或物理相互作用，在不受界面约束的情况下增强 MnO_2 的固有电导率[19]。而掺杂原子可以作为电子给体调节 MnO_2 的电子结构，使其具有更好的电容性。Hu 和同事通过简单的水热法制备 Al^{3+} 掺杂的 α-MnO_2，结合理论计算和实验分析，提升了材料的导电性和电容性能，并且表现出很好的循环稳定性（15000 次循环后容量保持率约为 91%）。夏晖等使用水热合成制备 Cr^{3+} 掺杂的结构增强的 δ-MnO_2，在宽电位窗口（0～1.2V）下，相比较原始 δ-MnO_2，Cr^{3+} 掺杂材料的比电容和倍率性能都有明显提升，并表现出出色的循环稳定性

(30000 次循环后容量保持率约为 83%)[20]。计算和实验结果表明，Cr^{3+} 掺杂 δ-MnO_2 可以缩小带隙，提高电子转移量，抑制姜泰勒畸变从而加强 MnO_2 的层状结构，减少锰溶解和相变。

5.3.1.2 钴基氧化物

由于 Co_3O_4 表现出良好的可逆氧化还原行为、大的表面积以及良好的抗腐蚀稳定性，因此，被认为是一种有前景的超级电容器电极材料。虽然 Co_3O_4 具有高的理论电容，但实际电容要低得多，其主要原因是材料的低电导率。此外，氧化钴电极的寿命也受到膨胀/收缩现象的限制。近年来，Co_3O_4 的研究主要集中在特殊形貌和微观结构上，如微球、纳米薄片、纳米线、纳米棒、纳米管以及薄膜等。结果表明，材料的电化学性能与合成路线、比表面积、孔径及电解液的性质有关。尽管这种材料的发展和普及程度很高，但其在碱性电解质中的活性电位窗口一般被限制在约 0.5V，这限制了它的比电容和用途。克服这些缺点的策略现在集中在掺杂或将钴氧化物与其他材料复合，这一研究方向可能使超级电容电极的设计在更大的电位窗口中具有更高的稳定性。

夏晖等用磷酸盐离子功能化修饰 Co_3O_4 表面，以激发高的化学反应活性，从而实现快速高效的法拉第反应，反应示意图如图 5-4 (h) 所示。在磷酸盐功能化过程中，磷酸盐离子 (H_2PO^{4-} 和 PO^{3-}) 被引入电极，表面反应活性大大增强。在 $6mol \cdot L^{-1}$KOH 电解液中，所制备的 PCO 电极能够以 $5mV \cdot s^{-1}$ 的扫描速率传递 $1716F \cdot g^{-1}$ 的高比电容，相比原始的 Co_3O_4 纳米片阵列电极，其比电容和循环稳定性有了显著的提高。研究发现，Co_3O_4 上的磷酸盐离子功能化可以显著降低电荷转移阻力，增加活性反应位点，从而大大提高反应活性和赝电容性。尽管研究兴趣浓厚，但钴的稀缺及其高成本限制了钴基氧化物电极在电池和超级电容器领域的实际应用。

5.3.1.3 钒基氧化物

由于钒氧化物的氧化态多变，可以产生表面/体相氧化还原反应，因此钒氧化物在超级电容器中的应用也得到了广泛研究[21]。Lee 和 Goodenough 在 950℃ 下对 V_2O_5 粉末进行淬火，制备了非晶 V_2O_5，然后研究了该材料在 KCl 电解液中的行为，所得比电容为 $350F \cdot g^{-1}$[7]。研究表明 V_2O_5 的比电容与电解液的选择有关。Qu 和同事比较了 $V_2O_5 \cdot 0.6H_2O$ 纳米带在 $0.5mol \cdot L^{-1}$ Li_2SO_4、Na_2SO_4 和 K_2SO_4 水溶液中的电化学行为[22]。通过分析 $V_2O_5 \cdot 0.6H_2O$ 电极在充放电过程中的不同电化学行为、结构和成分变化，表明碱性金属离子在

$V_2O_5 \cdot 0.6H_2O$电极的电化学反应中起着至关重要的作用。K^+在$V_2O_5 \cdot 0.6H_2O$层间的嵌入/脱出最易发生，而Li^+与$V_2O_5 \cdot 0.6H_2O$层间具有强的相互作用，使得其嵌入/脱出困难。因此，在K_2SO_4电解液中，$V_2O_5 \cdot 0.6H_2O$的比容量最大。

虽然V_2O_5表现出良好的赝电容反应，但其较差的循环寿命仍然阻碍其应用。因此，了解其电荷存储机制对研究性能更好的V_2O_5电极至关重要。Yeager和同事在KCl电解液中，对充放电过程中的$K_xV_2O_5$电极结构变化进行原位XRD分析，结果表明，(001)晶面在充放电时发生了晶格的扩大和收缩[23]。充电过程与(001)层中K^+的脱出有关，削弱了K^+与带负电荷的[VO_6]八面体的相互作用，导致(001)层的扩展。在放电时，相反的过程导致晶格收缩。Yao和同事结合原位拉曼和电化学石英晶体微天平，说明α-V_2O_5纳米线在充放电过程中的能量存储机制[24]。在充放电过程中，α-V_2O_5的结构变化说明无相变发生，发生在(001)晶面层间的Na^+的嵌入/脱出伴随着层间间距的扩大/收缩，引发了V—O—V和V—O键的键长变化。电化学石英晶体微天平测试结果显示，在充放电过程中出现了可逆的质量减小/增加，这可能是由于Na^+的嵌入/脱出反应引起的可逆质量变化。除可逆质量变化外，还有连续的不可逆质量损失，可能是由于V_2O_5缓慢溶解，对初始容量下降应负主要责任，导致循环寿命较差。因此，如何抑制V_2O_5在充放电过程中的溶解，是提升V_2O_5基电极电化学性能和循环稳定性的关键。

5.3.2 其他金属化合物

5.3.2.1 金属硫化物

过渡金属硫化物因其高比电容而受到广泛关注。例如，镍和钴的硫化物(如NiS_x、CoS_x)的特定容量是其氧化物(如NiO_x、CoO_x)的两倍[25]。这是因为用电负性较低硫元素代替氧，提高了与其对应过渡金属氧化物相比的性能[26]，然而阻碍了其在锂/钠离子电池中的进一步发展和应用。虽然过渡金属硫化物在超级电容器上表现出很高的比容量和优良的倍率能力，但差的导电性和在循环过程中体积的不断变化，阻碍其进一步的发展和提升。因此，可以通过与其他材料复合解决上述问题，提高材料的电化学性能。

石墨烯以其二维导电网络、高比表面积和良好的稳定性，成为制备过渡金属硫化物复合材料的理想材料之一。Jothi和同事成功制备了纳米多孔硫化镍，将制备好的材料与还原氧化石墨烯复合，得到硫化镍/还原氧化石墨烯复合材料。

将复合材料与碳材料组装为非对称超级电容器，在功率密度为 2285.36W・kg^{-1} 时表现出 17.01W・h・kg^{-1} 的高能量密度[27]。Liu 和同事提出了一种原位生长一系列金属硫化物核壳纳米针的通用方法，如生长在碳布上的 Co_9S_8-MoS_2、Co_9S_8-NiS_2、Co_9S_8-$NiCo_2S_4$、$NiCo_2S_4$-CuS、$NiCo_2S_4$-NiS_2 和 $NiCo_2S_4$-MoS_2。图 5-5（d）是碳布原位生长金属硫化物分层结构过程的示意图。在使用不同的水热前驱体溶液时，会形成形貌不同的核壳结构金属硫化物复合材料［图 5-5（e）～（g）］。经过电化学测试，Co_9S_8-$NiCo_2S_4$ 电极表现出优异的电化学性能，在 1A・g^{-1} 时的比容量为 337.78mA・h・g^{-1}，在 10A・g^{-1} 时经过 5000 个循环的容量保持率为 93%[28]。

其中，过渡金属二硫化物（TMDs）等无机二维材料因其大的表面积、独特的晶体结构和优异的电化学性能而受到广泛关注。过渡金属二硫化物是一种分子式为 MX_2 的材料，具有多种理化性质，其中 M 是从第 4 族到第 10 族的过渡金属元素，X 是硫源（S、Se 或 Te）[29]。将材料剥离成单层或少层后，在很大程度上保留了其本体特性，同时由于约束效应，也会导致附加特性，从而为这些无机二维材料在石墨烯之外的各种应用提供了新的机会[30]。对于类石墨烯过渡金属二硫化物，其二维层状晶体结构边缘的活性位点有利于其催化活性[31]。此外，过渡金属二硫化物主要通过快速可逆的氧化还原反应储存能量，而其较大的表面积和层间空间有利于离子的插层，因此被认为是双电层电容和赝电容的组合。插层策略已经成为二维层状材料获得理想性能的关键，然而，插入的客体往往局限于金属离子或小分子。Feng[32] 和同事开发了一种简单高效的聚合物直接插层策略，不同的聚合物（聚乙烯亚胺和聚乙二醇）可以直接插层到二硫化钼中间层中，形成二硫化钼复合材料和碳化后的二硫化钼/碳复合气凝胶［图 5-5（a）］。合成的复合气凝胶具有三维导电的 MoS_2/碳骨架、扩展的 MoS_2 层（0.98nm）、高 MoS_2 含量（高达 74%）和高钼价态（+6 价），有利于快速稳定的电荷传输和增强赝电容储能。如图 5-5（b）和（c），对比 MoS_2、MoS_2/C 和 MoS_2/NC 的循环伏安曲线和倍率性能，改性后的复合材料表现出超高的电容性能，具有极高的倍率性能和优异的循环稳定性。

5.3.2.2 金属氮化物

过渡金属氮化物（TMNs）由于具有高导电性、高化学稳定性、高熔点、大密度、低电阻等特点，引起了人们的广泛关注[33]。在过渡金属氮化物的研究工作中，作为超级电容器正极材料的主要有 Ni、Nb、Fe 的氮化物。

近年来，Ni_3N 因其成本低、含量丰富、理论电容高和独特的氧化还原活性而受到广泛关注[34]。将 Ni_3N 纳米粒子与还原石墨烯复合，在 6mol・L^{-1}KOH

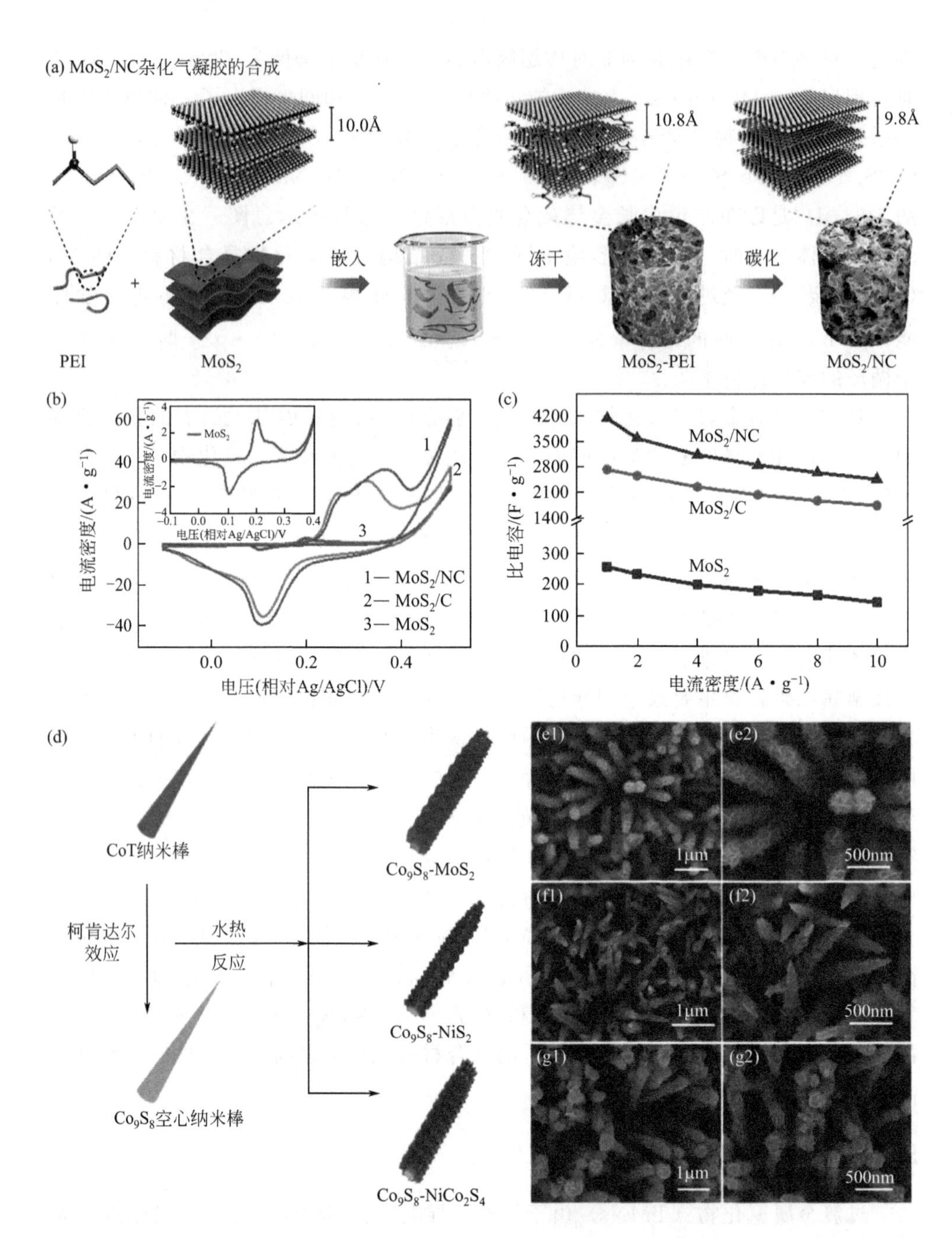

图 5-5　MoS_2/NC 复合气凝胶的合成方法示意图 (a)，5mV/s 扫速下的循环伏安曲线 (b)，1～10A·g^{-1} 电流密度下的倍率性能曲线 (c)，Co_9S_8-MoS_2、Co_9S_8-NiS_2、Co_9S_8-$NiCo_2S_4$ 样品的结构图 (d) 和 Co_9S_8-MoS_2 (e1，e2)、Co_9S_8-NiS_2 (f1，f2)、Co_9S_8-$NiCo_2S_4$ (g1，g2) 的扫描电子显微镜图像

电解液中，电极的循环伏安曲线出现两对宽的氧化还原峰[35]。在氧化过程中，0.30V处的阳极峰对应于Ni（+1价）向Ni（+2价）的氧化，0.37V处的阳极峰表示Ni（+2价）向Ni（+3价）的氧化。可以观察到还原过程中Ni_3N电极从Ni（+3价）到Ni（+1价）的还原峰（0.05V和0.12V），说明Ni_3N具有良好的法拉第可逆性。目前所报道的用于超级电容器的Ni_3N材料一般是纳米结构的电极。Balogun和同事在碳布上制备了Ni_3N纳米片，电极的电荷存储机制可以通过低扫速时两对宽的氧化还原峰很好地表示[36]。在$10mA \cdot cm^{-2}$的扫速下，电极表现出$990F \cdot g^{-1}$的高比电容，以及81%的倍率性能（扫速增至$40mA \cdot cm^{-2}$）。

除Ni_3N外，Fe_2N也可以作为超级电容器正极材料。然而，在许多研究工作中，在合成Fe_2N的纳米形态时，其形貌发生了变化。例如，经过NH_3气氛中退火氮化处理，石墨烯纳米薄片上的FeOOH薄膜变成了石墨烯纳米薄片上的Fe_2N纳米颗粒[37]。由碳布上生长的FeOOH纳米棒制备Fe_2N纳米颗粒过程中也观察到类似的情况[38]。据此，很少报道具有良好形貌设计的Fe_2N作为超级电容器电极材料。Zhu和同事通过在FeOOH纳米棒前驱体上包覆Ti_2N制备Fe_2N-Ti_2N核-壳结构复合电极，保持铁前驱体的原始形貌[39]。Fe_2N-Ti_2N复合电极的循环伏安曲线面积大于Fe_2N和Ti_2N单电极的面积，表明Fe_2N形貌的保持有利于电极性能的提升。虽然也有研究工作报道铌的氮化物，但其存在电位窗口低、形貌不易调控等问题。因此，研究这些金属氮化物的应用前景，纳米结构化是一种很好的提升电化学性能的方法。

5.4 负极材料

5.4.1 金属氧化物/氢氧化物

5.4.1.1 铁基氧化物/氢氧化物

近年来，铁基材料，包括单一氧化物（Fe_2O_3、Fe_3O_4、FeO_x）、氢氧化物（FeOOH）和二元金属氧化物［MFe_2O_4（M = Ni，Co，Sn，Mn，Cu）、$BiFeO_3$等］，由于具有较高的理论比电容、天然丰度，低成本，无毒等优点，作为极具发展前景的超级电容器电极材料受到了广泛的关注。由于铁的不同价态和晶体结构，铁氧化物/氢氧化物有着丰富的稳定相，如α-Fe_2O_3、β-Fe_2O_3、

γ-Fe_2O_3、Fe_3O_4、α-FeOOH、β-FeOOH、γ-FeOOH 和 δ-FeOOH，不同的相表现出不同的电化学性能。因此，晶体结构的调控对铁基材料的电化学性能起着关键性作用。然而，这些铁基材料电极大多存在导电性差或电化学不稳定性，这严重阻碍了其作为高性能超级电容器电极材料的应用。为了解决这些问题，人们在提高它们的导电性和循环稳定性方面做了大量的工作。目前，已开发了一些有效的方法，包括纳米结构设计、材料复合、元素掺杂和缺陷调控等，以弥补上述铁基材料的局限性。

夏晖在铁基氧化物/氢氧化物的改性方面做了很多工作。将铁基材料与其他材料（如碳基材料、金属氧化物以及其他金属化合物等）复合，提升铁基材料的电化学性能。通过简单的水热法合成 $MnFe_2O_4$/石墨烯复合材料，并与 MnO_2/石墨烯正极材料组装成 1.8V 的非对称超级电容器，该装置在 225W·kg^{-1} 的功率密度下，能量密度可以达到 25.9W·h·kg^{-1}。Fe_2O_3 的低导电性限制了其作为超级电容器负极材料的电化学性能，为了提升其电容，制备了一种装饰在功能化石墨烯薄片上的具有良好分散 Fe_2O_3 量子点的复合材料[40]。该复合材料在 1mol·L^{-1} Na_2SO_4 中表现出较大的比电容，达到 347F·g^{-1}。组装的 MnO_2/石墨烯//Fe_2O_3/石墨烯非对称超级电容在功率密度为 100W·kg^{-1} 时，能量密度为 50.7W·h·kg^{-1}。基于此，夏晖关注到非晶材料由于其无序结构所带来的良好的电化学活性，开发了一种简单的合成方法制备非晶 FeOOH 量子点/石墨烯复合材料，合成示意图如图 5-6（a）[41] 所示。−0.8～0V 电位区间下，非晶 FeOOH 量子点/石墨烯复合电极展现出 365F·g^{-1} 的电容、杰出的循环性能（20000 次循环后容量保持率为 89.7%）和优秀的倍率性能（128A·g^{-1} 电流密度下的电容为 189F·g^{-1}）。当电位窗口扩展到 −1.0/−1.25～0V 时，非晶 FeOOH 量子点/石墨烯复合电极的电容可分别增加到 403F·g^{-1} 和 1243F·g^{-1}，但倍率性能和循环性能下降［图 5-6（b）和（c）］。对比电解液颜色的变化，由透明变为浅黄色（−1～0V）甚至红褐色（−1.25～0V），表示电极活性物质的损失和电解液中铁的溶解。这一现象一方面可能是由于宽电位窗口下，FeOOH 表现出明显的氧化还原反应，体积变化大，导致活性材料的损失；另一方面，Fe 强烈的价态变化以及宽电位下水分解的影响，加速了铁在电解液中的溶解和材料的剥落。因此，宽电位下铁基材料的应用还需要进一步研究。除了碳基材料的复合，夏晖还通过金属化合物（如 Fe_3O_4、Co_3O_4、$MnCo_2O_4$、FeS_2 和 $NiCo_2S_4$ 等）与 Fe_2O_3 复合，对其电化学性能进行改性研究。

此外，夏晖还对铁基材料的表面氧缺陷和结晶性对其性能的影响进行了研究[42]。如图 5-6（d）所示，通过将 Fe_2O_3 量子点/石墨烯复合材料在 $NaBH_4$ 溶

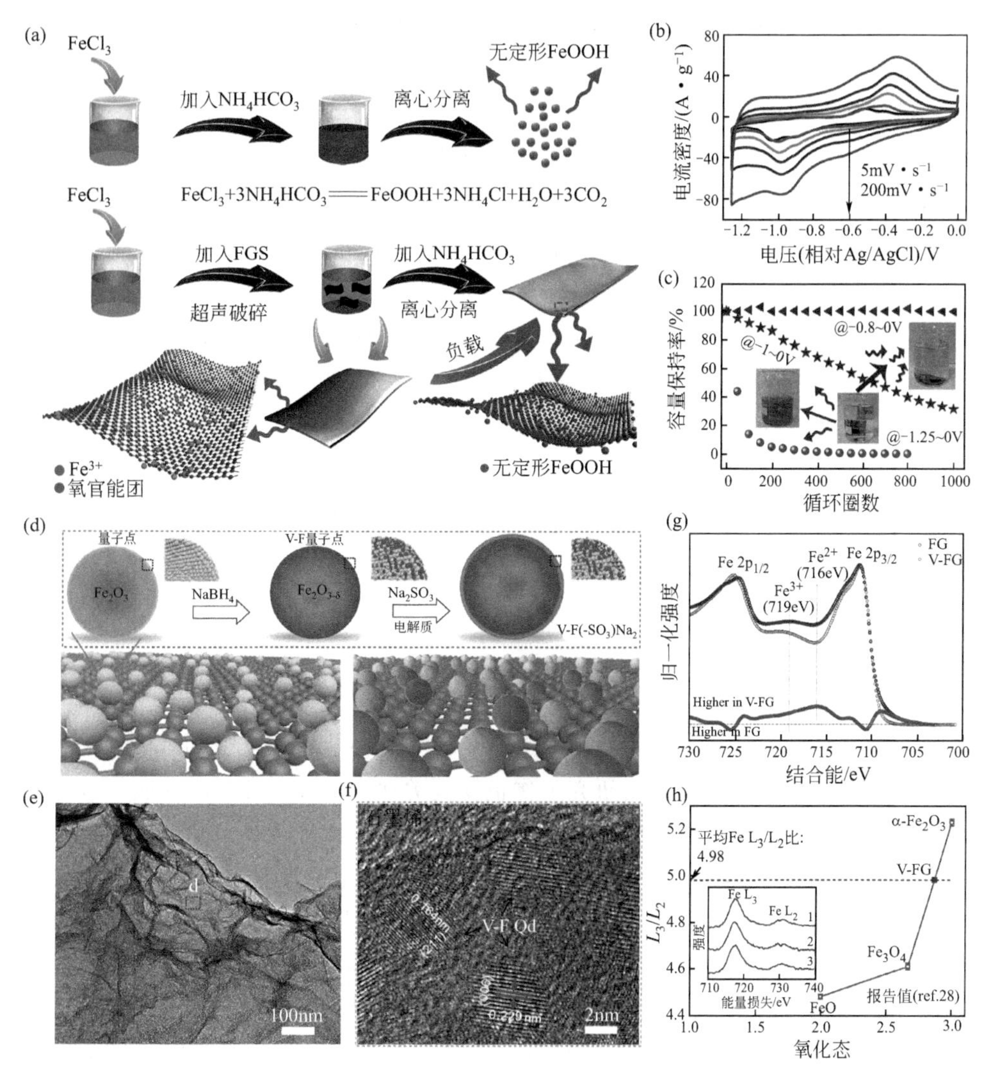

图 5-6 非晶 FeOOH 量子点和非晶 FeOOH 量子点/石墨烯混合纳米片的合成示意图 (a)，不同扫描速率下 FeOOH/石墨烯（40%，质量分数）电极在电压窗为－1.25～0V 时的循环伏安曲线（b），FeOOH/石墨烯（40%，质量分数）电极在－0.8～0V、－1～0V 和－1.25～0V 的不同电压窗口下循环性能的比较（插图为循环试验后含电解液的电解池的光学图像）(c)，V-FG 的制备过程和 V-FG 表面对 SO_3^{2-} 的吸附的示意图（d)，V-FG 样品的透射电子显微镜（e）和高倍透射电子显微镜图像（f）（箭头表示石墨烯上的 Fe_2O_3 量子点），V-FG 和 FG 样品的 Fe2p 的 XPS 谱及其对应的差分谱（g）和根据报告的不同氧化铁的 L_3/L_2 比值作为 Fe 价态函数的校准标准（h)，根据嵌入的 FeL_3/L_2 光谱［嵌入（e）中］计算出的 V-FG 样品的平均 FeL_3/L_2 比值用紫色线高亮显示

液中浸泡一定时间，对 Fe_2O_3 进行简单的表面修饰，引入氧空位，用于在 Na_2SO_3 电解液中对氧化还原活性 SO_3^{2-} 的可调吸附。复合材料的透射/高倍透射电子显微镜图像如图 5-6（e）和（f）所示，结晶性良好的 Fe_2O_3 量子点（平均尺寸 3～4nm）在石墨烯上均匀分布。对比原始样品和引入氧空位样品的 Fe 2p XPS 光谱［图 5-6（g）］，两个样品的 Fe $2p_{3/2}$ 峰可以归因于 Fe^{3+}，而后者在 716eV 处强度更高的卫星峰，可以说明 Fe^{2+} 的存在，即 Fe_2O_3 中有氧空位引入。进而根据氧空位样品的电子能量损失光谱，通过分析 L_3/L_2 的峰值强度比得出金属的氧化状态，并将不同铁氧化物的氧化态作为校准标准，与样品比较得出其氧化态小于 3，说明材料中氧空位的存在。采用新的双电解质设计，构建了 2V 的 $Fe_2O_3/Na_2SO_3//MnO_2/Na_2SO_4$ 非对称超级电容器，在功率密度为 $3125W \cdot kg^{-1}$ 的情况下，达到 $75W \cdot h \cdot kg^{-1}$ 的高能量密度。同样采用浸泡 $NaBH_4$ 溶液的方法，夏晖通过处理碳布上生长的 Fe_2O_3 纳米棒阵列，在引入氧空位的同时，在样品表面形成非晶层，促进表面 Li^+ 的快速扩散，并诱导结晶/非晶界面增强电荷存储。

5.4.1.2 其他金属氧化物

除铁基氧化物外，其他金属氧化物如 MoO_3、WO_3、SnO_2 和 TiO_2 等作为非对称超级电容器负极材料的研究工作也受到关注。MoO_3 具有成本低、电化学活性高、在中性电解液中具有较大的负氧化还原电位窗等优势。然而，以往报道的 MoO_3 材料由于其电化学活性位点不足，表面的电化学活性较低，导致其比电容低，性能衰减快。结合缺陷工程方法，Li 和同事合成了富氧空位的 α-MoO_{3-x} 纳米带，通过引入氧空位以极大地提高 MoO_3 的电导率和电化学活性，并产生更多暴露的电化学活性位点，进而引发快速电荷存储动力学和高赝电容[43]。为了进一步促进离子传输和电子传递，制备了具有三维三明治结构的石墨烯纳米网/碳纳米管/MoO_{3-x} 复合材料，其质量比容量高达 $306C \cdot g^{-1}$，体积比容量为 $692C \cdot cm^{-3}$。所制备的非对称超级电容器 $GC/MnO_2//GC/MoO_{3-x}$ 具有 $150Wh \cdot kg^{-1}$ 的超高能量密度，并在经过 30000 次循环后，显示出超长的寿命和 100％的容量保持率。

SnO_2 虽然具有高理论容量，但目前报道的 SnO_2 基电极材料的容量一般不超过 $200F \cdot g^{-1}$，远低于理论容量。夏晖通过构建具有丰富均相界面及氧空位的 SnO_{2-x} 纳米颗粒/SnO_{2-x} 纳米片的异质结构，提升电极反应动力学和电子传输，从而增加了材料的赝电容以及倍率性能。理论计算表明，相比较表面，均相界面处缺陷形成能较低，氧缺陷则更容易形成。同时，由于氧空位的出现，均相

界面具有更稳定的 Li^+ 存储位点，使得赝电容和倍率性能更加突出。在 5mol・L^{-1}LiCl 电解液中测试，复合电极在电流密度为 2.5A・g^{-1} 时的比电容为 376.6F・g^{-1}，在电流密度增至 80A・g^{-1} 时的比电容为 327F・g^{-1}。

5.4.2 其他金属化合物

纳米金属氧化物和金属硫化物作为超级电容器电极材料的研究已取得重大进展。然而，材料的低电导率限制了它们的超电容性能。许多金属硫化物比氧化物表现出更强的电子导电性，这是因为硫的电负性比氧低，使电子更容易在结构中传输。夏晖开发了一种简便的合成方法，将 Bi_2S_3 纳米颗粒固定在石墨烯纳米片上制备出 Bi_2S_3/石墨烯复合材料［图 5-7（a）］。复合电极在 1mol・$L^{-1}Na_2SO_4$ 电解液和负电位窗口−0.9～0V 下可获得约 400F・g^{-1} 的比电容，具有良好的倍率性能和循环性能。

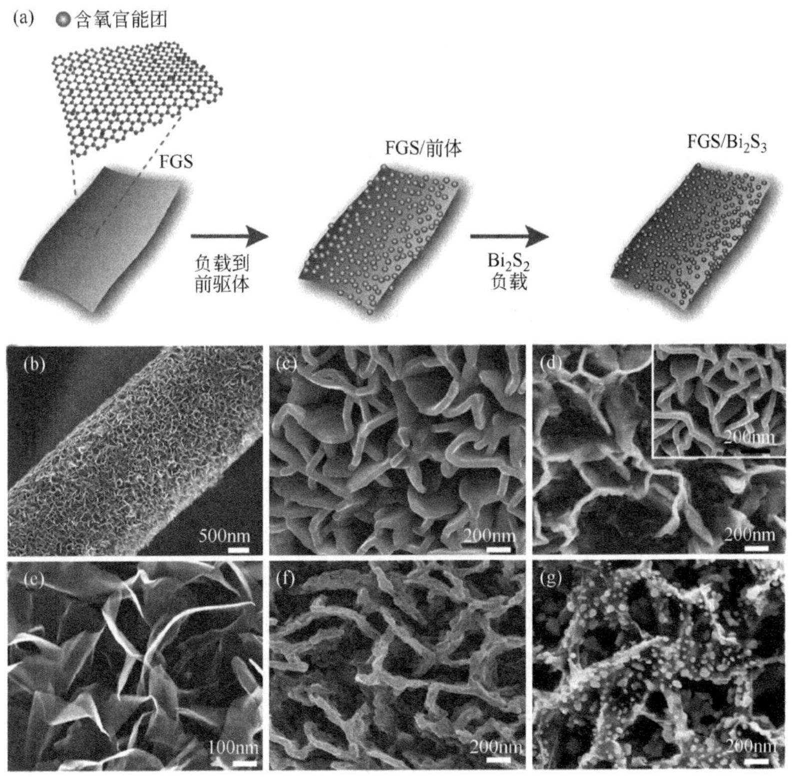

图 5-7 Bi_2S_3/FGS 复合材料的制备过程示意图（a），三维石墨烯（GNS）和最终电极的形貌表征：生长在碳纤维上的 GNS（b）、GNS（c）、TiO_2@GNS（d）、TiN@GNS（e）、FeOOH@GNS（插图是 ZnO@GNS）（f）和 Fe_2N@GNS（g）的扫描电子显微镜图像

作为超级电容器负极材料的过渡金属氮化物主要有 V 和 Ti 的氮化物。VN 电极材料具有较大的理论容量（>1000F·g^{-1}）、高导电性、多种价态的可逆快速氧化还原反应和高的析氢过电位等显著优点。在不同电解液中进行测试，VN 电极材料在 0.5mol·L^{-1} H_2SO_4、2.0mol·L^{-1} $NaNO_3$ 和 1.0mol·L^{-1} KOH 溶液中的比电容分别为 114F·g^{-1}、45.7F·g^{-1} 和 273F·g^{-1}[44]。因此，KOH 溶液被认为是对 VN 电容性能表现最好的水系电解液。近年来，人们发现 VN 在水溶液中不太稳定，这是其表面形成可溶性氧化钒（VO_x）的不可逆电化学氧化反应所致[45]。Zhu 和同事采用原子层沉积，以确保最大限度地利用导电三维石墨烯的表面，并使活性氮化物材料与基体充分覆盖和紧密连接，所制备的 TiN/三维石墨烯和 Fe_2N/三维石墨烯复合材料及其前驱体的形貌如图 5-7（b）～（g）所示[46]。为了避免金属氮化物电极表面形成电化学活性低、导电性差的金属氧化物层，Lu 和同事将超薄稳定的非晶碳保护涂层应用于水系超级电容器中的金属氮化物（TiN 和 VN）材料。研究认为，这种稳定的、高导电性的碳层不仅可以防止金属氮化物的氧化和形态变化，而且可以作为一种活性电容材料，提高非对称超级电容器的电化学性能。

5.4.3 水系非对称电容器电位窗口

水系超级电容器的主要局限在于其狭窄的工作电压，尤其是与有机系超级电容器相比。从根本上了解与工作电压有关的因素，有助于为设计高压水系超级电容器提供指导。因此，我们分析了影响水系超级电容器工作电压的决定因素，特别是在非对称超级电容器的电极选择和组装方面，总结和讨论了用于扩展工作电压的策略。结合水分解的动力学因素，最大程度地利用电极的可用工作电位范围。

为了更好地为非对称超级电容器选择合适的电极，图 5-8 总结了水系电解液中不同电极材料的有效工作电位范围[47]。值得注意的是，这些数据仅供参考，并且会随不同的电解液和不同的结构情况而变化。此外，质子和氢氧根离子在金属氧化物表面上的化学吸附将通过改变电极的功函数而进一步扩展工作电位窗口。在组装非对称超级电容器之前，应首先平衡正极和负极的质量。

夏晖在扩宽非对称超级电容器电位窗口方面做了一些研究工作[41]。比如在之前所介绍的非晶 FeOOH 量子点/石墨烯复合材料的工作中，研究了电位窗口扩展后，电极材料的电化学性能变化以及可能的原因[41]。电位窗口的扩宽虽然明显提升了材料的比电容，但却伴随着电极材料的溶解和循环性能的明显下降。在此基础上，通过水热-高温退火两步法制备碳布上生长的碳包覆 Fe_3O_4 纳米棒

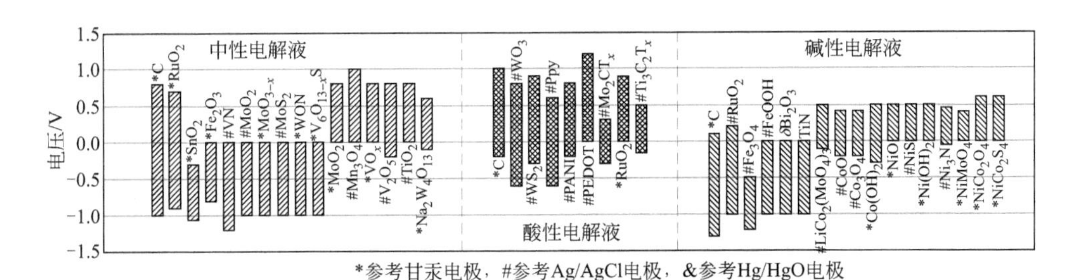

图 5-8　水体系中不同电极材料的有效电位区间

阵列，Fe_3O_4 电极上的超薄碳膜涂层很好地保护了材料在宽电位的稳定性[15]。复合材料可以在−1.3～0V 的电位窗口下达到了 $344F \cdot g^{-1}$ 的高容量和出色的循环稳定性（10000 次循环后容量保持率为 92%）[15]。

此外，MnO_2 作为一种广受关注的赝电容材料，在之前的研究工作中，其作为超级电容器正极材料时的电位窗口通常限制在 0～0.8/1.0V。夏晖对 K^+ 嵌入 α-MnO_2（或 K_xMnO_2）纳米棒阵列在宽电位窗口（0～1.2V）的电化学行为和电荷存储机制进行研究。如图 5-9（a）的电化学反应过程示意图所示，预嵌 K^+ 的 α-MnO_2 在宽电位窗口的循环伏安过程中，K^+ 可以被 Na^+ 所取代，同时发生 Mn^{3+}/Mn^{4+} 的氧化还原反应。这一工作指出，位于 1.0V 处的峰是 K_xMnO_2 的氧化还原峰，并非水分解峰。循环伏安电位窗扩展到 0～1.2V 时，随着新的氧化还原峰的出现，比电容增大。随后，夏晖进一步制备了通过 Mn_3O_4 转化而成的高钠含量的 $Na_{0.5}MnO_2$ 纳米墙阵列，合成过程示意图如图 5-9（b）所示[15]。对比不同电位窗口下的循环伏安曲线，两对氧化还原峰分别位于 0.58/0.69V 和 0.79/0.96V，对应于 Mn^{3+}/Mn^{4+} 在 Na^+ 嵌入/脱出时的可逆氧化还原反应，并且在电位窗口扩宽至 0～1.3V 时，这两对氧化还原峰变得更加明显，同时电流密度也大大增加。组装 0～2.6V 宽电位的 $Na_{0.5}MnO_2$//Fe_3O_4@C 非对称超级电容器，能量密度和功率密度在 Ragone 图中与之前报道的非对称超级电容器进行比较［图 5-9（e）和（f）］，该装置可以在 $647W \cdot kg^{-1}$ 的功率密度下提供的最大能量密度约为 $81W \cdot h \cdot kg^{-1}$。Zuo 和同事制备了一种新型 Ni-Mn-O 电极，发现其可以通过简单的相变活化过程轻松转化为 $LiNi_{0.5}Mn_{1.5}O_4$。伴随着 Li^+ 嵌入/脱出的 Mn^{3+}/Mn^{4+} 的可逆氧化还原活性主要利用转移电子，从而大大抑制了高电位氧的析出。获得的 $LiNi_{0.5}Mn_{1.5}O_4$ 电极具有 0～1.4V 的宽电位，组装的水系 $Ni_{0.25}Mn_{0.75}O$@C//活性炭装置，工作电压高达 2.4V[48]。

除了通过抑制水分解来扩宽电极的电位窗口，对于非对称超级电容器，为了获得最佳的性能和宽电位，易于操作和精确的电极质量平衡方法需要进一步进行研究。

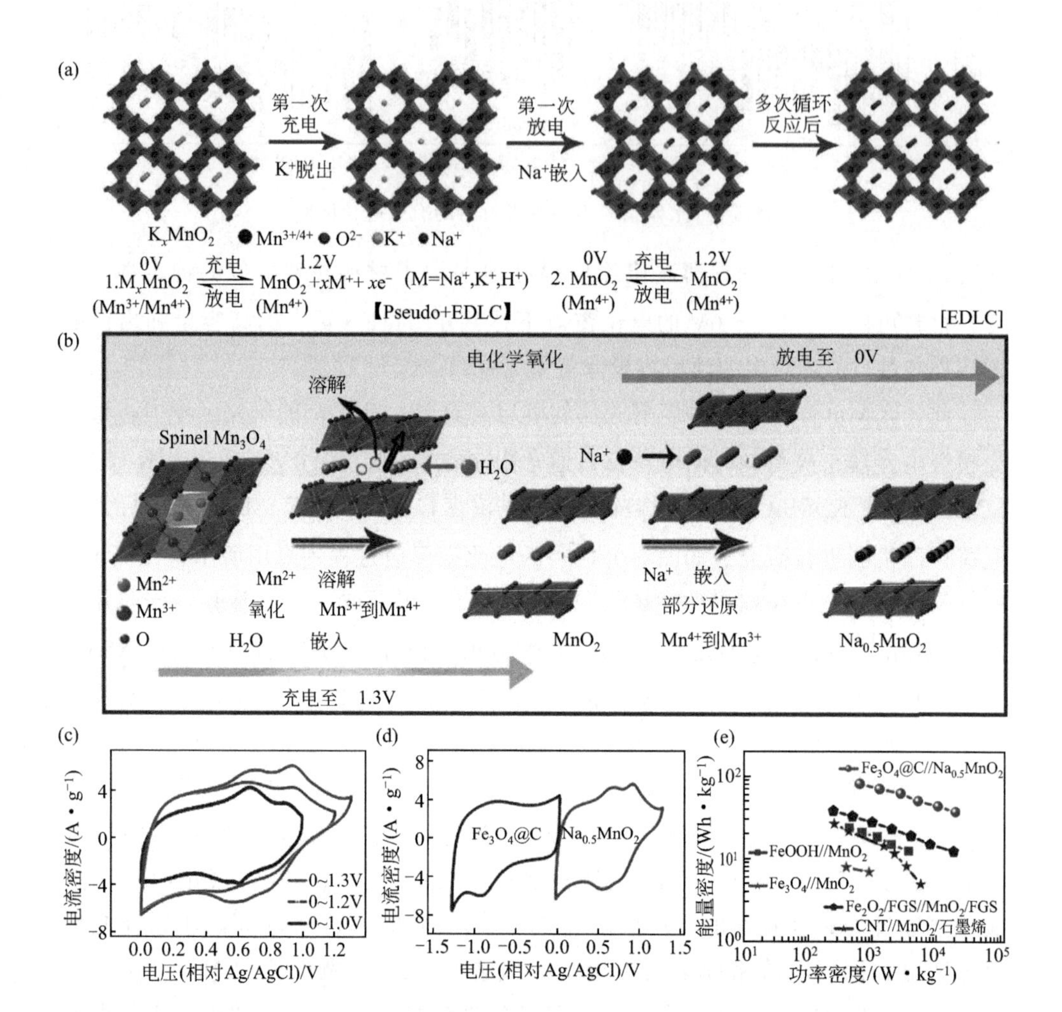

图 5-9 K_xMnO_2 电极的电化学反应过程示意图，并提出了 M_xMnO_2 和 MnO_2 的电荷存储机制（a），电化学氧化过程中的结构演变过程（b），$Na_{0.5}MnO_2$ 纳米墙阵列电极在 $10mV \cdot s^{-1}$ 的扫速下，不同电位窗口（0～1.0V、0～1.2V 和 0～1.3V）的循环伏安曲线（c），$10mV \cdot s^{-1}$ 扫速下，$Na_{0.5}MnO_2$ NWAs 和 Fe_3O_4@C NRAs 电极在不同电位窗口的循环伏安曲线（d）和 $Na_{0.5}MnO_2$//Fe_3O_4@C 非对称超级电容器和文献报道的非对称超级电容器的 Ragone 图（e）

5.5 混合超级电容器

在许多文章中，对“非对称超级电容器”和“混合超级电容器”这两个术语的使用没有明显区别。混合超级电容器也可以称为非对称超级电容器，因为这类装置的正负极使用两个不同的电极，但不同的是，其中有电极的电化学行为表现出明显的电池行为。Brousse 等人建议将“不对称超级电容器”的概念仅用于使用赝电容电极的装置，而将“混合超级电容器”的概念用于使用电池型电极的装置[49]。

通常，由于电池型电极的容量更高，混合超级电容器可以超过常规超级电容器的能量密度，并且可以克服由于电池型电极引起的功率密度限制，电容型电极的存在以及电池型电极的先进设计可确保快速的电化学反应动力学[50]。通常，可以通过两种方法提高能量密度：①容量提高，因为电池型电极的容量比电容电极的容量高很多倍，所以与对称超级电容器相比，混合超级电容器的电容通常可以提高大约两倍（甚至更多）[51]；②电位窗口扩宽，对于对称超级电容器，整个电池的工作电压通常不能超过其电极的最大工作电势范围，也就是说，存储在整个电池中的最大比电容仅为其电极的一半。通过选择在正/负区间电位范围内工作合适的电池型电极，并且可以利用电容型电极的全部电容，以增大全电池混合超级电容器的输出电压[52]。

图 5-10 显示了单电极系统［电容型电极（a）和电池型电极（b）］和混合超级电容器系统（c）的示意图以及它们的电荷-电位曲线[53]。典型电容型电极［图 5-10（a）］的充电-放电曲线是线性的，而对于具有氧化还原过程的典型的电池型电极［图 5-10（b）］，其电势在充电和放电期间保持恒定，遵循相位规则以及能斯特方程。因此，电容器具有高功率（但能量密度较差），而电池具有高能量（功率密度低），电容器中存储的能量为 $0.5q_c\Delta V_c$（其中 q_c 是电荷，ΔV_c 是电压），仅是电池的一半（$E_b=Q_b\Delta V_b$）。如果将两个单电极系统结合起来，则电容器的高功率特性以及电池的高能量特性将在图 5-10（c）所示的混合装置中结合。在混合系统中，至关重要的是在充电过程的初始阶段将较高的工作电势（ΔV）与电容型电极结合使用，以达到电池型电极（ΔV_b）的氧化还原电势，从而导致整体装置相比单电极可存储的能量增加。此外，从热力学观点来看，混合超级电容器可以充分利用两个电极的不同电位窗口，以提供电池的最大工作电压。因此，这类装置大大提高了比电容并显著提高了能量密度。

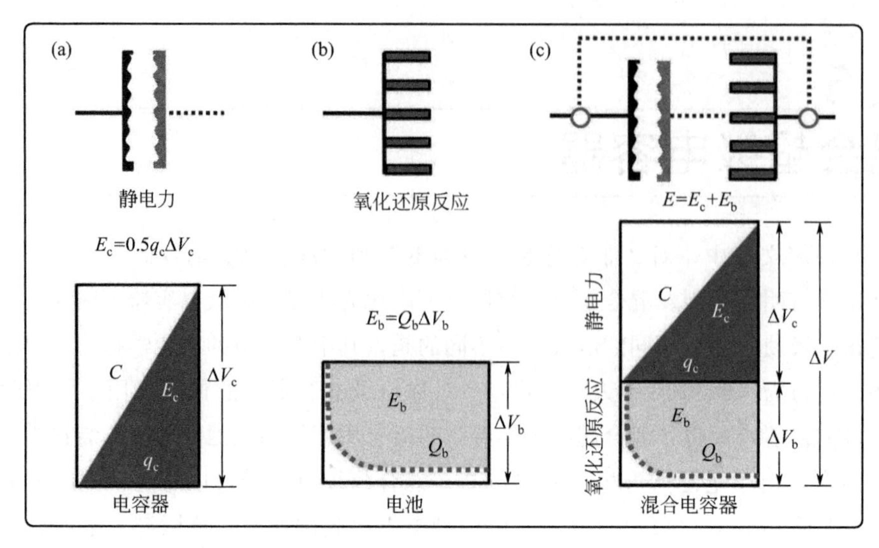

图 5-10 单个电极系统电容（a）、电池（b）及根据电荷-电位分布和相应的能量存储方程与含水电解质的混合电容系统（c）的示意图

根据正负极电极的不同，可以将混合超级电容器分为电池//电容型和电容//电池型两类。常见的电池型正极材料主要有碱金属（锂/钠/钾）过渡金属氧化物及其类似物（如 $LiCoO_2$、$LiMn_2O_4$、$LiNi_{1/3}Co_{1/3}Mn_{1/3}O_2$、$LiNiPO_4$、钛酸钠、$Na_xMnO_2$、$K_xMnO_2$、$Na_4Mn_9O_{18}$ 等）[54]、PbO_2（铅酸电容器）[55]、氧化/氢氧化镍[56] 等，负极材料主要有传统锂离子电池负极材料 [$Li_4Ti_5O_{12}$、$LiTi_2(PO_4)_3$][57]、Bi_2O_3[58] 等。在混合超级电容器系统中，电容型电极材料主要是以碳基材料为主的双电层电容材料，但另一方面，也有一些工作采用赝电容材料作为电容型电极，以进一步提高整体装置的能量存储能力[59]（表 5-3）。

表 5-3 水系混合超级电容器的电极材料和电化学性能的比较

器件	电解液	电位窗口	循环性能	能量密度/($W\cdot h\cdot kg^{-1}$)	功率密度/($W\cdot kg^{-1}$)
$NaMnO_2$//AC	$1mol\cdot L^{-1}$ Na_2SO_4	0～1.9V	97%,10000 次	13.2	1000
$Na_{0.35}MnO_2$//AC	$1mol\cdot L^{-1}$ Na_2SO_4	0～1.8V		42.6	
NiO 介晶//三维氮掺杂石墨烯	$2mol\cdot L^{-1}$ KOH	0～1.5V	93%,10000 次	34.4	150
$Ni(OH)_2$/石墨烯//石墨烯	$2mol\cdot L^{-1}$ KOH	0～1.6V	94.3%,3000 次	77.8	174.7
PbO_2//AC	$1mol\cdot L^{-1}$ H_2SO_4	0.8～1.8V	83%,3000 次	26.5	30.8
AC//$LiTi_2(PO_4)_3$	$1mol\cdot L^{-1}$ Li_2SO_4	0～1.6V	85%,1000 次	24	200
MnO_2//Bi_2O_3	$1mol\cdot L^{-1}$ Na_2SO_4	0～1.8V	85%,4000 次	11.3	352.6

5.5.1 电池型正极//电容型负极混合体系

以传统锂离子/钠离子电池正极材料作为水系混合超级电容器的正极，电解液通常使用中性的碱金属盐水溶液（如 M_2SO_4、MCl 和 MNO_3 等，M＝Li，Na）。Xia 和同事对活性炭与 $LiCoO_2$、$LiMn_2O_4$、$LiNi_{1/3}Co_{1/3}Mn_{1/3}O_2$ 组装的混合超级电容器进行了综合比较，系统研究了 pH 值对其稳定性和比容量的影响。但由于这些插层正极材料的原始性质，所报道的器件仍存在能量储存动力学慢的问题，功率密度被限制在 $900W \cdot kg^{-1}$ 以内，能量密度也被限制在 $40W \cdot h \cdot kg^{-1}$ 以内[60]。上述的纳米结构和复合材料将可用于提高整体性能。Wu 和同事研究了 Na_xMnO_2 在混合超级电容器中的应用，发现纳米线 $Na_{0.35}MnO_2$ 比棒状 $Na_{0.95}MnO_2$ 具有更好的 Na^+ 嵌入峰和更高的容量［图 5-11（a）］[61]。$Na_{0.35}MnO_2$//AC 混合超级电容器装置显示了 1.8V 的高电位以及 $42.6W \cdot h \cdot kg^{-1}$ 的高能量密度［图 5-11（b）和（c）］。

铅酸电池作为三大重要的商用可充电电池之一，经过半个多世纪的发展，至今仍在储能研究和应用中占有重要地位。铅酸电池与超级电容器混合产生酸性混合超级电容器。第一个酸性混合超级电容器（也称为“铅碳电容器”）于 2001 年获得专利[62]，现已在市场上出售。铅碳电容器是唯一基于强酸性水电解质的混合系统，该系统使用二氧化铅和硫酸铅的混合物作为正极，并使用活性炭作为负极[63]。在各种混合超级电容器中，铅碳电容器的高电压（约 2.0V）具有很大优势。正极（PbO_2）的充放电过程基于 Pb^{2+}/Pb^{4+} 的氧化还原对，而高表面积的碳负极则通过离子吸附/解吸来存储电荷。受益于成熟的电池技术，铅碳电容器具有价格低廉和超长循环稳定性的优点[64]。然而，与铅酸电池一样，由于 PbO_2 膜的电化学活性表面有限，阻碍了快速的氧化还原反应，铅碳电容器也存在低比能量密度（$15 \sim 30W \cdot h \cdot kg^{-1}$）和低功率密度的问题[65]。近几年一些研究工作，尝试设计纳米结构/复合 PbO_2 正极材料以优化其性能。例如，Guay 和同事设计了一种三维纳米线阵列的 PbO_2，可实现 22C 的极高充电速率，在此倍率下，电容器仍然循环了 5000 次以上[66]。

镍基氧化物/氢氧化物以及其他一些过渡金属化合物，具有类似电池型材料的性能，表现出良好的充放电电压平台，引起了人们的极大兴趣。目前，镍基化合物如 NiO、Ni（OH）$_2$、$NiMoO_4$、$NiCoO_2$ 及其与碳基材料或导电聚合物的复合材料是水系混合超级电容器中得到广泛研究的正极材料。Kolathodi 等人报道了一种基于 NiO 纳米纤维和活性炭的混合超级电容器装置，其能量密度高达

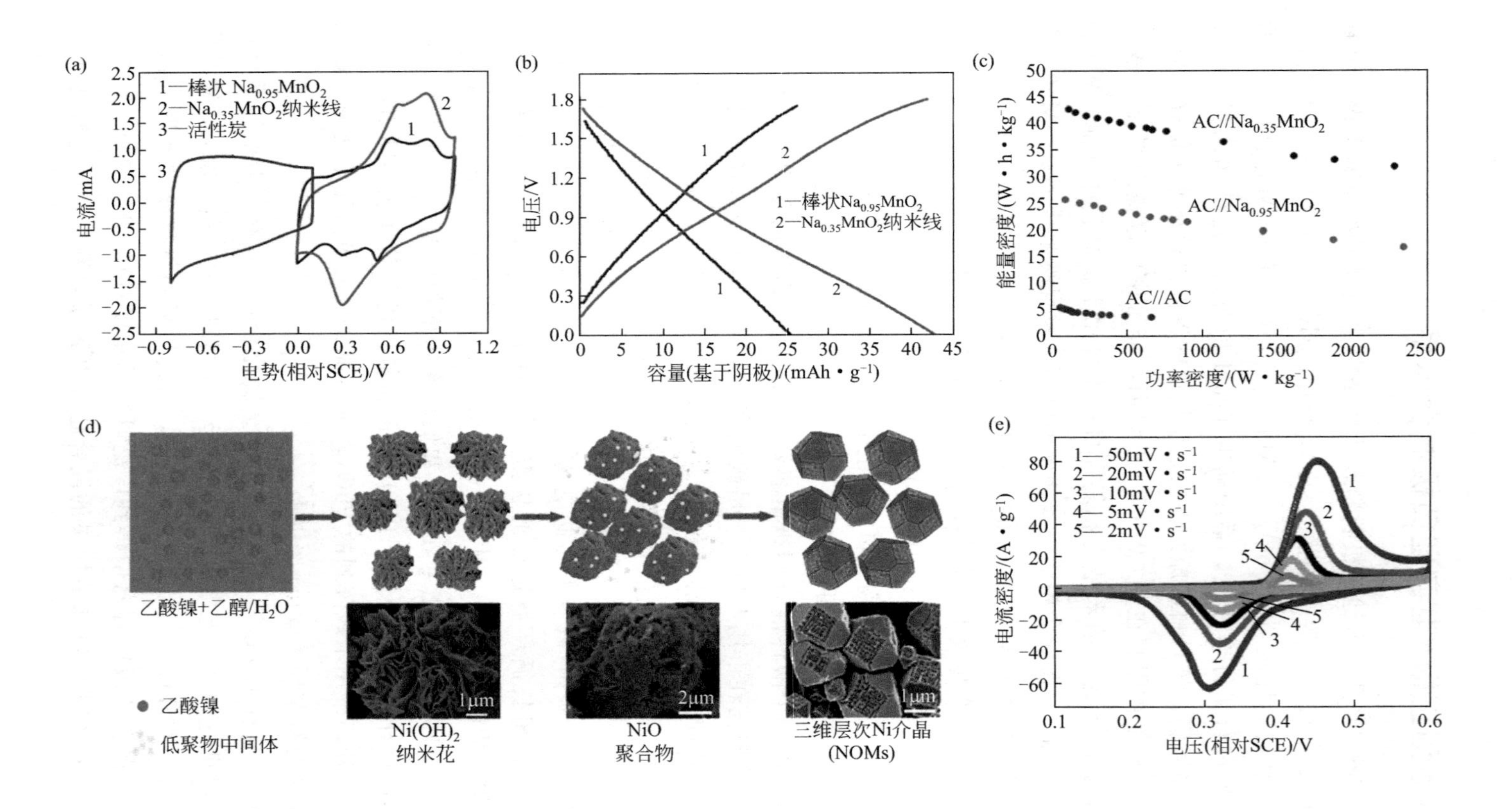

图 5-11　活性炭负极和 Na_xMnO_2 正极的循环伏安曲线（a），Na_xMnO_2//AC 混合电容器的充放电曲线（b）和 Ragone 图（c），NiO 介晶（NOMs）的形成过程示意图（d）和 NOM-20 电极在不同扫速下的循环伏安曲线（e）

43.75W·h·kg^{-1}，并具有 5000 次循环的长寿命[67]。Li 等人报道的使用 $Ni(OH)_2$/石墨烯复合正极和多孔石墨烯负极的混合超级电容器装置在功率密度为 174.7W·kg^{-1} 下表现出 77.8W·h·kg^{-1} 的超高能量密度[68]。Zheng 和同事首次报道了具有立方晶状形貌的层状分级 NiO 介晶（NOMs）的合理设计和可控合成。如图 5-11（d）所示，通过对不同反应阶段相和形貌演变的监测，研究了纳米颗粒的生长过程。所制备的立方晶状纳米结构具有高暴露的高能{100}面，使材料具有更高的电化学活性。在 2mol·L^{-1}KOH 电解液中进行测试，所制备的三维层状分级纳米结构 NiO 介晶具有超高的比电容（1039F·g^{-1}，1A·g^{-1} 的电流密度下）和循环稳定性（10000 次循环后容量保持率为 93%）。将其与三维氮掺杂石墨烯组装成混合超级电容器，功率密度为 150W·kg^{-1} 时，能量密度高达 34.4W·h·kg^{-1}。

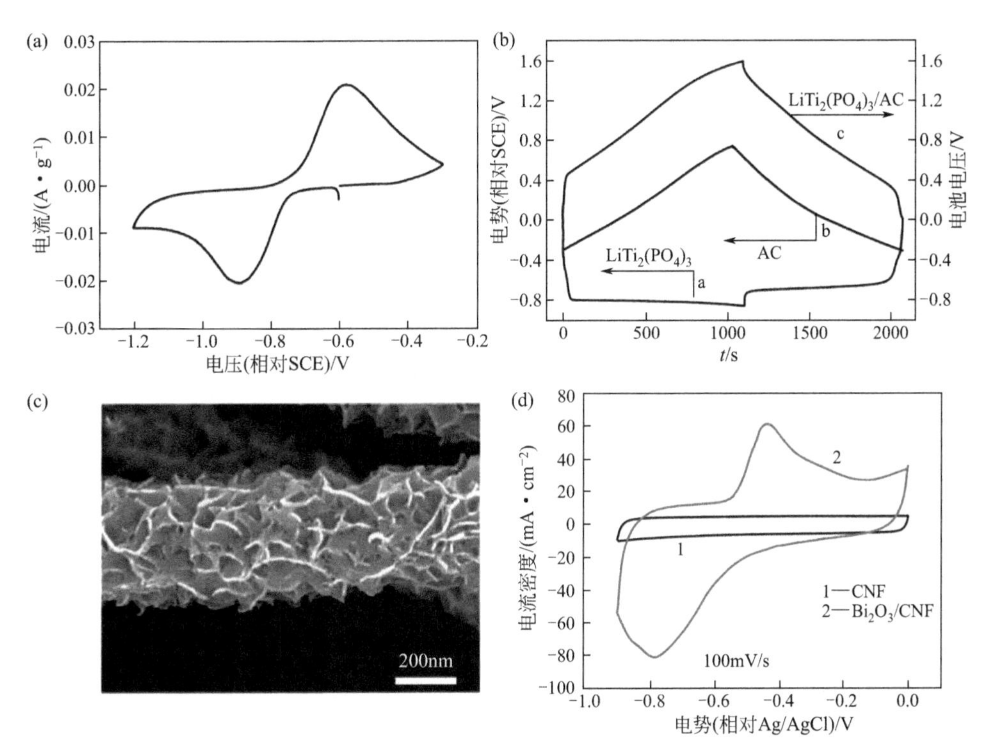

图 5-12 在 1mol·L^{-1} Li_2SO_4 电解液中，碳包覆 $LiTi_2(PO_4)_3$ 的循环伏安曲线（a），电流密度为 2mA·cm^{-2} 时，a 为碳包覆 $LiTi_2(PO_4)_3$、b 为活性炭单电极以及 c 为碳包覆 $LiTi_2(PO_4)_3$/AC 混合水系超级电容器的复合电压的充放电曲线（b），Bi_2O_3/CNF 的扫描电子显微镜图像（c）和扫速为 100mV·s^{-1} 时，碳纤维纸和 Bi_2O_3/CNF 的循环伏安曲线（d）

5.5.2 电容型正极//电池型负极混合体系

典型的锂离子/钠离子电池负极材料也可用在混合超级电容器体系中。Luo和同事以赝电容材料 MnO_2 为正极，碳包覆的 $LiTi_2(PO_4)_3$ 为负极组成混合超级电容器，其平均电位为1.3V，能量密度可以达到47W·h·kg^{-1}[69]。在此基础上，以活性炭为正极，碳包覆的 $LiTi_2(PO_4)_3$ 为负极组成混合超级电容器[70]。负极材料的循环伏安曲线如图5-12（a）所示，表现出明显的氧化还原峰，是典型的电池型电化学行为。混合超级电容器体系的电压曲线在0.3～1.5V之间呈倾斜趋势，能量密度可以达到27W·h·kg^{-1}。虽然该体系的能量密度相比较正极体系有所下降，但其具有更好的倍率性能。

Bi_2O_3 电极材料在碱性电解液中表现出很强的氧化还原反应和明显的充放电平台，表现出良好的电化学性能和稳定性。Selvan和同事[71]以花状 Bi_2O_3 为负极，活性炭为正极来构造混合超级电容器，在1.5mA·cm^{-2} 的电流密度下，能量密度为10.2W·h·kg^{-1}。为了进一步提升体系的能量密度，Huang和同事开发了一种基于赝电容 MnO_2/CNF正极、Bi_2O_3/CNF负极和 Na_2SO_4 水溶液的混合超级电容器装置[72]。碳纳米纤维上生长的片状 Bi_2O_3［图5-12（c）］，其循环伏安曲线有一对明显的氧化还原峰［图5-12（d）］，对应于 Na^+ 的嵌入和脱出，具有明显的电池型特征。MnO_2/CNF//Bi_2O_3/CNF混合超级电容器表现出良好的循环性能（4000次循环后，其电容保持率为85%），能量密度远高于许多报道的基于电容型碳基材料的混合超级电容器，例如 Bi_2O_3//AC、NiO//C和 MnO_2//氧化石墨烯等。

参考文献

［1］ Zhu Q C，Zhao D Y，Cheng M Y，et al. A new view of supercapacitors：integrated supercapacitors［J］. Advanced Energy Materials，2019，9（36）：1901081.

［2］ Cao J Y，Zhao Y，Xu Y F，et al. Sticky-note supercapacitors［J］. Journal of Materials Chemistry A，2018，6：3355-3360.

［3］ Ali E. Correction：the mechanism of ultrafast supercapacitors［J］. Journal of Materials Chemistry A，2020，8：1482.

［4］ Hu X，Yasaei P，Jokisaari J，et al. Mapping thermal expansion coefficients in freestanding 2d materials at the nanometer scale［J］. Physical Review Letters，2018，120（5）：055902.

［5］ Axet M R，Philippot K. Catalysis with colloidal ruthenium nanoparticles［J］. Chemical reviews，2020，120（2）：1085－1145.

［6］ Xiong T，Zhang Y X，Wee S V L，et al. Defect engineering in manganese-based oxides for aqueous rechargeable zinc-ion batteries: A review [J]. Energy & Ecology, 2020, 34 (10): 2001769.

[7] Hee Y, Lee V, Goodenough. Electrochemical capacitors with kcl electrolyte [J]. Comptes Rendus de l Académie des Sciences-Series IIC-Chemistry, 1999, 2 (11): 565-577.

[8] Xiao H Q, Tao Z Q, Bai H, et al. The electrochemical impedance spectroscopy features of the lithium nickel manganese cobalt oxide based lithium ion batteries during cycling [J]. IOP Conference Series: Earth and Environmental Science, 2020, 526 (1): 012069.

[9] Wang J G, Jin D D, Liu H Y, et al. All-manganese-based Li-ion batteries with high rate capability and ultralong cycle life [J]. Nano Energy, 2016 (22): 524-532.

[10] Liu Z J, Liu B L, Guo P Q, et al. Enhanced electrochemical kinetics in lithium-sulfur batteries by using carbon nanofibers/manganese dioxide composite as a bifunctional coating on sulfur cathode [J]. Electrochimica Acta, 2018, 269.

[11] Li X S, Xu M M, Yang Y, et al. MnO_2@corncob carbon composite electrode and all-solid-state supercapacitor with improved electrochemical performance [J]. Materials, 2019, 12 (15): 2379.

[12] Hidayat U S, Wang F P, Muhammad S J, et al. In-situ growth of MnO_2 nanorods forest on carbon textile as efficient electrode material for supercapacitors [J]. Journal of Energy Storage, 2018, 17: 318-326.

[13] Djurfors B, Broughton J N, Brett M J, et al. Electrochemical oxidation of Mn/MnO films: formation of an electrochemical capacitor [J]. Acta Materialia, 2005, 53 (4): 957-965.

[14] Xia H, Meng Y S, Li X, et al. Porous manganese oxide generated from lithiation/delithiation with improved electrochemical oxidation for supercapacitors [J]. Journal of Materials Chemistry, 2011, 21 (39): 15521-15526.

[15] Jabeen N, Hussain A, Xia Q, et al. High-performance 2. 6 V aqueous asymmetric supercapacitors based on in situ formed $Na_{0.5}MnO_2$ nanosheet assembled nanowall arrays [J]. Advanced Materials, 2017, 29 (32): 1700804. 1-1700804. 9.

[16] Liu Q, Hu Z, Li W, et al. Sodium transition metal oxides: the preferred cathode choice for future sodium-ion batteries? [J]. Energy & Environmental Science, 2021, 14: 158.

[17] Cao K, Liu H, Li Y, et al. Encapsulating sulfur in δ-MnO_2 at room temperature for Li-S battery cathode [J]. Energy Storage Materials, 2017, 9: 78-84.

[18] Zhu H, Luo J, Yang H, et al. Birnessite-type MnO_2 nanowalls and their magnetic properties [J]. Journal of Physical Chemistry C, 2008, 112 (44): 17089-17094.

[19] Gao J J, Jia C M, Zhang L P, et al. Tuning chemical bonding of MnO_2 through transition-metal doping for enhanced CO oxidation [J]. Journal of Catalysis, 2016, 341: 82-90.

[20] Liu J, Chen W, Hu X, et al. Effects of MnO_2 crystal structure on the sorption and oxidative reactivity toward thallium (I) [J]. Chemical Engineering Journal, 2020: 127919.

[21] He P, Yan M, Liao X, et al. Reversible V^{3+}/V^{5+} double redox in lithium vanadium oxide cathode for zinc storage [J]. Energy Storage Materials, 2020 (29): 113-120.

[22] Qu Q T, Shi Y, Li L L, et al. $V_2O_5 \cdot 0.6H_2O$ nanoribbons as cathode material for

asymmetric supercapacitor in K_2SO_4 solution [J]. Electrochemistry Communications, 2009, 11 (6): 1325-1228.
[23] Yeager M P, Du W, Bishop B, et al. Storage of potassium ions in layered vanadium pentoxide nanofiber electrodes for aqueous pseudocapacitors [J]. ChemSusChem, 2013, 6 (12): 2231-2235.
[24] Li Y, Yao J, Uchaker E, et al. Sn-doped V_2O_5 film with enhanced lithium-ion storage performance [J]. The Journal of Physical Chemistry C, 2013, 117 (45): 23507-23514.
[25] Guo X, Gao H, Wang G X. A robust transition-metal sulfide anode material enabled by truss structures [J]. Chem, 2020, 6 (2): 334-336.
[26] Zhang X, He Q, Xu X M, et al. Insights into the storage mechanism of layered VS_2 cathode in alkali metal-ion batteries [J]. Advanced Energy Materials, 2020, 1904118.
[27] Jothi R P, Salunkhe R R, Malay P, et al. Surfactant-assisted synthesis of nanoporous nickel sulfide flakes and their hybridization with reduced graphene oxides for supercapacitor applications [J]. RSC Advances, 2016, 6 (25): 21246-21253.
[28] Liu Q, Hong X D, You X Y, et al. Designing heterostructured metal sulfide core-shell nanoneedle films as battery-type electrodes for hybrid supercapacitors [J]. Energy Storage Materials, 2020, 24: 541-549.
[29] Rou J T, Zdeněk S, Martin P. Catalytic properties of group 4 transition metal dichalcogenides (MX_2; M = Ti, Zr, Hf; X = S, Se, Te) [J]. Journal of Materials Chemistry A, 2016, 4.
[30] Zhang X, Cheng H, Zhang H. Recent progress in the preparation, assembly, transformation, and applications of layer-structured nanodisks beyond graphene [J]. Advanced Materials, 2017, 29 (35): 1701704.
[31] P Vancsó, Popov Z I, Pet J, et al. Transition metal chalcogenide single layers as an active platform for single-atom catalysis [J]. ACS Energy Letters, 2019, 4 (8): 1947-1953.
[32] Feng N, Meng R J, Zu L H, et al. A polymer-direct-intercalation strategy for MoS_2/carbon-derived heteroaerogels with ultrahigh pseudocapacitance [J]. Nature Communications, 2019, 10 (1): 1372.
[33] Zheng J F, Zhang W F, Zhang J X, et al. Recent advances in nanostructured transition metal nitrides for fuel cells [J]. Journal of Materials Chemistry A, 2020, 8: 20803-20818.
[34] Pasa C, Sp A, Nrc B, et al. Hierarchically designed 3D $Cu_3N@Ni_3N$ porous nanorod arrays: An efficient and robust electrode for high-energy solid-state hybrid supercapacitors [J]. Applied Materials Today, 2021 (22): 100951.
[35] Wang R Y, Liu H J, Zhang K, et al. Ni (Ⅱ) /Ni (Ⅲ) redox couple endows Ni foam-supported Ni_2P with excellent capability for direct ammonia oxidation [J]. Chemical Engineering Journal, 2021, 404.
[36] Balogun M S, Zeng Y, Qiu W, et al. Three-dimensional nickel nitride (Ni_3N) nanosheets: free standing and flexible electrodes for lithium ion batteries and supercapacitors [J]. Journal of Materials Chemistry A, 2016, 4 (25): 9844-9849.

[37] Wang Y, Zhu M, Wang G, et al. Enhanced oxygen reduction reaction by in situ anchoring Fe_2N nanoparticles on nitrogen-doped pomelo peel-derived carbon [J]. Nanomaterials, 2017, 7 (11): 404.

[38] Chen Y, Guo Z, Jian B, et al. N-doped modified graphene/Fe_2O_3 nanocomposites as high-performance anode material for sodium ion storage [J]. Nanomaterials, 2019, 9 (12): 1770.

[39] Zhu C R, Sun Y F, Chao D L, et al. A 2.0V capacitive device derived from shape-preserved metal nitride nanorods [J]. Nano Energy, 2016, 26: 1-6.

[40] Xia H, Hong C, Li B, et al. Facile synthesis of hematite quantum-dot/functionalized graphene-sheet composites as advanced anode materials for asymmetric supercapacitors [J]. Advanced Functional Materials, 25 (4): 627-635.

[41] Liu J, Zheng M, Shi X, et al. Amorphous FeOOH quantum dots assembled mesoporous film anchored on graphene nanosheets with superior electrochemical performance for supercapacitors [J]. Advanced Functional Materials, 2016, 26 (6): 919-930.

[42] Sun S, Zhai T, Liang C, et al. Boosted crystalline/amorphous $Fe_2O_{3-\delta}$ core/shell heterostructure for flexible solid-state pseudocapacitors in large scale [J]. Nano Energy, 2018, 45: 390-397.

[43] Li Y, Xin C, Zhang M, et al. Oxygen vacancy-rich MoO_{3-x} nanobelts for photocatalytic N_2 reduction to NH_3 in pure water [J]. Catalysis Science & Technology, 2019, 9: 803-810.

[44] Zhao J X, Li C W, Zhang Q C, et al. An all-solid-state, lightweight, and flexible asymmetric supercapacitor based on cabbage-like $ZnCo_2O_4$ and porous VN nanowires electrode materials [J]. Journal of Materials Chemistry A, 2017, 5: 6928.

[45] Eom H, Sang M L, Kang H, et al. Effect of VO_x surface density and structure on VO_x/TiO_2 catalysts for H_2S selective oxidation reaction [J]. Journal of Industrial and Engineering Chemistry, 2020, 92: 252-262.

[46] Zhu C, Yang P, Chao D, et al. All metal nitrides solid-state asymmetric supercapacitors [J]. Advanced Materials, 2015, 27 (31): 4566-4571.

[47] Yu M, Lu Y, Zheng H, et al. New insights into the operating voltage of aqueous supercapacitors [J]. Chemistry-A European Journal, 2018, 24 (15): 3639-3649.

[48] Zuo W, Xie C, Pan X, et al. A novel phase-transformation activation process toward Ni-Mn-O nanoprism arrays for 2.4 V ultrahigh-voltage aqueous supercapacitors [J]. Advanced Materials, 2017, 29 (36): 1703463.

[49] Brousse T, Bélanger D, Long J W. To be or not to be pseudocapacitive? [J]. Journal of The Electrochemical Society, 2015, 162 (5): A5185.

[50] Yu S, Yang N, Vogel M, et al. Supercapacitors: Battery-like supercapacitors from vertically aligned carbon nanofiber coated diamond: Design and demonstrator [J]. Advanced Energy Materials, 2018, 8 (12): 1870054.

[51] Liu C, Wang Y, Chen Z, et al. A variable capacitance based modeling and power capability predicting method for ultracapacitor [J]. Journal of Power Sources, 2018, 374: 121-133.

[52] Zhu W H, Tatarchuk B J. Characterization of asymmetric ultracapacitors as hybrid pulse power devices for efficient energy storage and power delivery applications [J]. Applied Energy, 2016, 169: 460-468.

[53] Liu H, Liu X, Wang S, et al. Transition metal based battery-type electrodes in hybrid supercapacitors: A review [J]. Energy Storage Materials, 2020, 28: 122-145.

[54] Yang C, Zhang X, Huang M, et al. Preparation and rate capability of carbon coated $LiNi_{1/3}Co_{1/3}Mn_{1/3}O_2$ as cathode material in lithium ion batteries [J]. ACS Applied Materials & Interfaces, 2017, 9 (14): 12408-12415.

[55] DeSantis M K, Schock M R, Tully J, et al. Orthophosphate Interactions with destabilized PbO_2 scales. [J]. Environmental science & technology, 2020, 54 (22): 14302-14311.

[56] Schneiderová B, Demel J, Zhigunov A, et al. Nickel-cobalt hydroxide nanosheets: synthesis, morphology and electrochemical properties [J]. Journal of Colloid & Interface Science, 2017, 499: 138-144.

[57] Lin Y H. Investigations on $Li_4Ti_5O_{12}/Ti_3O_5$ composite as an anode material for lithium-ion batteries [J]. Jom, 2017, 69 (9): 1503-1508.

[58] Zhu G, Yang W, Lv W, et al. Facile electrophoretic deposition of functionalized Bi_2O_3 nanoparticles [J]. Materials & Design, 2016, 116: 359-364.

[59] Wang J, Dong S Y, Ding B, et al. Pseudocapacitive materials for electrochemical capacitors: from rational synthesis to capacitance optimization [J]. National Science Review, 2017, 4 (1): 71-90.

[60] Wang Y G, Luo J Y, Wang C X, et al. Hybrid aqueous energy storage cells using activated carbon and lithium-ion intercalated compounds: Ⅱ. comparison of, and positive electrodes [J]. Journal of the Electrochemical Society, 2006, 153 (8): A1425.

[61] Zhang B H, Liu Y, Chang Z, et al. Nanowire $Na_{0.35}MnO_2$ from a hydrothermal method as a cathode material for aqueous asymmetric supercapacitors [J]. Journal of Power Sources, 2014, 253: 98-103.

[62] 佘沛亮，凌付冬.一种铅碳超电容电池负极制作方法. CN200910183503.6 [P]. 2011.

[63] Bao J, Lin N, Lin H, et al. Effect of the lead deposition on the performance of the negative electrode in an aqueous lead-carbon hybrid capacitor [J]. Journal of Energy Chemistry, 2020, 55: 509-516.

[64] Sato Y, Hishimoto K I, Togashi K, et al. The effect of nicotinamide on the charge/discharge behavior of PbO_2 electrode in sulfuric acid solution [J]. Journal of Power Sources, 1992, 39 (1): 43-50.

[65] Das K, Mondal A. Discharge behaviour of electro-deposited lead and lead dioxide electrodes on carbon in aqueous sulfuric acid [J]. Journal of Power Sources, 1995, 55 (2): 251-254.

[66] Fan M, Garbarino S, Botton G A, et al. Selective electroreduction of CO_2 to formate on 3D [100] Pb dendrites with nanometer-sized needle-like tips [J]. Journal of Materials Chemistry A, 2017, 5 (39): 20747-20756.

[67] Kolathodi M S, Palei M, Natarajan T S. Electrospun NiO nanofibers as cathode materials for high performance asymmetric supercapacitors [J]. Journal of Materials Chemistry

A，2015，3 (14)：7513-7522.

[68] Li Y，Huang R，Ji J，et al. Facile preparation of α-Ni (OH)$_2$/graphene nanosheet composite as a cathode material for alkaline secondary batteries [J]. Ionics，2019，25 (11)：4787-4794.

[69] Luo J，Liu J，Ping H，et al. A novel $LiTi_2(PO_4)_3/MnO_2$ hybrid supercapacitor in lithium sulfate aqueous electrolyte [J]. Electrochimica Acta，2008，53 (28)：8128-8133.

[70] Luo J Y，et al. Aqueous Lithium-ion Battery $LiTi_2(PO_4)_3/LiMn_2O_4$ with high power and energy densities as well as superior cycling stability [J]. Advanced Functional Materials，2007，17 (18)：3877-3884.

[71] Senthilkumar S T，Selvan R K，Ulaganathan M，et al. Fabrication of Bi_2O_3 ‖ AC asymmetric supercapacitor with redox additive aqueous electrolyte and its improved electrochemical performances [J]. Electrochimica Acta，2014，115：518-524.

[72] Xu H，Hu X，Yang H，et al. Flexible asymmetric micro-supercapacitors based on Bi_2O_3 and MnO_2 nanoflowers：larger areal mass promises higher energy density [J]. Advanced Energy Materials，2014，5 (6)：1401882.

第6章

锂离子电容器

目前以锂离子电池作为动力电池得到了较好的发展，然而“嵌入-脱出”反应机理决定了锂离子电池功率密度较小、循环寿命较短，较难满足实际应用中对电池快速充放电、高效与长期可靠使用等需求，因此需开发具有良好循环寿命，并兼顾能量密度与功率密度的电能存储设备。超级电容器是一种新型的功率型储能设备，具有高功率密度、长循环寿命、高库仑效率、宽工作温度范围等特点，因而逐渐吸引了众多研究者，成为可供电动汽车或者混合动力汽车选择的电源之一[1]。

由于超级电容器的电极表面上不存在法拉第化学反应，根据电化学理论该类型电极属于完全极化电极。这种表面存储能量机理能够承受非常迅速的充放电过程，因而双电层电容器的功率特性和循环稳定性都非常优秀，但双电层电容器的能量密度很低，只有1～7W·h·kg^{-1}，成为了限制超级电容器大范围发展推广的主要因素[1,2]。

在这种背景下，研究者提出了锂离子电容器构型。锂离子电容器（lithium ion capacitor，LIC）是一种介于超级电容器和锂离子电池之间的新型储能器件。该构型由两种储能机制的正负极组成，通常正极采用超级电容器式电极，发生双电层反应储能；负极采用锂离子电池式负极，发生氧化还原反应储能[3,4]。

相对于锂离子电池和超级电容器，锂离子电容器的优势较为明显。图6-1和表6-1对比了几种主流电源在能量密度、功率密度、循环寿命等方面的差异。从表6-1可以看出，相比于锂离子电池和铅酸电池，传统的超级电容器拥有更高的功率密度（1～10kW·kg^{-1}）、更高的能量效率（85%～98%）和更长的循环使用寿命（>500000次）。然而，传统超级电容器的能量密度很低（1～7W·h·kg^{-1}），甚至不到锂离子电池能量密度的1/10。由于锂离子电容器具有较高的能量密度、功率密度和循环寿命，因此在高功率场合有着很大的应用前景。

表6-1　不同类型能量存储设备的性能对比

器件名称	能量密度/(W·h·kg^{-1})	功率密度/(kW·kg^{-1})	循环寿命/次	能量效率	快充时间	快放时间
锂离子电池	100～150	<0.5	1000～4000	80%～90%	0.5～2h	0.1～1h
铅酸电池	10～35	<1	200～1000	70%～85%	1～5h	0.3～3h
传统超级电容器	1～7	1～10	>500000	85%～98%	0.3～10s	0.3～10s
锂离子电容器	20～35	1～10	>500000	85%～98%	1～10s	1～10s

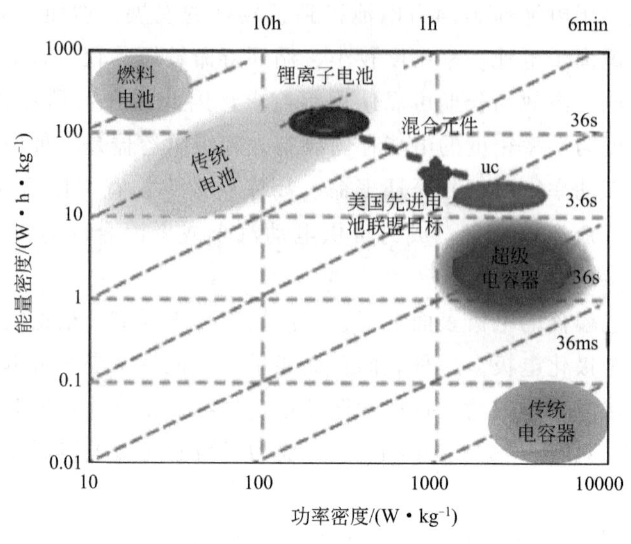

图 6-1 不同种类能量存储设备的能量密度与功率密度示意图

6.1 锂离子电容器发展历史与优势

6.1.1 锂离子电容器的发展历史

在 1997 年，Zheng 团队首先阐述了双电层电容器和赝电容器的能量密度受限原理，指出电解液是限制能量密度提升的主要因素[2,5]。2001 年，Amatucci 团队首次提出了一种非水系混合电容器，该混合电容器由纳米 $Li_4Ti_5O_{12}$（LTO）负极和活性炭正极组成。电容器工作电压为 3～1.5V，在 10C 电流下容量保持有 90%，并且 5000 次循环后容量损失控制在 10%～15%。2003 年 Zheng 等人进一步论述了非对称电容器能量密度限制原理，逐步构建起了超级电容器能量密度限制的理论体系[6-9]。2004 年，Amatucci 等人设计了 LTO（－）//$LiCoO_2$-AC（＋）体系，其功率密度可达 $4kW \cdot kg^{-1}$[10]。之后，为将超级电容器能量密度提升至 $20 \sim 30W \cdot h \cdot kg^{-1}$，K. Naoi 教授等人致力于发展基于 LTO 的纳米混合型电容器[11]。Zheng 团队到 2009 年，提出了一种不消耗电解液的高比能超级电容器构型，结合 LTO（－）//AC（＋）等体系分析了其能量密度的限制因素[12,13]，并于 2012 年开发了采用 SLMP 法预嵌锂的锂离子电容器[3]。2015 年，分析了 SLMP 法预嵌锂中 SLMP 的量对锂离子电容器性能的影响[14]。

2016年，通过原位NMR技术揭示了锂离子电容器中离子迁移规律，阐明了储能机理[15]。采用锂带作为锂源预嵌锂，制备了软包器件，展现了良好的性能[16]。同时，采用内部短路法预嵌锂，探究了不同锂源结构对石墨和硬炭负极性能的影响，并探究了SLMP法中SLMP的量对锂离子电容器循环性能的影响[17,18]。

2005年后，富士重工将基于预锂化的PAS负极和多孔碳正极的锂离子电容器商业化。其他公司如先进电容器技术公司、JM能源公司、FDK锂离子电容器有限公司等，也基于不同的技术路线实现了LIC的商业化。

6.1.2 锂离子电容器的优势

相比于传统的移动电源，锂离子电容器具有以下几项优势。第一，其最显著的优势就是拥有比传统超级电容器更高的能量密度。如图6-2所示，由于采用了预锂化的低电位锂离子电池负极，相比传统超级电容器，LIC的工作电压得以大幅提升。锂离子电容器的工作电势范围高达4.0V，高于传统超级电容器2.7V，因此能量密度得以大幅提高。同时，采用电池材料如硬炭和石墨为锂离子电容器的负极材料，这些材料的比容量比活性炭更高。更高的工作电势范围、更大的电极容量使得锂离子电容器的能量密度比传统超级电容器的能量密度大得多。第二，锂离子电容器拥有与传统超级电容器相当的功率密度。在具备相似储能过程的基础上，锂离子电容器具有更高的工作电势，因此功率密度也高于传统超级电

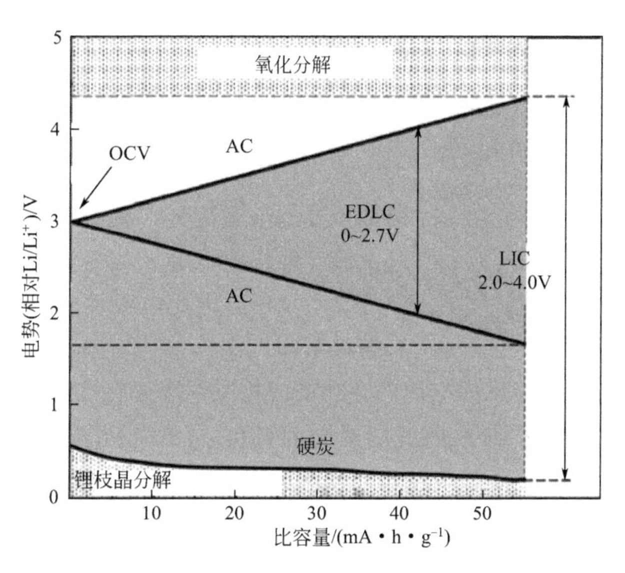

图6-2 典型超级电容器和锂离子电容器的电压曲线[19]

容器。第三，锂离子电容器比锂离子电池有更长的循环寿命，这是因为锂离子电容器采用活性炭电极，以及通常保持负极容量是正极的2～3倍，使得负极处于相对较浅的充放电过程，同时也保持了材料具有良好的功率特性。第四，具有宽工作温度范围：锂离子电容器工作温度范围为－40～70℃，具有非常优越的高低温特性。第五，超高安全性：实验室通过针刺、短路、挤压、过充/过放等安全性测试试验，均无起火、爆炸现象。

6.2 锂离子电容器的结构和工作原理

6.2.1 锂离子电容器的基本结构及原理

锂离子电容器（LIC）是一种结合了锂离子电池和传统超级电容器优势的新型超级电容器，在保有超级电容器优势的基础上，可以有效提升整体的能量密度。一般而言，构成LIC的主要结构包括电极、隔膜和电解质三部分，除此以外还配有集流体、外壳、引线等附件，其结构如图6-3所示。

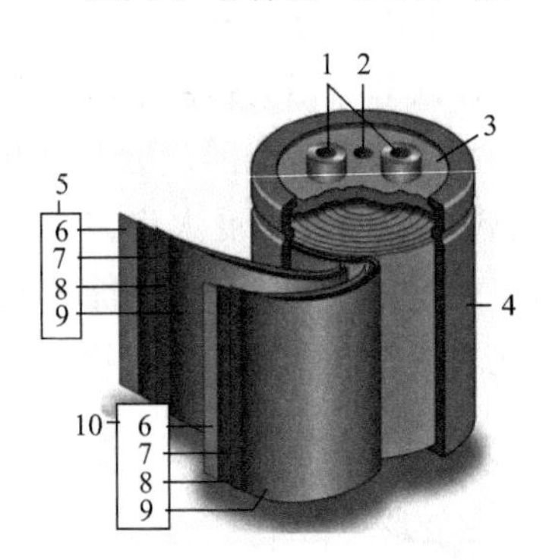

图6-3　超级电容器结构示意图

1—极耳；2—安全阀；3—密封圆盘；4—铝壳；5—正极；6—隔膜；7—碳电极；8—集流体；9—碳电极；10—负极

6.2.1.1 电极

电极制备过程通常是由活性物质、导电剂、黏结剂等按照一定比例均匀混合后涂覆在集流体上，再经热压获得目标厚度。电极作为超级电容器最重要的组成部分，起着电荷传导、离子传输以及储存的作用，电极和电解质界面是电化学反应的发生场所，因此电极性能对整个电芯的性能有直接影响。

活性物质指电极中发挥电能储存功能的物质，因此在选择上，应选择导电性良好、比表面积大且不易被电解液侵蚀的材料。LIC的正极一般选用电容性材料。在充放电过程中，正极发生离子的吸附/脱附（非法拉第反应过程），以实现电能的储存和释放。因此活性炭是应用最广泛的材料，这是由于活性炭具有较大的表面积以及良好的导电性，可以满足离子快速吸附脱附的要求。但电容性材料的储能过程仅发生在电极表面，无法实现全体积参与储能，因此往往也是LIC

能量密度限制的主要因素[20]。负极活性材料一般采用经过预嵌锂的电池性材料，由碳材料如硬炭、软炭或石墨以及含锂金属氧化物或锂盐两部分构成。不同于正极吸/脱附离子，在充放电的过程中，锂离子在负极嵌入和嵌出，反应过程较慢，但是这一过程由于具有法拉第反应的参与，使得负极材料能够具有较高的能量密度。此外，由于电池性材料的充放电电压相对较低，且能够保持较为稳定的低电位，因此整个锂离子电容器的工作电压区间远高于对称型双电层超级电容器，促进了锂离子电容器能量密度的提高[20]。

导电剂是为了保证电极具有良好的充放电性能，在极片制作时加入的一定量的导电物质。在电极中提供电子移动的通道，在活性物质之间、活性物质与集流体之间起到收集微电流的作用，以减小电极的接触电阻加速电子的移动速率，同时也能有效地提高离子在电极材料中的迁移速率，从而提高电极的充放电效率。如果导电剂含量太低则电子导电通道少，导致电极中活性物质利用率低，高倍率放电性能下降；太高则降低了活性物质的相对含量，减小能量密度，使电池容量降低。因此导电剂含量适当能获得较高的放电容量和较好的循环性能。目前导电石墨与乙炔黑是最为广泛应用于电极材料内的导电剂。

黏结剂是锂离子电池极片的重要组成材料之一，是将电极片中活性物质和导电剂黏附在电极集流体上的高分子化合物。主要功能：作为分散剂或增稠剂，改善电极组分均匀性；黏结活性物质、导电剂和集流体，维持电极结构完整性；提供电极内所需的电子传导；改善电解液润湿性，促进离子在电极-电解液界面传输。虽然黏结剂在电极片中用量较少，但黏结剂性能的优劣直接影响电池的容量、寿命及安全性。聚四氟乙烯因具有优良的疏水性和耐腐蚀性，同时在使用过程中能形成多孔的纤维状高分子膜，可有效防止电极起泡、活性物质脱落等，因而成为科研工作中最为常见的黏结剂之一。

集流体不仅起到承载活性物质的作用，而且将电化学反应所产生的电子汇集起来引导至外电路，从而实现化学能转化为电能的过程，因此集流体是超级电容器中不可或缺的组成部件之一。对于锂离子电容器，正极采用铝箔，负极采用铜箔。因为正极电位高，铜箔在高电位下很容易被氧化，而铝的氧化电位高，且铝箔表层有致密的氧化膜，对内部的铝也有较好的保护作用。常规铝/铜箔中存在以下问题：活性物质与集流体界面间内阻大，与活性物质等粘接不牢长循环会剥落，会被电解液分解产物腐蚀。为改善集流体特性，采取了诸如化学刻蚀和表面涂炭等改性方法。化学刻蚀可增加铝箔表面粗糙度，增加亲水性等。表面涂炭可降低界面内阻、减小极化、提高活性材料和集流体的黏结附着力，防止电解液对集流体的腐蚀。

6.2.1.2 电解质

电解质是超级电容器的重要组成部分，它提供离子的多少、溶剂在工作电压下的电化学特性以及形成双电层的速率决定了超级电容器的容量、功率等重要特性。并且电解质的分解电压限制了超级电容器的工作电压，因此电解质是超级电容器能量密度的一个重要影响因素。研究人员已经开发了多种类型的电解质，根据溶剂的性质，可以分为水系电解质、有机电解质和离子液体。在实际应用中，选择何种电解质根据两个关键因素决定：电化学稳定窗口和离子电导率。电化学稳定窗口决定了电容器器件最高能达到的工作电压，离子电导率会影响动力学特征，决定了电容器的倍率特性。三种类型电解质特点不同，实际应用的范围和特点也各异。

水系电解质可以分为酸性、中性和碱性三种类型，如 H_2SO_4、Na_2SO_4 和 KOH 等。他们虽然有较大的离子电导率（可达到 $1S \cdot cm^{-1}$），有更多的离子可供吸/脱附形成双电层，但是其溶剂为水，而水的分解电压（1.23V）限制了水系超级电容器的工作电压，传统对称性超级电容器电压通常只有 1V，限制了能量密度提升[21]，如图 6-4 所示。

有机电解质由有机溶剂和导电盐组成，可以提供 3.5V 的电压窗口，因而有机系超级电容器可以在较高的电压下工作，有更大的能量密度，但是其离子电导率低于水系电解质。目前超级电容器常用的为基于乙腈（AN）或碳酸亚丙酯（PC）溶剂的有机电解质[11]。乙腈比其他溶剂可以溶解更多的盐，但其对环境有害。相比之下，基于碳酸亚丙酯的电解质不仅对环境友好，而且还可提供宽电压窗口、宽范围的工作温度和良好的导电性。因此，有机电解质 $TEABF_4$/PC 已被广泛用于双电层电容器研究。

值得注意的是，电解质和电极材料的匹配对性能影响很大，一方面电解质离子的尺寸和电极材料的孔径需匹配，否则会导致填入小孔径的电解质溶剂不能传递离子，降低能量密度；另一方面，电极材料表面官能团和电解质分解电压需匹配。Naoi 等[22] 研究了活性炭电极双电层电容器在不同电压下的副反应，指出了在不同电位下电解质溶剂分子与活性炭表面不同官能团发生的副反应，例如阳极电位在 3.3V 时，发生电极材料表面羧基的氧化以及苯酚和酮的氧化。这些因素限制了双电层电容器的稳定工作电压及能量密度。

6.2.1.3 隔膜

隔膜的主要作用是避免正负极材料的直接接触而导致内部短路，同时为充放电过程中电解质溶液中的载流子传输提供通道并减少内阻。因而需要超级电容器

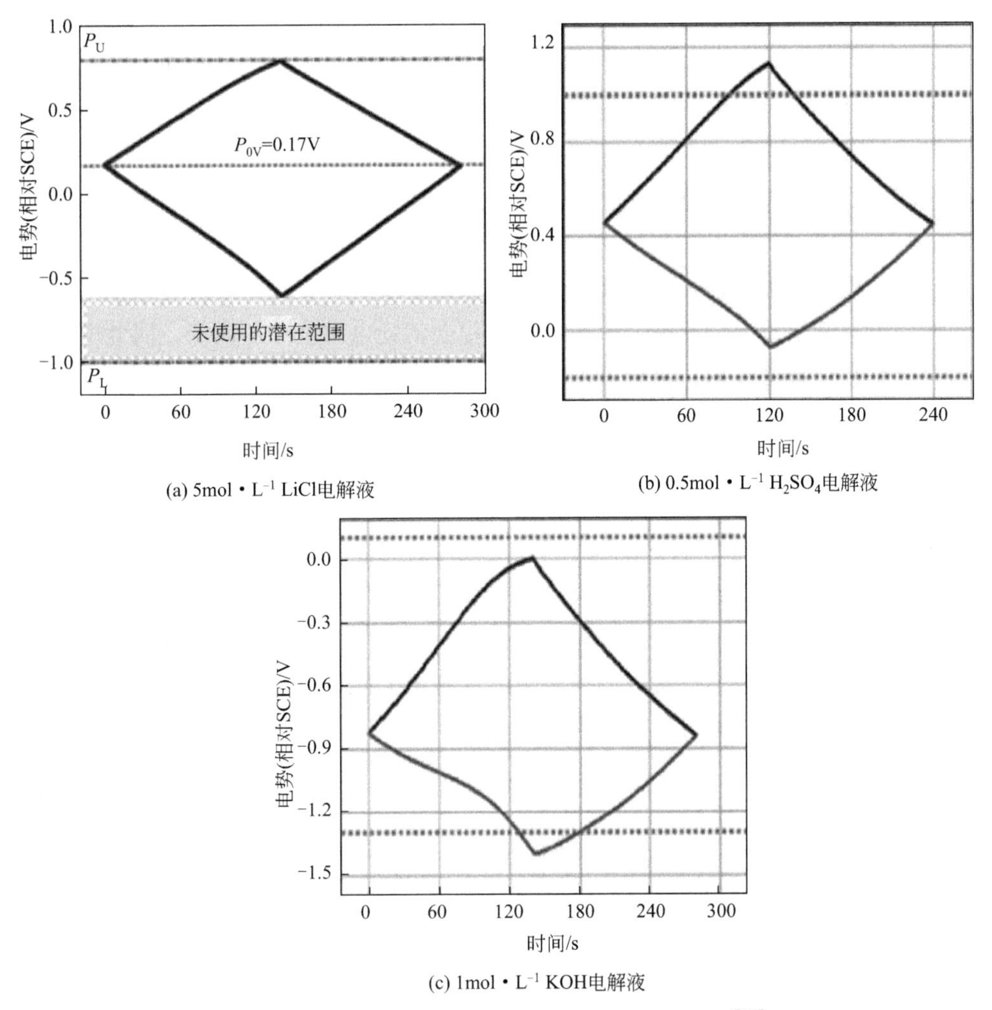

(a) 5mol・L^{-1} LiCl电解液

(b) 0.5mol・L^{-1} H_2SO_4电解液

(c) 1mol・L^{-1} KOH电解液

图 6-4　水系对称型超级电容器的电化学稳定区间[21]

中的隔膜材料具有电子绝缘性，并要求孔隙率高、化学稳定性和润湿性好、厚度小及强度大等特点。一般作为隔膜材料的有聚丙烯无纺布、聚酯纤维无纺布、玻璃纤维纸以及琼脂膜等。

6.2.2　锂离子电容器的能量限制原理

对于锂离子电容器，正极为活性炭电极，负极为石墨等电池负极，在储能过程中，正极发生非法拉第反应，电位呈直线变化；负极发生法拉第反应，电位基本保持不变。存储在正极的电量与电压呈比例关系，可以用式（6-1）来表示：

$$Q_C = m_C c_C V_C \tag{6-1}$$

式中，m_C 为正极活性材料质量，g；c_C 为正极活性物质比容量，$F \cdot g^{-1}$；V_C 为电压区间。同样地，负极存储的容量可以用式（6-2）表示：

$$Q_B = m_B c_B \tag{6-2}$$

式中，m_B 为负极活性材料质量，g；c_B 为负极活性物质比容量，$mA \cdot h \cdot g^{-1}$。

对于锂离子电容器，不仅要考虑正负极的容量，二者的匹配对锂离子电容器的性能也有着很重要的影响。由于储能过程会消耗电解液中的离子，因此电解液的容量也必须考虑在内。电解液的容量可以用式（6-3）来表示：

$$Q_i = \frac{m_i}{\rho} c_o F \tag{6-3}$$

式中，m_i 为电解液质量，g；ρ 为电解液体积密度，$g \cdot L^{-1}$；c_o 为电解液中离子浓度，$mol \cdot L^{-1}$；F 为法拉第常数，$96485C \cdot mol^{-1}$。

在充放电过程中，正极、负极和电解液之间的离子总数应该是守恒的，因此，锂离子电容器能够存储的最大能量是由正极、负极和电解液三者中容量最小值所决定。假如负极容量是限制锂离子电容器最大能量密度的因素，那么存储在锂离子电容器中的能量可以表示为：

$$E = \int V dC = \left(V_M - \frac{1}{2} V_C\right) m_B c_B \tag{6-4}$$

式中，V_M 为最大工作电压。所需要电解液最少量应该为 $Q_i = Q_B$，可得：

$$m_i = \alpha m_B \tag{6-5}$$

式中，α 为电解液与负极的质量比。综合考虑锂离子电容器的能量密度与电极电压、电极比容量、电解液浓度、正负极质量比等因素，可以得到锂离子电容器在负极容量较小情况下的能量密度计算公式为[12]：

$$\varepsilon = \left(V_M - \frac{c_B}{2c_C}\gamma\right) \frac{\gamma c_B}{1 + \gamma(1+\alpha)} \tag{6-6}$$

式中，ε 为能量密度；$\gamma = m_B / m_C$，为电池性材料质量/电容性材料质量。同样的方式，可以计算当正极容量是能量密度限制主要因素时的能量密度计算公式，为[12]：

$$\varepsilon = \frac{1}{2} c_C V_M^2 \frac{1}{(1+\beta) + \gamma} \tag{6-7}$$

式中，β 为电容性材料的最小质量。基于以上过程，可以分析在一般现有的锂离子电容器体系中，正极容量、负极容量和电解液离子浓度对能量密度的影响。当分析对象采用 AC//LTO 结构时，电池电极比容量为 $167mA \cdot h \cdot g^{-1}$，电容电极的比容量为 100F・$g^{-1}$，器件的最高电压为 3.2V。图 6-5 为在不同浓度的电解液中，电池电极和电容电极容量与器件能量密度之间的关系。图 6-5（a）中，电容电极的容量过量，电池电极的容量为器件能量密度受限的主要因素，可以看出随着电池电容电极比容量的提升，器件的能量密度逐渐增大；随着电解液浓度的增大，器件的能量密度也显著增加。但是，电池电极的容量超过 200mA・h・g^{-1} 以后，器件的能量密度将主要受限于电解液离子浓度。图 6-5（b）中，电池电极的容量过量，电容电极的容量为器件能量密度受限的主要因素，类似的结论仍然可以得出：器件的能量密度主要受限于电解液离子浓度[6,12,20]。

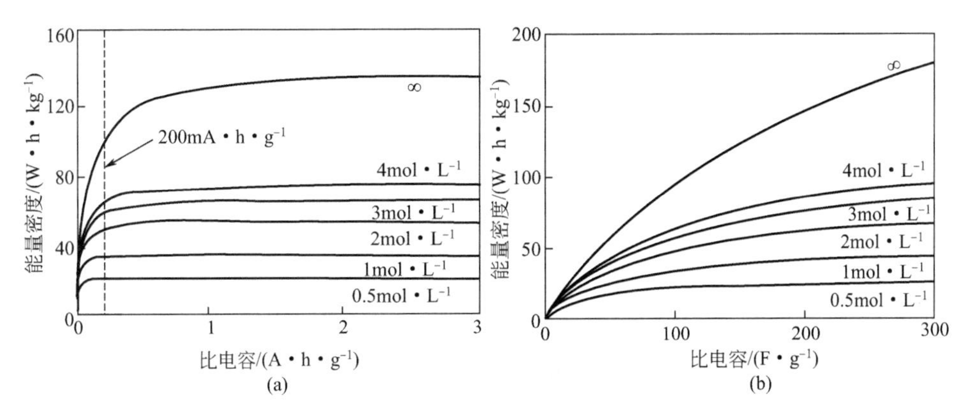

图 6-5　电池电极比容量对器件能量密度的影响（a）和电容电极比容量对器件能量密度的影响[6]（b）

总结以上分析，电容材料比容量、电池材料比容量和电解液离子浓度三者对于锂离子电容器能量密度影响差异性较大。基于正负极质量比，可知单一地提升某一极的容量并不能无限提高整个器件的能量密度，增加正/负电极材料质量不仅会产生该电极容量冗余，还会导致电极孔隙率上升，这就意味着需要使用更多的电解液。目前，电池材料比容量不是器件能量密度限制的主要因素，其主要原因是，锂离子在材料体相嵌入和脱出，能量密度较高，在实际储能过程中，电池电极容量往往都是冗余的。在现有的有机电解液体系下，提升电容材料比容并不能有效地解决提升器件能量密度这个问题，这是由电容材料的储能机理决定的[6,19,23]。对于电解液而言，单位体积的有机溶剂能够溶解的离子数目是有限的，成为了现阶段突破锂离子电容器能量密度限制的主要研究方向。

为了进一步提升锂离子电容器的能量密度，研究人员提出将负极进行预锂化处理[3,14]。图 6-6 是应用了预锂化负极的锂离子电容器的充放电过程示意图。从图 6-6 可以看出，预锂化负极能够提供额外的锂源，从本质上提升了锂离子电容器的能量密度。从理论上分析了预锂化处理的锂离子电容器的能量密度，得到相关表达式（6-8）[12]：

$$\begin{cases} m_{\mathrm{i}}=\dfrac{m_{\mathrm{C}}c_{\mathrm{C}}(V_{\mathrm{M}}-V_{\mathrm{OCV}})}{c_{\mathrm{o}}F}\rho_{\mathrm{i}}=\alpha m_{\mathrm{C}} \\ \varepsilon=\dfrac{\left(V_{\mathrm{M}}-\dfrac{1}{2}V_{\mathrm{c}}\right)m_{\mathrm{B}}c_{\mathrm{C}}}{m_{\mathrm{C}}+m_{\mathrm{B}}+m_{\mathrm{i}}}=\dfrac{\left(V_{\mathrm{M}}-\dfrac{\gamma c_{\mathrm{B}}}{2c_{\mathrm{C}}}\right)c_{\mathrm{B}}}{1+\dfrac{1+\alpha}{\gamma}} \end{cases} \tag{6-8}$$

式中，V_{OCV} 为电池充满电时的初始开路电压。

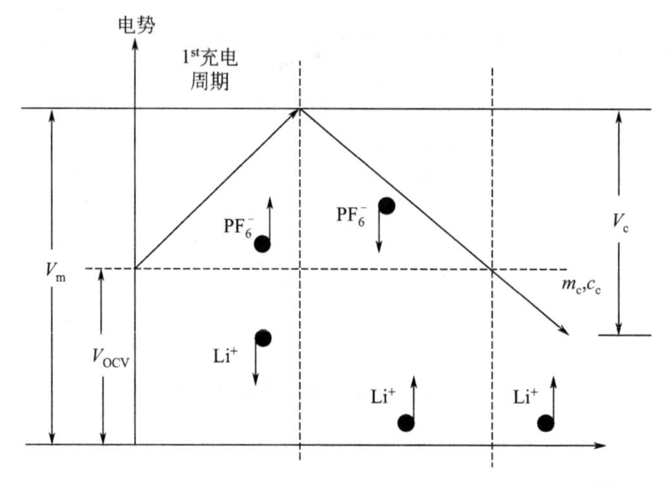

图 6-6　预锂化处理的锂离子电容器充放电过程示意图[12]

通过理论计算发现，预锂化技术能够从本质上提升锂离子电容器的能量密度。但由于充放电过程中仍然存在消耗电解液的情况，因此锂离子电容器的能量密度仍然受到电解液浓度的限制[12,20]。

6.3 锂离子电容器的结构设计与性能

6.3.1 正极材料的选择

锂离子电容器的正极材料一般选用电容性材料，在充放电的过程中，电解液中的离子在电极材料的表面完成吸附脱附，通过非法拉第反应过程完成能量的储存和释放。因此，正极材料需要具备较大的比表面积和良好的导电性。而正极材料不能体相参与能量的储存，所以电容性材料是锂离子电容器能量密度的主要限制因素之一[20]。

由于活性炭（activated carbon，AC）具有较大的比表面积以及良好的导电性，可以实现离子快速吸/脱附过程，因此成为研究和使用最多的正极材料。然而活性炭的性能依然无法满足锂离子电容器的能量密度要求，为进一步提升器件的容量，提高器件的能量密度，各种新型碳材料以及复合型正极材料及构型被不断地开发了出来。

碳材料有着极为丰富的构型方式，碳纳米管、石墨烯、多孔炭等较为成熟的碳材料在作为正极电容性材料方面得到了广泛的研究[20]。然而考虑到大规模应用后的经济效益以及环保等问题，生物质衍生活性炭（biomass-derived activated carbon，BDAC）逐渐得到了广泛的关注。通过对制备方法的控制，可以实现对BDAC物理化学性质的调节。目前，具有较大比表面积和较高孔隙率的BDAC已经制备完成，并成功作为锂离子电容器的正极材料得到了应用。木质素在自然界中广泛存在，并便于收集，是一种良好的制炭前驱体。通过木质素制备得到的碳材料被命名为LDAC（lignin-derived activated carbon），如图6-7所示。

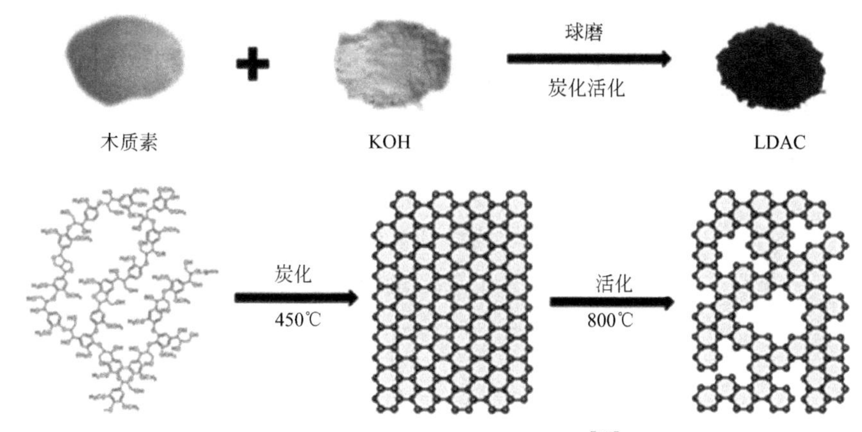

图6-7　LDAC的制备过程示意图[24]

在合理的制备工艺下，LDAC具有3D多孔型结构，且微孔孔隙直径集中在0.2～3nm，成孔均匀，介孔结构及大孔结构极少，比表面积极高。经检测，LDAC具有良好的循环稳定性及接近普通活性炭的库仑效率，如图6-8所示，是理想的电容性材料[24]。

在研究碳基材料的基础上，向正极引入非离子消耗型储能方案，即在活性炭正极的基础上增加电池正极材料也是一个重要的研究方向[25-28]。引入的电池正极材料不仅不会消耗电解液中的离子，而且能够提供比活性炭更高的容量，从理论上而言，具有非常好的可行性。

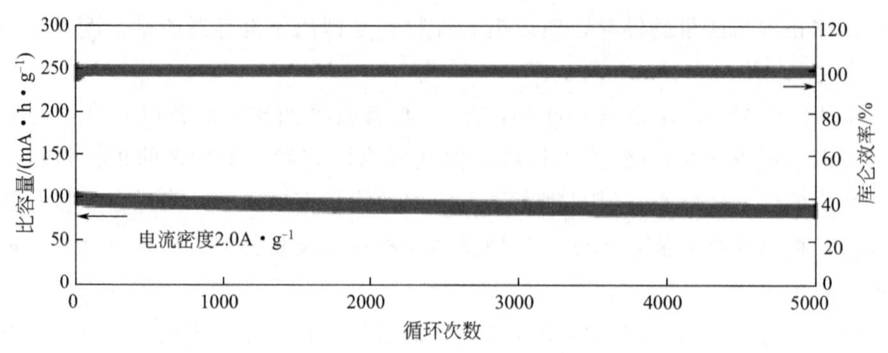

图 6-8 LDAC 的电学特性（长循环稳定性）测试[24]

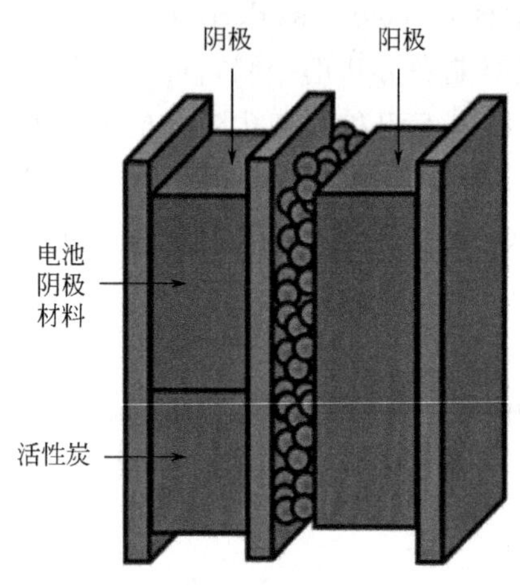

图 6-9 并列结构正极的 LIC 装配示意图[29]

电容性与电池性材料混合组成正极能够有效兼顾低电流下的能量密度和高电流下的性能衰减，其结构如图 6-9 所示。在低电流下，电池性材料能够充分进行法拉第反应过程，通过离子的嵌入和脱出，改变了只有材料表面参与能量储存的情况，有效提升了正极材料的稳定性。在高电流情况下，电容性材料通过快速的吸附和脱附，能够完成电能的储存和释放（图 6-10），此外，活性炭的存在可以为钴酸锂提供缓冲，避免了钴酸锂材料在大电流情况下容量大范围的快速衰减，在一定程度上能有效提升整体在高电流高倍率下的特性，保证了 LIC 的容量不会剧烈衰减[29]。

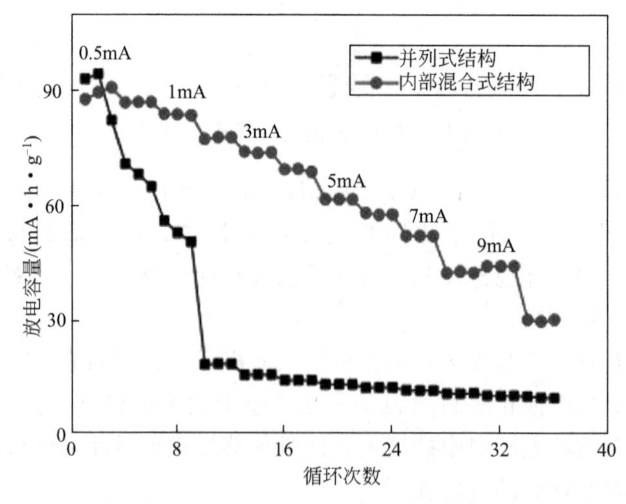

图 6-10 并列式结构与内部混合式结构的放电容量与循环次数对比

电池性材料的加入能够有效提升正极材料的能量密度，但是由于不同材料倍率性能、电压平台的差异，合理的材料选择以及组合方式对于 LIC 能量密度的提升也相当重要。磷酸铁锂（LFP）凭借其较低的储能电压区间、接近于活性炭的倍率特性、良好的循环稳定性，非常适用于复合电极的应用[26,27,30]。

6.3.2 负极材料的选择

负极是决定锂离子电容器功率密度的主要因素。不同于正极吸/脱附离子，锂离子在负极嵌入和嵌出，反应速率较慢。因此，负极材料的选择变得尤为重要。目前常用的负极材料有石墨、软炭、硬炭以及硅基材料等。对于高容量硅负极材料，仍然存在诸多问题，如循环性能差、倍率性能差、体积膨胀等，很难应用在锂离子电容器上。因此，常用于锂离子电容器的负极材料仍是较为成熟的碳基材料[20]。

由于 LIC 的负极通常使用电池性电极材料，在首次充放电过程中，与电解液在固液相界面上发生反应，形成一层覆盖于电极材料表面的钝化层。该钝化层具有固体电解质的特征，是电子绝缘体却是 Li^+ 的优良导体，Li^+ 可以经过该钝化层自由地嵌入和脱出，因此这层钝化膜被称为固体电解质界面（solid electrolyte interface，SEI）膜。SEI 膜对电极材料的性能有着重要的影响，一方面，SEI 膜的形成消耗了部分锂离子，使得首次充放电不可逆容量增加，降低了电极材料的充放电效率；另一方面，SEI 膜具有有机溶剂不溶性，在有机电解质溶液中能稳定存在，并且溶剂分子不能通过该层钝化膜，从而能有效防止溶剂分子的共嵌入，避免了因溶剂分子共嵌入对电极材料造成的破坏，因而大大提高了电极的循环性能和使用寿命[17,18,31]。

在负极材料的选择方面，Zheng 等[31] 对比研究了三种常用碳负极材料（石墨、软炭和硬炭）的特点。图 6-11 是三种负极材料在不同电流密度下的放电特性。石墨在小电流密度下比容量最大，但在大电流密度下容量迅速衰减；而硬炭初始的比容量最小，但倍率性能非常好，在大电流密度下，容量保持率仍然接近于 100%；软炭性能介于石墨与硬炭之间。图 6-12 给出了三种材料在三电极测试中正负极相对于 Li/Li^+ 的电位变化。从图 6-12 可以看出，在充放电过程中预嵌锂后的石墨负极相对于 Li/Li^+ 的电位接近于 0.0V，这意味着在负极的表面可能会形成枝晶锂，存在安全隐患；而硬炭相对于 Li/Li^+ 的电位始终保持在 0.1V，且还尽可能地低，可以保证电池具有很高的电压；软炭负极的性能介于两者的中间。

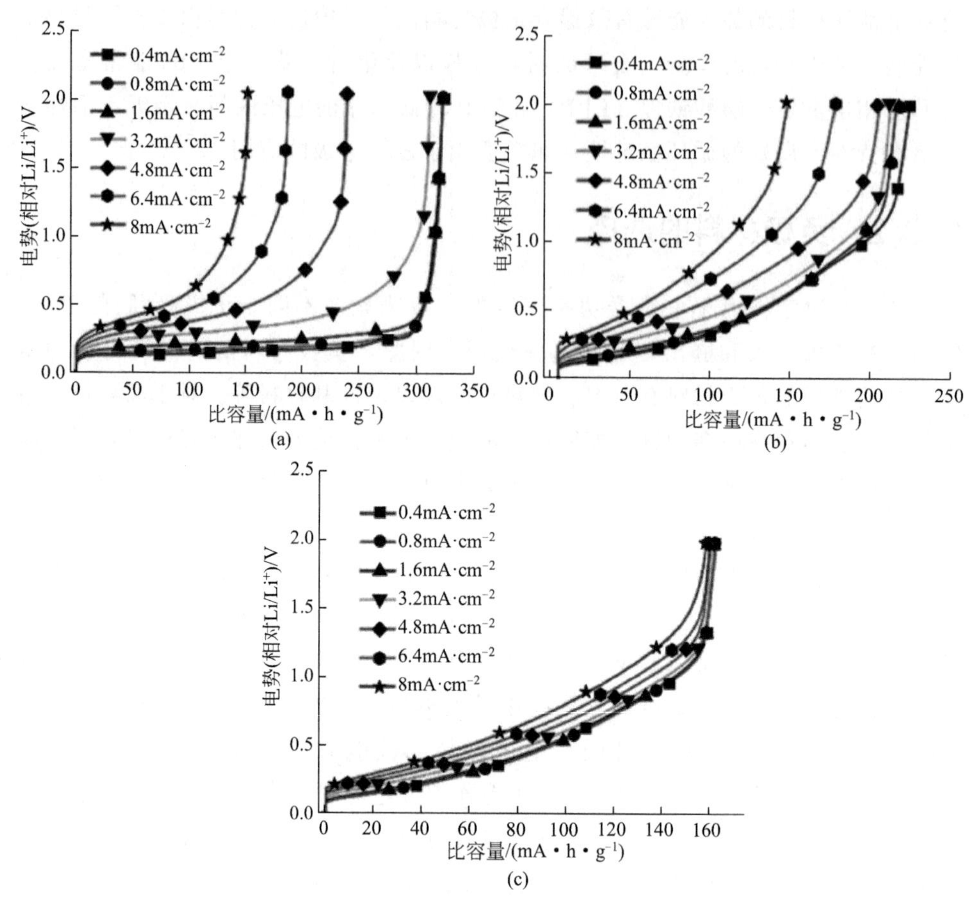

图 6-11　三种不同负极材料（a）石墨、（b）软炭和（c）硬炭在不同电流密度下的放电特性[31]

此外，石墨烯具有优异的电化学性能，同时有较高的比表面积和电化学稳定性，被认为是混合型电容器用的理想材料。由于其振实密度比较小并且价格较为昂贵，通常石墨烯用于和其他材料进行复合，综合改善其他材料本身的性能。

为了降低首次充放电的不可逆容量，需要在负极材料中进行预嵌锂以补充电解液中的 Li^+。通过 SLMP 法进行预嵌锂可以在不外加电压的条件下实现 SEI 膜的形成。与锂离子电池需外接电源在负极形成一层钝化层的过程不同，添加了 SLMP 的负极只要与电解液接触就会在较短的时间内完成 SEI 层的形成过程。在这一过程中，没有外接电源，对电解液的影响也会更小。经过 SLMP 法处理后，负极材料的电学性能也有了较大的变化[17]。制成半电池后，经 SLMP 法处理后的负极开路电势（open circuit voltage，OCV）显著降低[32]，如图 6-13 所示；制为全电池型电容器后，能够有效提升该电容器的容量，如图 6-14 所示。

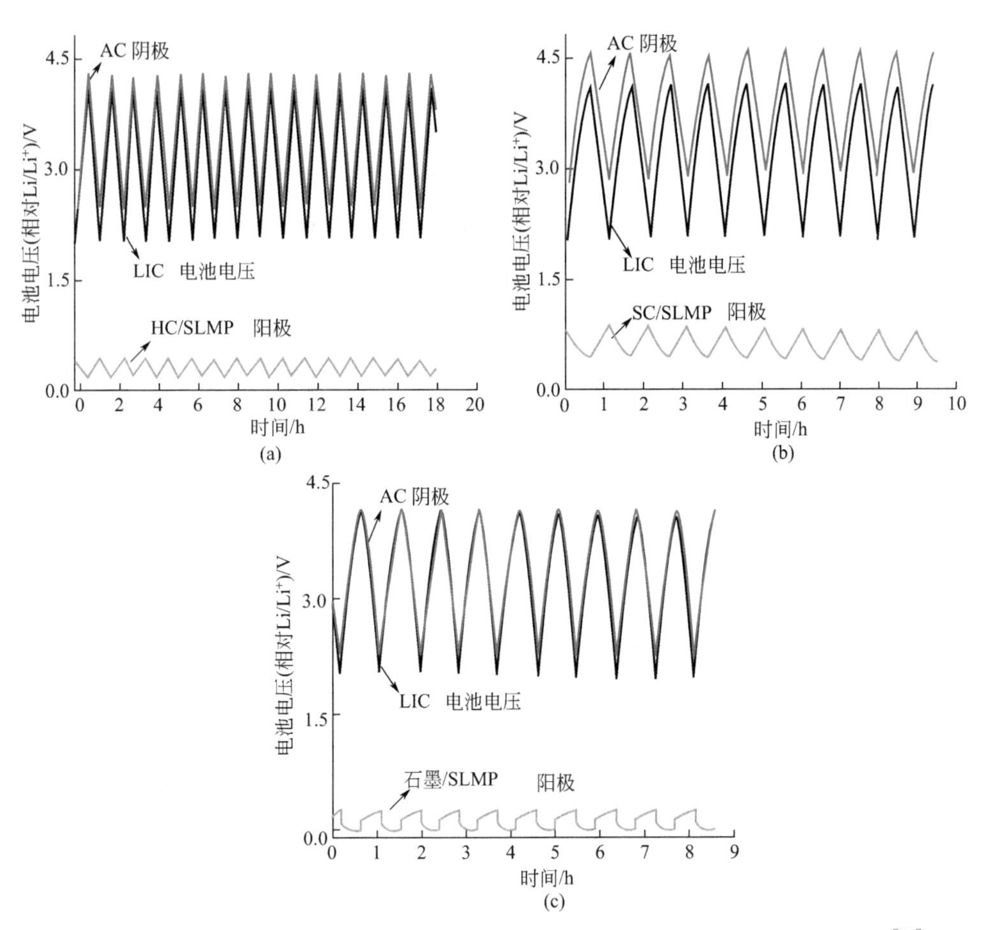

图 6-12 三种不同负极材料（a）硬炭、（b）软炭和（c）石墨充放电中的电位变化[31]

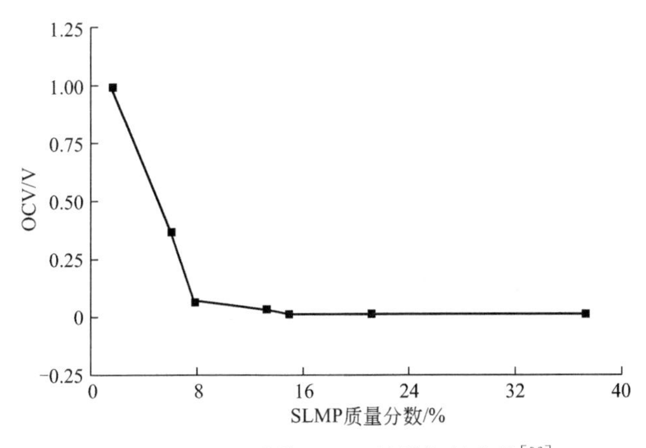

图 6-13 OCV 随着 SLMP 量增加的变化[32]

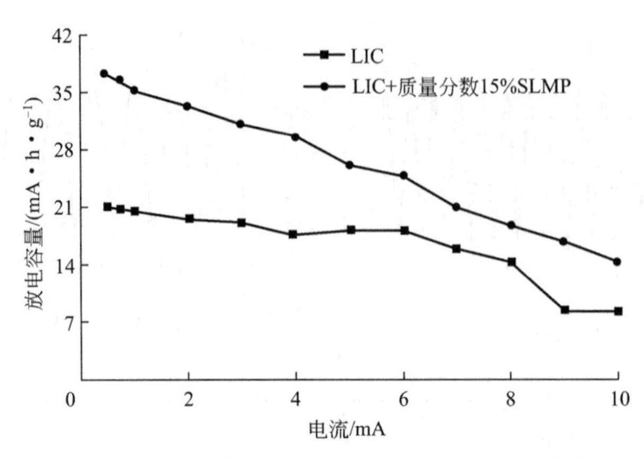

图 6-14　SLPM 对恒流放电时 LIC 容量的影响[32]

除了 SLPM 法预嵌锂外，对于负极电池性材料的优化在其他方向也取得了丰硕的成果。由于负极的电池性材料是 LIC 功率限制的重要因素，所以追求良好的倍率性能和循环稳定性是负极电极材料优化的重要方向。$Li_4Ti_5O_{12}$（LTO）具有优异的倍率性能和较高的循环稳定性、零体积应变等优点，被广泛应用于锂离子电容器的负极材料研究。但是其电子导通能力较差，因此国内外提出了各种分层纳米结构的 LTO 或碳质 LTO 复合材料，实现了一系列具有优异功率密度的 LTO 复合材料。而 LTO 具有容量偏低、放电电势偏高等不足，使得具有更高容量、更低放电电势的 Li_2TiSiO_5（LTSO）进入人们的视野中，然而 LTSO 同样具有导电性不佳的问题。Jin 等人[24] 开发出一种以碳纳米管为载体，3D 碳修饰 LTSO 为活性成分的负极材料（3DC@LTSO），如图 6-15 所示。

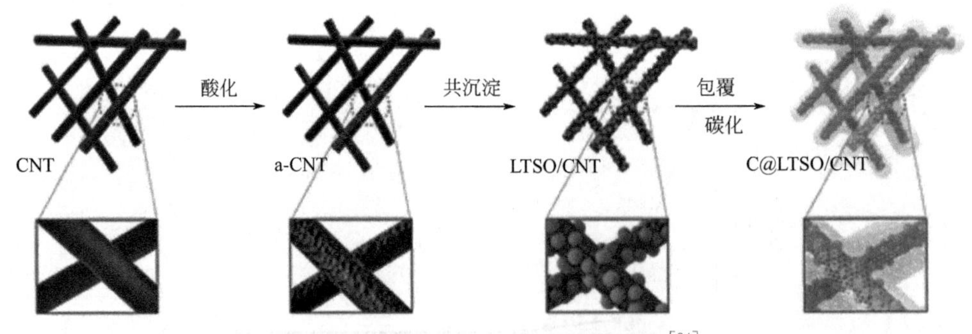

图 6-15　3DC@LTSO 制备过程示意图[24]

金属氧化物具有较高的容量、较低的电位且不错的倍率性能，也被认为适用于混合型电容器，但是其材料本身的导电性能也不够理想，可以通过在高度离散化后与石墨烯等进行复合来改善导电性。

6.3.3 电解液的选择

电容器使用的电解液可以分为水系和有机系电解液，Naoi 等人[33] 总结了这两种混合型电容器的能量密度，结果如图 6-16 所示。从中可以看出，基于有机系的混合型电容器能量密度大都高于水系混合型电容器，这主要是因为水系电解液受电压的限制，其最高电压不超过 1.23V，使得其能量密度水平比较低。尽管如此，他们的功率密度和循环寿命却明显好于有机系混合型电容器。

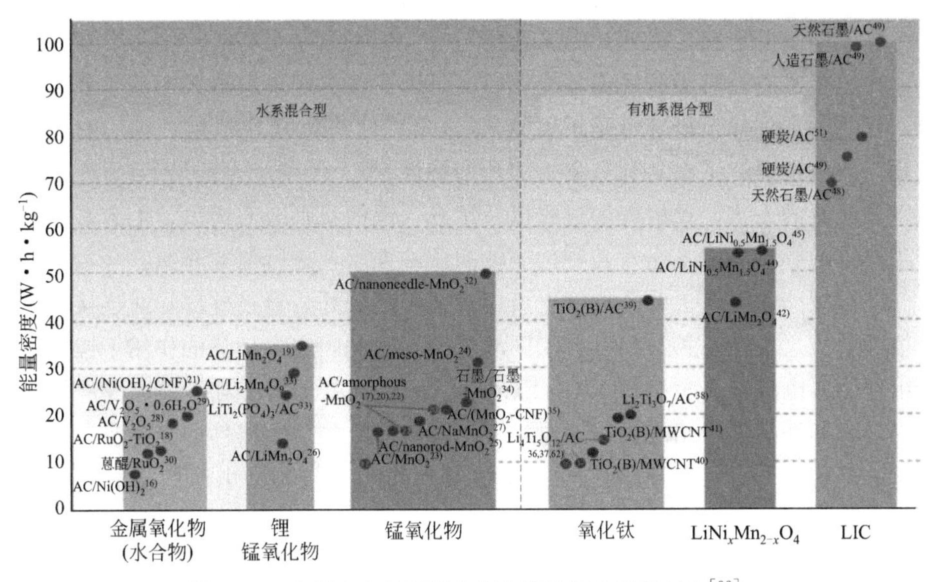

图 6-16 水系和有机系混合型电容器能量密度对比[33]

电解液的选择对 SEI 膜的形成也有着重要的影响。SEI 膜的组成有很大一部分是由电解质的种类决定的，电解质溶液在负电势下还原及分解的产物是 SEI 膜的重要组成部分。实验表明，在含有 Cl^- 和 F^- 的电解液中，SEI 膜中 LiF、LiCl 的含量都很高。溶剂对 SEI 膜形成的影响同样不可忽视，溶剂成分不同，SEI 膜成分也有很大差异。有机电解质的溶剂一般具有高电导率、低黏度、高闪燃点和较高的稳定性等特点，而这些要求很难用一种单一的溶剂来满足，所以人们普遍采用多种成分的混合溶剂。在多元溶剂中，三元溶剂（如 EC/DEC/DMC）应用较为广泛。有研究发现，在三元溶剂中加入脂肪族酯类如乙酸乙酯、乙酸甲酯等，可以有效提高 SEI 膜的导电性和稳定性[34]。

6.3.4 负极预嵌锂

将锂材料预嵌入负极是锂离子电容器的特有过程。预嵌锂使得锂离子电容器在能量密度、功率密度和循环寿命等方面得到了极大的提升，主要体现在以下几个方面。第一，负极预嵌入的锂可以在首次充电过程中参与 SEI 膜的形成以及补充电解液中消耗的部分离子，维持电解液中离子量基本恒定，保证充放电过程中电解液中的离子不会大量地消耗，因此所需的电解液比传统电容器的要小得多。电解液中离子浓度能够维持在较高水平使得锂离子电容器的能量密度比传统超级电容器的能量密度更高。第二，锂离子电容器拥有与传统超级电容器相当的功率密度。在负极中嵌入的锂材料有助于维持负极的低电位，使得锂离子电容器在工作过程中能够保持较高的工作电势，更高的工作电势也有利于功率密度的提升。在进一步的研究中表明，功率密度与电势的平方呈正相关。第三，锂离子电容器比锂离子电池有更长的循环寿命，这是因为锂离子电容器采用的是活性炭电极，以及通常保持负极容量是正极的 2～3 倍，使得负极处于相对较浅的充放电过程；同时也保持了材料具有良好的功率特性[20,35]。

预嵌锂的方法、预嵌锂的过程以及预嵌入锂的量都会对锂离子电容器的性能产生严重的影响。接下来对几种代表性的预嵌锂工艺进行简要介绍。

外部短路法将负极和金属锂电极用多孔隔膜分开，通过外部导线连接锂金属电极和负极，由于两种材料具有不同的电位，因此，在电动势的作用下锂离子逐渐由锂金属电极嵌入负极中。Sivakkumar 等人[36]用此方法对石墨电极进行预嵌锂，并将其和活性炭组成锂离子电容器，基于活性物质下器件的能量密度可以达到 100W·h·kg^{-1}。同时还指出预嵌锂程度可以通过制备电池的自放电率进行表征，较高的自放电率意味着 SEI 膜的不均匀。此外，对负极预嵌锂还会对电池的循环稳定性有很大的影响。这种方法的不足在于预嵌锂的时间太长，仅限于实验室研究使用。

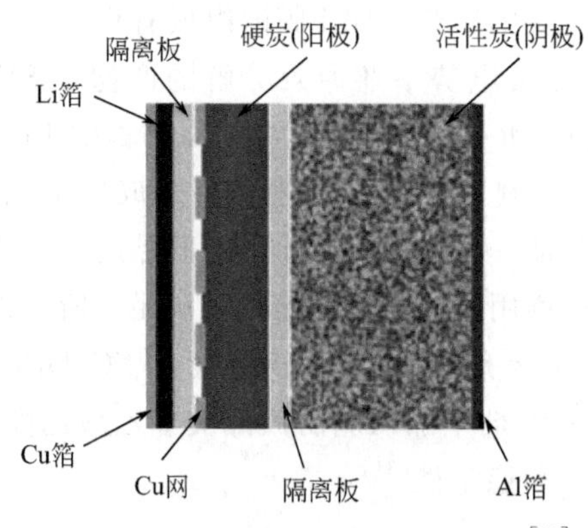

图 6-17　三电极法预嵌锂工艺示意图[14]

电化学预嵌锂的主要方式是日本捷时雅公司开发的三电极锂离子电容器技术，其结构如图 6-17 所示。在器件内部设置金属锂片作为锂源，注液和封口后负极作为工作电极，通过电化学放电的方式使锂从金属锂电极运输到负极，达到预嵌锂的效果，最终封装时可以将金属锂电极参与部分取出。这种方法由于三电极结构以及多孔型铜集电板的使用，制作成本远远高于传统型超级电容器，而且生产工艺复杂，在实际的工业化生产和推广过程中遇到了很大的困难[14]。

内部短路法是最常用的一种预嵌锂的方法，特别适用于插入型负极。它是通过预先加入的锂金属在电解液环境下和负极材料发生反应，补充电池在充放电过程中消耗的锂离子，以此提高电池的首次库仑效率和循环可逆容量。该种预锂化技术最大的优势是预嵌锂时间非常短，加入电解液后十几个小时就可完成预嵌锂过程；此外，该种方法还比较容易操作，可以实现批量化生产。Zheng 等人[17]采用不同锂源（SLMP、锂带、锂片及超薄锂片）对硬炭负极进行预嵌锂，对比发现采用锂带具有更好的预嵌锂效果。基于锂带对于硬炭负极进行预嵌锂，将其与活性炭正极匹配成锂离子电容器，在 50C 的高倍率下，循环 10 万次器件仍有 89%的容量，并且器件的内阻没有发生明显变化；在 125C 的超高倍率下，其循环寿命仍然超过 5 万次。

富士重工开发了一种使用牺牲锂金属，通过电化学反应对石墨电极进行预嵌锂的方法，其工艺简图如图 6-18(a) 所示。首次充电之前，将石墨电极与锂电极相连，通过专门的放电处理，将锂离子嵌入石墨电极中。随后以完成嵌锂的石墨电极为负极，AC 为正极，进行正常的充放电循环。然而这种方法具有易短路和锂电极残留等缺点，且嵌锂前后体积变化较大，需要采取额外的补偿措施。这些缺点使得该方法工业化难度较高。通过特殊的充电策略可以将电解液中的 Li^+ 嵌入石墨电极中，如图 6-18(b) 所示。这种方式尽管能量密度较高，但由于消耗了电解液中较多的 Li^+，且无额外锂源，造成充放电过程中电解液 Li^+ 浓度波动较大，影响了使用寿命。通过在正极活性物质中混入含锂金属氧化物（如 Li_2MoO_3、Li_2RuO_3、Li_6CoO_4、Li_5ReO_6 等），经过充电将锂元素从中脱出并嵌入负极中，如图 6-18(c) 所示。含锂金属氧化物应具有不可逆的特性，即锂元素脱出后无法再次嵌入，在完成负极嵌锂后，正极材料中只有活性炭参与充放电循环。这种方式有着可操作性好、无隐患、体积能量密度较高、充放电循环中电极体积变化较小等优点，然而金属氧化物占据较多质量却于电能储存无益，且不可再生，回收难度大的缺点仍不可忽视[37,38]。

为了在继承含锂金属氧化物的优势基础上克服其不足，有机锂盐的合成与应用是一种重要的研究方向。3,4-二羟基苄腈二锂盐（Li_2DHBN）是一种新开发的有机锂盐，在作为锂源这方面表现出了非常出色的性能。首先，其脱锂电位低，仅有 3.5V（相对 Li^+/Li^0），远低于 Li_2MoO_3 的 4.7V 以及 Li_6CoO_4 的 4.5V；其次，容量高，理论容量可以达到 $365mA\cdot h\cdot g^{-1}$；Li_2DHBN 在电解质中溶解度极差，但脱锂后形成的 3,4-二氧代苯甲腈（DOBN）却呈中性且易溶，不消耗正极的体积（如图 6-19 所示）；Li_2DHBN 不含其他金属元素且制备工艺较为简单[37]。

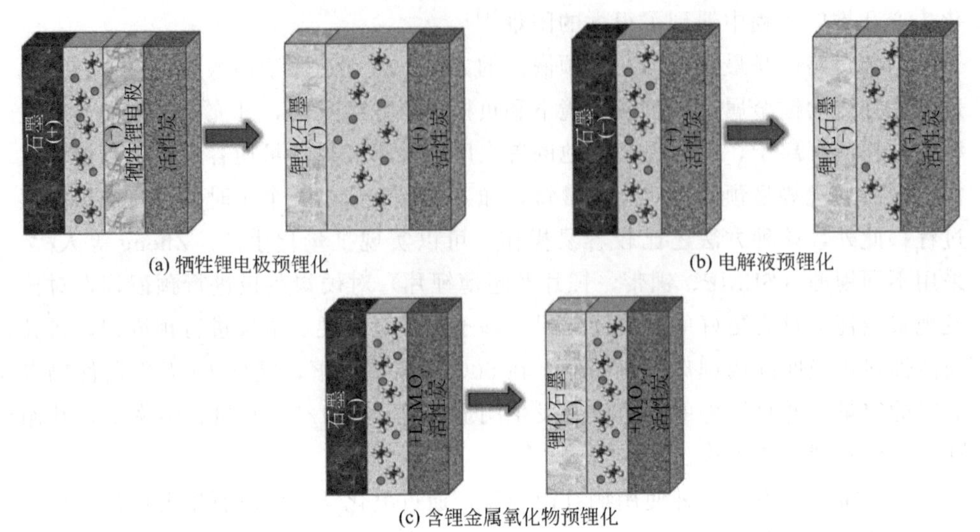

(a) 牺牲锂电极预锂化　(b) 电解液预锂化

(c) 含锂金属氧化物预锂化

图 6-18　代表性预锂化过程示意图[37]

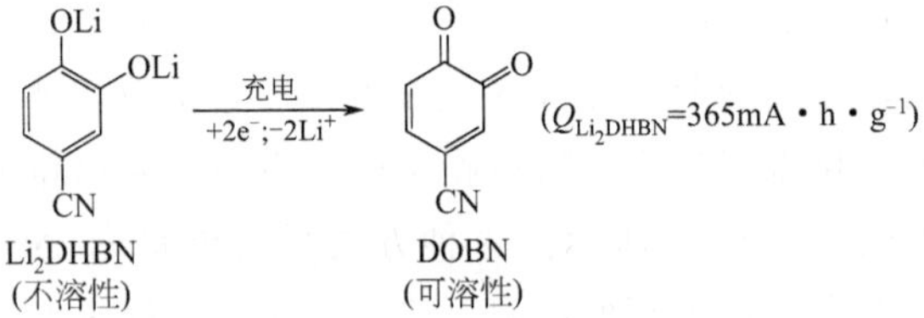

OLi, OLi — 充电 $+2e^-;-2Li^+$ → O, O　(Q_{Li_2DHBN}=365mA・h・g^{-1})

CN　　CN

Li_2DHBN（不溶性）　DOBN（可溶性）

图 6-19　Li_2DHBN 脱锂氧化过程示意[36]

SLMP 法为近年来 Zheng 等人[3,14] 开发的预嵌锂方法，这种预嵌锂的过程不仅避免了复杂的工艺，而且依托于目前工业上已经成熟的锂离子电池生产技术，降低了成本。目前除了超级电容器外，SLMP 预嵌锂技术也在锂离子电池方面得到了应用。图 6-20 为 SLMP 法预嵌锂的工艺示意图。

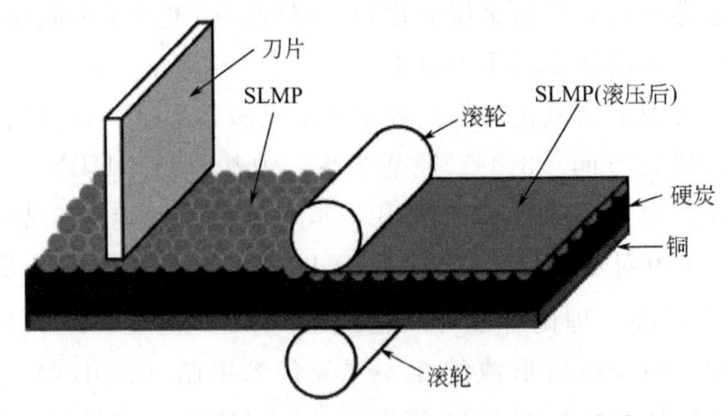

图 6-20　SLMP 法负极预嵌锂工艺示意图[14]

SLMP指的是极为细小的锂金属粉末，其外表面由稳定的Li_2CO_3和LiF保护层组成。与其他的预嵌锂方法相比，锂金属粉末表面积更大，可以和电极活性材料进行充分接触，并且分布均匀。预嵌锂方法通常为：选择合适量的SLMP，通过刮刀将SLMP均匀分布在负极活性物质的表面，再用滚轮将SLMP压至目标厚度。在滚压过程中，金属锂粉末表层的保护层被破坏，制备成电池原件后，在电解液的诱发下，会迅速完成预嵌锂过程。这种添加SLMP的方法不仅可以精确控制添加的锂含量，并且除去了繁杂的三电极过程，不需要昂贵的多孔铜集流体，生产上更加容易实现。预嵌锂过程发生的反应包括：金属锂与电解液接触表面，反应式为$Li \longrightarrow Li^+ + e^-$；金属锂与负极接触表面，反应式为$Li^+ + e^- \longrightarrow Li$，如图6-21所示。

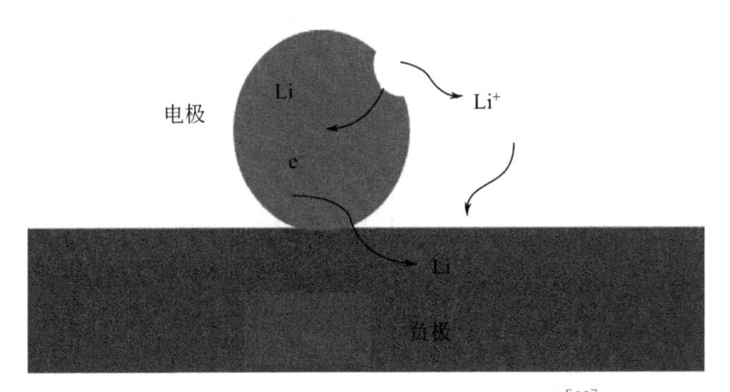

图6-21　SLMP嵌入负极的电化学过程[32]

在上述两个过程中，电子从金属锂流入负极的同时，Li^+会通过电解液从金属锂的表面进入负极表面。为了确保电子能有效地从金属锂流入负极中，需要适当提供部分压力来消除接触电阻。除此之外，需要至少$50N \cdot cm^{-2}$的压力来打破SLMP表面的保护膜[32]。

6.3.5　正负极匹配

对于锂离子电容器的组装，正负极适当匹配是极为重要的。如果正负电极能够适当匹配，正负极的容量都能够得到有效的利用，那么器件整体的性能都比较均衡，否则，它的性能会非常差。最基础的正负极匹配方式是通过调节正极电极的质量比，使正负极能够满足库仑方程，即正负极等容量匹配。然而锂离子电容器正负极材料的倍率性能差异非常大，低倍率下的等容量匹配并不适用于锂离子电容器，必须要充分考虑到不同电流密度对于正负电极所造成的影响；同时，为了使器件有更好的循环稳定性和安全性，合适的正负极电压匹配也是必须要考虑的内容。在器件设计时，负极的容量会远大于正极的容量，这可以保证负极在整个充放电循环过程中是处于浅充浅放的状态，避免在高倍率充放电过程中，器件的负极生成枝晶锂，这对于器件的寿命非常有意义。

Zheng 等人[39] 采用预嵌锂后的硬炭负极和活性炭正极制备成锂离子电容器，对比分析了不同正负极质量比下器件的各项性能。结果表明，随着正极活性物质负载量的增加，即正极和负极的容量比越大，器件的容量保持率越差，并且负极电位更低，这导致更容易形成 SEI 膜，造成内阻增大。最佳的正负极质量比大约为 1∶1.2，对应正负极材料容量比约为 1∶3。Dsoke 等人[40] 分析了不同质量比 AC//LTO 结构的锂离子电容器，结果表明，当正负极的质量比为 0.72 时，整个器件具有最好的综合性能，即使在高倍率下充放电，器件能量密度仍然有 $31W \cdot h \cdot L^{-1}$；同时，器件也具有最好的循环稳定性。Li 等人[41] 针对非对称电容器提出一种电极匹配的策略，是摒弃了一般的正负极容量匹配方法，结合了容量匹配、电流匹配和电压匹配而提出的一种新的思路。

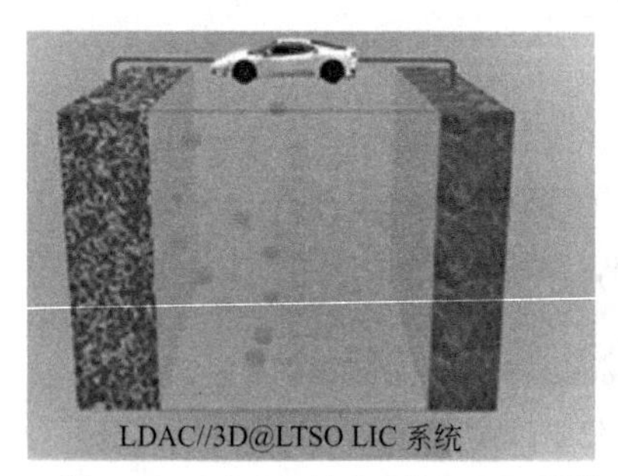

图 6-22　LDAC//3DC@LTSO 型锂离子电容器系统示意[24]

Jin 等[24] 以 LDAC 为阴极，3DC@LTSO 为阳极，将浓度为 $1mol \cdot L^{-1}$ 的 $LiPF_6$ 溶于 EC-DMC 制成电解液装配 LIC，其装配原理如图 6-22 所示。经测试，LIC 可以在 0.5～4.0V 的范围内稳定工作，能量密度在 $163.5W \cdot kg^{-1}$ 的工况下达到 $115.3W \cdot h \cdot kg^{-1}$，功率密度在 $60W \cdot h \cdot kg^{-1}$ 的工况下达到 $6560W \cdot kg^{-1}$，且 6000 次充放电循环后容量依然可以保持在 90%以上。

经试验研究，MP-G//G-COOH 型锂离子电容器表现出极佳的性能[42]。由多孔石墨烯（MP-G）作为正极，边缘羰基化石墨烯纳米片（G-COOH）作为负极，将浓度为 1mol/L 的 $LiPF_6$ 溶于 EC-DMC 制成电解液装配成 LIC，装配结构如图 6-23 所示。工作电压为 1.0～4.2V，在 $228.8W \cdot kg^{-1}$ 的工况下能量密度

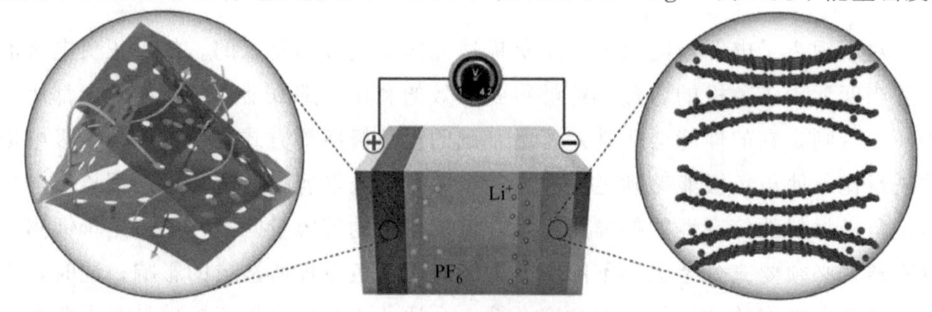

图 6-23　MP-G//G-COOH 全石墨烯型锂离子电容器[42]

达到 120.8W·h·kg^{-1}，且功率密度最高可达到 53550W·kg^{-1}，50000 次放电循环后容量依然可以保持在 98.9%。

其他代表性正负极匹配策略及性能如表 6-2 所示。

表 6-2 代表性 LIC 组合及性能

阳极//阴极	电压区间/V	功率密度/(kW·kg^{-1})	能量密度/(W·h·kg^{-1})	循环寿命
$LiCrTiO_4$//AC	1～2.5	4	23	84%,1000 次
LTO//MOF·C	1～3	10	65	82%,10000 次
LTO//AC(椰子壳提取)	1～3	4	69	85%,2000 次
锐钛矿型 TiO_2@rGO//AC	1～3	8	42	80%,10000 次
$Li_2Ti_3O_7$//AC	1～3	—	20	95%,500 次
TiP_2O_7//AC	0～3	0.371	13	100%,500 次
石墨//AC	3.1～4.1	—	55	54%,600 次
	2.0～4.1		100	
TiO_2@LTO//N-CNTs	0.5～2.5	7.5	74.8	83%,5000 次
石墨//a-MEGO	2～4	—	53.2	
LTO//TrGO	1～3	3.3	45	100%,5000 次
F-Fe_2O_3//AC	0～3	—	28	90%,15000 次
rGO/LTO//石墨烯	0～3	3	95	87%,500 次
Fe_3O_4/G//3D 石墨烯	1～4	2.5	147	70%,1000 次
B-Si/SiO_2/C//AC	2～4.5	9.7	128	70%,6000 次
TiO_2 纳米线//CNT	0～2.8	1.3	12.5	—
Si/Cu//AC	2.2～3.8	0.9	90	100%,15000 次

6.3.6 测试与表征方法

LIC 是一种较为复杂的电能储存装置，描述其性能需要基于多种评价指标，除了功率密度、能量密度、循环稳定性等指标，还包括放电区间、内阻、倍率等。而上述性能的优劣又与电极材料、电解液以及装配方式密切相关，因此，对于电极材料的理化性质表征也是 LIC 测试分析的重要方面。本节将简要介绍常用的 LIC 测试分析方法。

评价电极材料的电学性能通常通过将电极组装成电池来实现。如果选取锂片作为负极，则被称为半电池，通常用以衡量正极电极材料的性能。如果不选用锂片，则被称为全电池，是衡量真实环境下两种电极材料匹配以及性能的优劣。

循环伏安法（CV）仅适用于半电池测试，常用于研究和评价电极的反应动力学、电极反应的可逆程度以及电池材料氧化还原反应的电位变化等。通过控制工作电极和参比电极之间的电势以一定的速率变化，随着时间以三角波形式多次扫描，在给定的电势区间内，使得电极上能够交替发生氧化反应和还原反应，记录电流-电势曲线（图 6-24）。通过分析曲线的趋势，判断电极反应的速率、反应的可逆程度以及氧化还原峰值电位的变化。通过在多个扫描速率下测试，还可以得到不同的响应结果，根据这些结果可以进一步分析电极中氧化还原反应和吸附/脱附的比例关系，这对于评价和改善电极性能有着非常重要的作用。

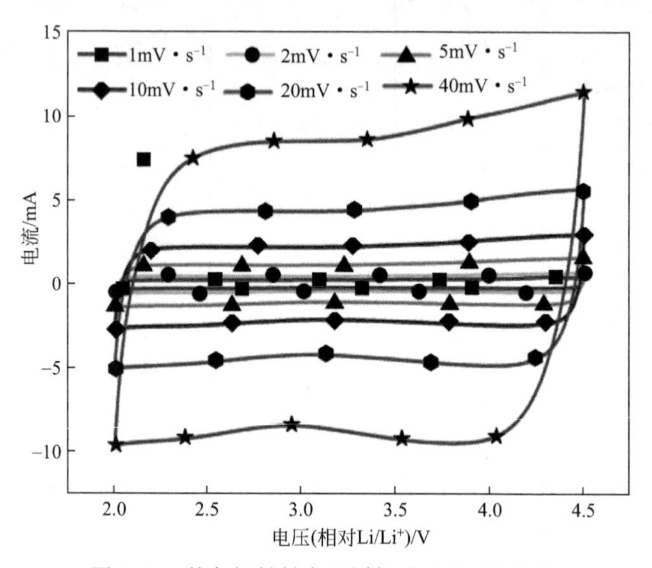

图 6-24　某负极材料在不同扫速下的 CV 曲线

内阻作为衡量超级电容器性能的一项重要参数，对电容器性能有着直接的影响，已成为电化学测试环节中一种常见的研究内容。交流阻抗法（EIS）通过对测试电极施加一个频率可变但幅度很小的交流电压或电流的扰动信号，测试其阻抗的频率响应，获得交流阻抗数据。把不同频率下测得的交流阻抗值作复数平面图，可得虚、实阻抗随频率变化的 Nyquist 曲线，即为交流阻抗谱。根据理论模拟电路对获得的交流阻抗谱图进行拟合，可以获得体系的阻抗、容抗等参数。

恒流充放电测试（GCD）是通过对电容器正负极施加恒定电流激励，测得正负极端的电压变化特征来表征电池性能的技术手段。结合充放电的时间以及电极材料的质量等多参数可进一步计算得到其他多个电化学性能指标（如比容量、功率密度、能量密度、库仑效率等）。设置多个恒流充放电值，就可以获得对应电池/电极的倍率性能参数。对比多次充放电循环的测试结果，即可对循环稳定性进行评价。

对于全电池的两电极结构，由于电池端电压的变化并不能如实地反映正极或者负极的真实电位变化，因此，也很难通过分析电池的端电压来评价电池设计的合理性。为了更好地理解和分析全电池循环过程中两电极的工作状态，可以通过引入参比电极测试正负电极的绝对电位。如图 6-25 所示，选用锂金属作为参比电极，参比电极与负极形成了一个“微小”的半电池结构，通过测量参比电极和负极的电压，可以得到负极的绝对电位；由电池的端电压数据，可以进一步知道正极的绝对电位[43]。

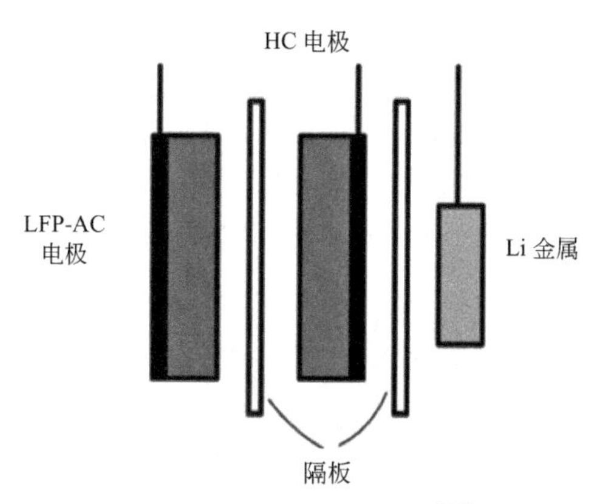

图 6-25　三电极结构示意图[43]

恒电流间歇滴定技术（GITT）主要用于测量锂离子的扩散系数 D_{Li}，该化学扩散系数常用于表征锂离子在固相材料中的扩散速率，很大程度上反映电极材料的氧化还原速率。定量分析锂离子的扩散系数 D_{Li} 对于研究电极或者电池材料具有重要的意义。

原位核磁共振波谱法（NMR）是一种新兴的锂离子示踪技术，通过实时捕捉^{7}Li 在充放电循环过程中的移动方向，不仅有助于分析充放电过程中发生的电化学反应，还能够较为精确地描述到每个电极。

对电极材料形貌结构的观测是理化性质表征最基础的内容，不论是高倍率光学显微镜，还是扫描电镜（SEM），都在观测形貌结构方面发挥着重要作用。图 6-26 为光学显微镜观测到的 SLMP 法形成 SEI 膜的过程。

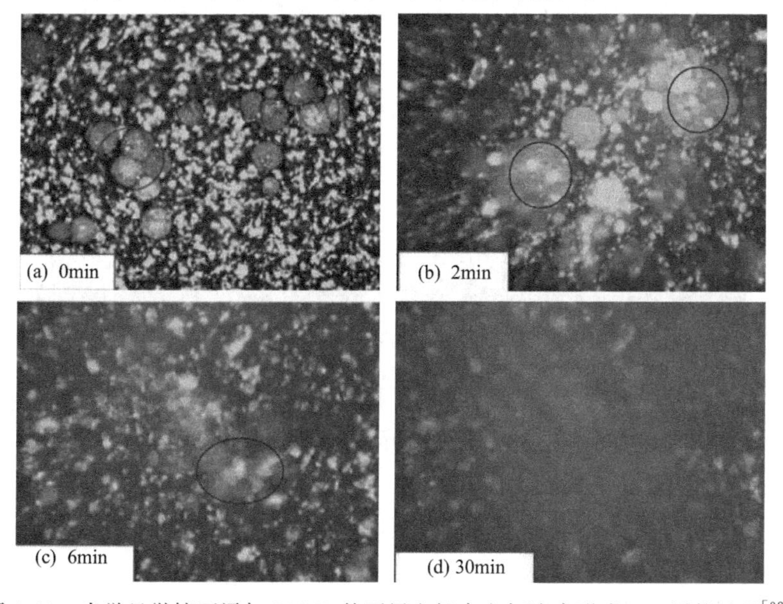

图 6-26　光学显微镜下添加 SLMP 的石墨电极在电解液中形成 SEI 层的过程[32]

图 6-27 为三种常见负极碳材料的 SEM 图，从图中可以看出三种负极材料表面都很平整，材料分布均匀，具有良好的排列结构。此外，硬炭电极中的材料结合较为松散，存在着明显的分裂。石墨电极结合得最为紧密，基本没有明显的裂缝。软炭的结构介于上述两者之间，存在一定的裂缝但并不明显。SEM 还能够用来观测分析复合材料中不同组分的结合情况，如图 6-28 所示。

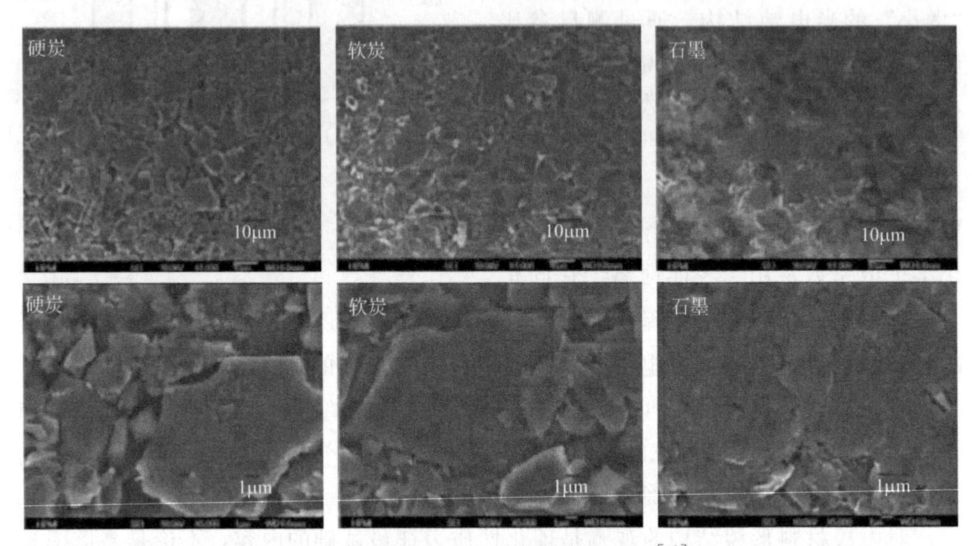

图 6-27　硬炭、软炭和石墨 SEM 图[31]

图 6-28　AC30％＋LCO70％电极片活性物质表面的 SEM 图[31]

X 射线衍射（XRD）分析是利用 X 射线照射到目标样品表面时在不同角度产生不同强度的衍射峰，利用这些衍射峰的位置、形状和强度等信息可以得到目标样品的物相组成、结晶度、晶格常数、颗粒尺寸等物理信息，具有操作方法便捷、测量精度高、对目标样品破坏小、对环境等污染小等优点，是固体物质结构分析的一种重要工具。

氮气等温吸附/脱附测试（BET）通常用来表征材料孔特征，主要评价材料的比表面积、孔径分布等。对于电容材料而言，比表面积决定了其储存电容的能力，即吸附/脱附离子的特性。

6.4 锂离子电容器的应用

超级电容器具有较高的功率密度、较快的充放电速率以及良好的循环稳定寿命等特点，因而不仅可以作为主动力电源，也可与其他化学电池形成性能上的互补与补充。正因如此，超级电容器不仅在储能领域广受欢迎，在其他领域也有建树，扮演越来越重要的角色。具体体现在以下领域。

6.4.1 电网储能领域

随着石油、天然气等化石能源的不可再生性以及采伐过度，不仅对环境造成了很大的损害，而且可供人类使用的量已经岌岌可危。人类已经将目光聚焦到太阳能、风能等清洁可再生能源，但是这些能源的采集都需在偏远山区或是沿海岛屿，基础设施建设与能源传输都花费庞大；另外，这些能源都是间歇性能源，在实际利用过程中容易出现断断续续充电过程，不仅大大缩短了电池的寿命，产生的电能也无法直接连入电网中。随着新能源的快速发展，电网的稳定性会越发重要，这对于储能系统的反应速率和使用频率范围要求更高。对于超级电容器而言，良好的循环寿命与快速反应速度完全满足新能源对于储能装置的要求，能有效存储不稳定的能量，弥补锂电池等其他化学电源在大功率方面的不足，能够提供更为稳定的能源接入电网中。除此以外，超级电容器还能起到稳定系统电势、减少电源容量配制的作用。

微电网是一种由分布式电源组成的独立系统，某些情况下，微电网会从并网模式转换为孤网模式，出现功率缺额，储能设备的安装则有助于两种模式的平稳过渡。超级电容器储能系统可以有效地将负荷低落时产生的多余电能进行储存，并在负荷高峰时将电能回馈以调整功率需求。将其作为微电网的能量缓冲环节，可充分地利用负荷低谷时机组的发电，同时可避免安装发电机组来满足峰值负荷，避免浪费。由于超级电容器优异的性能使得其比蓄电池更适合处理尖峰负荷，能够提供有效的备用容量改善电力品质，改善系统的可靠度、稳定度。

6.4.2 新能源汽车领域

与传统电容器相比，锂离子电容器在能量密度、功率密度等各方面已经得到很大提升，具有非常广阔的发展前景，可以应用于汽车、工程机械等领域。目前，锂离子电容器已经有了很多成功应用的案例。

AGV 小车由于特殊使用工况（在工作期间需要完成装载、启动、加速、稳定运行、急停、制动和卸载等），要求电源能够适应频繁大电流充放电，并且循环使用周期长、能量易回收以及环境无污染等。锂离子电容器具备大电流充电接受能力，使用寿命长，常温下支持近百万次循环充放电，浮充寿命高达 10 年，并且不会出现热失控现象，安全可靠性极高。它有效地缓解了应用一般二次电池时常出现的问题，能够保证 AGV 小车连续、稳定、安全地工作。目前，很多公司在开发应用于 AGV 的锂离子电容器。

在混合电动车方面，48V 启停系统能实现发动机的启停和制动能量回收，改装难度小、成本低，有望实现节能 15%～20%，减排 10%～15%，是满足工信部要求的最现实的技术方案之一，且有利于传统汽车在新的排放标准下升级换代达到要求。美国先进电池联盟（USABC）要求汽车启停系统电源达到能量密度≥50W·h·kg^{-1}，功率密度≥2kW·kg^{-1}，循环寿命≥75000 次。锂离子电池虽然能量密度高，但是受限于功率密度和循环寿命，很难满足这一要求。兼具高能量密度和高功率密度的锂离子电容器被称为是最具潜力能够满足 48V 启停系统的动力电源。

在电动公交车方面，超级电容器以其快速性能和长循环寿命，实现电动公交车“随充随走”模式，利用班次之间的空闲时间进行充电，不影响正常运营。相比于装载锂离子电池的电动公交车，锂离子电容器城市公交车“随充随走”运营模式在车辆能耗、运行成本、维护保养、单车出勤等指标方面，具有可观的经济效益。

在燃料电池车方面，锂离子电容器能高功率充放电，适宜与氢燃料电池电源协同工作，取长补短和优势互补，实现大于双电源功率之和的目标，应用于采用异步电动机等电驱动技术的城市客车前景被看好。

6.4.3 轨道交通领域

轨道交通具有运量大、速度快、安全、准点、保护环境、节约能源和用地等特点，超级电容器在轨道交通领域中的应用主要包括有轨电车、地铁制动能量回收装置、内燃机车和内燃机动车组启动以及卡车、重型运输车等车辆在寒冷地区的低温启动等。

地铁列车由于站间距较短，制动频繁，制动能量相当可观。采用超级电容作为储能器件制成制动能量回收装置，替代制动电阻，储存制动能量，列车启动的时候再释放出来，对于地铁节能意义重大。目前，由中国中车承担的 863 项目中所研发的3V/12000F超级电容器已在储能式有轨电车和地铁的能量回馈系统中应用，使能量在储存转化与回收方面的效率进一步提高。

对于内燃机车，机车柴油机的启动是由铅酸蓄电池供电，驱动直流启动电机，从而带动柴油机至点火，柴油机正常运转，这时停止启动电机供电，柴油机启动完成。这种启动方式，在柴油机开始转动的瞬间，蓄电池要大电流深度放电，对蓄电池的使用寿命将产生很大影响，对蓄电池的容量要求较高。蓄电池的使用温度在−20℃以上，寿命低于500次，所以在环境温度比较低的情况下，单独蓄电池的电流释放能力下降，影响机车的启动。超级电容器因其使用温度较宽、使用寿命超长（使用寿命长达10年）、低温启动系统可替换铅酸电池用于内燃机车启动系统，且可在低温条件下的频繁启动，减少了空载待机时间。

6.4.4 军事装备领域

由于超级电容器具有高功率密度、较宽的工作温度范围以及优异的低温特性，不仅可以作为高功率的激光武器、军队野外战斗一次性电话的能源，而且可以作为军舰、潜艇以及单兵微型电台等装备的辅助电源，为其在启动过程中提供能源，保证在低温区的正常工作运行。超级电容器作为启停系统可在保证机动性的前提下，有效降低燃油消耗。

6.5 结论与展望

由于锂离子电容器有着较传统超级电容器更高的能量密度，较锂离子电池更高的功率密度和更长的循环寿命，且具有工作温度范围广、安全性好等优势，因此成为研究的热点。类似于锂离子电池等化学电源器件，锂离子电容器同样由电极、电解液和隔膜三个主要部件和工程性附件组成。从以上三个基本部件出发，建立了锂离子电容器的能量密度方程。由于充放电过程中仍然存在消耗电解液的过程，因此锂离子电容器的能量密度仍然受到电解液浓度的限制。基于锂离子电容器的结构设计，对现有的正极材料、负极材料、电解液三者进行简要介绍。锂离子电容器正极依靠双电层反应储能，因此具备较大的比表面积、良好的导电性、低成本和高可控性的碳材料得到广泛研究与应用，如应用最为广泛的活性炭。负极依靠法拉第反应完成储能，尽管硅负极材料具有高容量的优势，但仍然存在如循环性能差、倍率性能差、体积膨胀等诸多问题，因此常用于锂离子电容器的负极材料仍是较为成熟的碳基材料。负极预嵌锂可降低负极电位，进而提高器件的能量密度，补充 SEI 形成和储能时的离子消耗，是锂离子电容器的关键技术。预嵌锂主要有内部短路法、外部短路法、电化学嵌锂法和富锂正极掺杂法。其中，内部短路法的一种——SLMP 法，由于操作简便、可控和成本低，已经在商业化的锂离子电容器上实现应用。锂离子电容器正负极储能机制的不同，造成正负极反应动力学速率的不一致。因此在装配过程中，需要对正负极进行合理匹配，研究人员已从容量、电流和电压角度提出了不同的思路。锂离子电容器满足了人们对于电源快速充放电、高效与长期可靠使用的迫切需求，因此在可再生能源、新能源汽车、轨道交通和军事装备等领域有了广泛的应用。

随着技术的不断发展，锂离子电容器在各领域中的应用将会越来越广。目前，锂离子电容器技术性能及成本还具有优化的空间，能量密度将会进一步提高，器件成本将会进一步降低。在提高能量密度方面，除了继续对碳负极的预嵌锂技术、多孔电极材料结构与材料体系匹配性进行深入研究外，高性能电极材料的开发，与电极体系相匹配的功能性电解液、电极片及单体量产工艺的优化，单体检测方法及系统集成等方面还需要大力研究；在降成本方面，一方面通过优化工艺流程、开发自主知识产权的关键工艺装备、提高产品良品率、扩大市场规模等，控制锂离子电容器的制备工艺成本和原材料成本，降低初始投资成本，另一方面提高锂离子电容器的使用寿命，使其在全寿命周期成本具有巨大的市场竞争优势。

参考文献

[1] Wang Y, Song Y, Xia Y. Electrochemical capacitors: mechanism, materials, systems, characterization and applications [J]. Chemical Society Reviews, 2016, 45 (21): 5925-5950.

[2] Zheng J P, Huang J, Jow T R. The limitations of energy density for electrochemical capacitors [J]. Journal of the Electrochemical Society, 1997, 144 (6): 2026-2031.

[3] Cao W J, Zheng J P. Li-ion capacitors with carbon cathode and hard carbon/stabilized lithium metal powder anode electrodes [J]. Journal of Power Sources, 2012, 213: 180-185.

[4] Cao W, Li Y, Fitch B, et al. Strategies to optimize lithium-ion supercapacitors achieving high-performance: Cathode configurations, lithium loadings on anode, and types of separator [J]. Journal of Power Sources, 2014, 268: 841-847.

[5] Zheng J P, Jow T R. The effect of salt concentration in electrolytes on the maximum energy storage for double layer capacitors [J]. Journal of the Electrochemical Society, 1997, 144: 2417-2420.

[6] Zheng J P. The limitations of energy density of battery/double-layer capacitor asymmetric cells [J]. Journal of the Electrochemical Society, 2003, 150 (4): A484-A492.

[7] Wang X, Zheng J P. The optimal energy density of electrochemical capacitors using two different electrode [J]. Journal of Electrochemical Society, 2004, 151: A1683-A1689.

[8] Zheng J P. Theoretical energy density for electrochemical capacitors with intercalation elec trodes [J]. Journal of the Electrochemical Society, 2005, 152: A1864-A1869.
[9] 章磊，黄军，郑俊生，等.超级电容器的能量限制与提升措施 [J].化工进展，2017，36 (5)：1666-1674.
[10] Du Pasquier A, Plitz I, Gural J, et al. Power-ion battery: bridging the gap between Li-ion and supercapacitor chemistries [J]. Journal of Power Sources, 2004, 136 (1): 160-170.
[11] Naoi K. Nanohybrid capacitor′: the next generation electrochemical capacitors [J]. Fuel Cells, 2010, 10 (5): 825-833.
[12] Zheng J P. High energy density electrochemical capacitors without consumption of electrolyte [J]. Journal of the Electrochemical Society, 2009, 156 (7): A500-A505.
[13] Amatucci G G, Badway F, Du Pasquier A. An asymmetric hybrid nonaqueous energy storage cell [J]. Journal of the Electrochemical Society, 2001, 148 (8): A930-A939.
[14] Cao W J, Greenleaf M, Li Y X. The effect of lithium loadings on anode to the voltage drop during charge and discharge of Li-ion capacitors [J]. Journal of Power Sources, 2015, 280: 600-605.
[15] Shellikeri A, Hung I, Gan Z. In situ nmr tracks real-time li-ion movement in hybrid supercapacitor-battery device [J]. The Journal of Physical Chemistry C, 2016, 120: 6314-6323.
[16] Cao W J, Luo J F, Yan J, et al. High performance li-ion capacitor laminate cells based on hard carbon/lithium stripes negative electrodes [J]. Journal of the Electrochemical Society, 2017, 164 (2): A93-A98.
[17] Shellikeri A, Watson V, Adams D, et al. Investigation of pre-lithiation in graphite and hard-carbon anodes using different lithium source structures [J]. Journal of the Electrochemical Society, 2017, 164 (14): A3914-A3924.
[18] Yao K, Cao W J, Liang R, et al. Influence of stabilized lithium metal powder loadings on negative electrode to cycle life of advanced lithium-ion capacitors [J]. Journal of the Electrochemical Society, 2017, 164 (7): A1480-A1486.
[19] Guo X, Gong R, Qin N, et al. The influence of electrode matching on capacity decaying of hybrid lithium ion capacitor [J]. Journal of Electroanalytical Chemistry, 2019, 845: 84-91.
[20] Li B, Zheng J, Zhang H, et al. Electrode materials, electrolytes, and challenges in nonaqueous lithium-ion capacitors [J]. Advanced Materials, 2018, 30 (17): 1705670.
[21] Yu M, Lin D, Feng H, et al. Boosting the energy density of carbon-based aqueous supercapacitors by optimizing the surface charge [J]. Angew Chem Int Ed Engl, 2017, 56 (20): 5454-5459.
[22] Ishimoto S, Asakawa Y, Shinya M, et al. Degradation responses of activated-carbon-based EDLCs for higher voltage operation and their factors [J]. Journal of the Electrochemical Society, 2009, 156 (7): A563-A571.
[23] Naderi R, Shellikeri A, Hagen M, et al. The influence of anode/cathode capacity ratio on cycle life and potential variations of lithium-ion capacitors [J]. Journal of The Electro-

chemical Society, 2019, 166 (12): A2610-A2617.

[24] Jin L, Gong R, Zhang W, et al. Toward high energy-density and long cycling-lifespan lithium ion capacitors: a 3D carbon modified low-potential Li_2TiSiO_5 anode coupled with a lignin-derived activated carbon cathode [J]. Journal of Materials Chemistry A, 2019, 7 (14): 8234-8244.

[25] Hagen M, Cao W J, Shellikeri A, et al. Improving the specific energy of Li-Ion capacitor laminate cell using hybrid activated Carbon/$LiNi_{0.5}Co_{0.2}Mn_{0.3}O_2$ as positive electrodes [J]. Journal of Power Sources, 2018, 379: 212-218.

[26] Jin L, Zheng J, Wu Q, et al. Exploiting a hybrid lithium ion power source with a high energy density over 30 Wh/kg [J]. Materials Today Energy, 2018, 7: 51-57.

[27] Shellikeri A, Yturriaga S, Zheng J S, et al. Hybrid lithium-ion capacitor with $LiFePO_4$/AC composite cathode-long term cycle life study, rate effect and charge sharing analysis [J]. Journal of Power Sources, 2018, 392: 285-295.

[28] Hagen M, Yan J, Cao W J, et al. Hybrid lithium-ion battery-capacitor energy storage device with hybrid composite cathode based on activated carbon / $LiNi_{0.5}Co_{0.2}Mn_{0.3}O_2$ [J]. Journal of Power Sources, 2019, 433 (SEP. 1): 126689.

[29] Zheng J S, Zhang L, Shellikeri A, et al. A hybrid electrochemical device based on a synergetic inner combination of Li ion battery and Li ion capacitor for energy storage [J]. Scientific Reports, 2017, 7: 41910.

[30] Yan J, Chen X J, Shellikeri A, et al. Influence of lithium iron phosphate positive electrode material to hybrid lithium-ion battery capacitor (H-LIBC) energy storage devices [J]. Journal of the Electrochemical Society, 2018, 165 (11): A2774-A2780.

[31] Cao W, Zheng J, Adams D, et al. Comparative study of the power and cycling performance for advanced lithium-ion capacitors with various carbon anodes [J]. Journal of the Electrochemical Society, 2014, 161: A2087-A2092.

[32] 郑俊生，章磊，黄军，等. 负极预嵌锂对锂离子电容器性能的影响 [J]. 同济大学学报（自然科学版），2017，45 (11)：1701-1706.

[33] Naoi K, Ishimoto S, Miyamoto J, et al. Second generation 'nanohybrid supercapacitor': Evolution of capacitive energy storage devices [J]. Energy & Environmental Science, 2012, 5 (11): 9363-9373.

[34] Boltersdorf J, Delp S A, Yan J, et al. Electrochemical performance of lithium-ion capacitors evaluated under high temperature and high voltage stress using redox stable electrolytes and additives [J]. Journal of Power Sources, 2018, 373: 20-30.

[35] Kim M, Xu F, Lee J H, et al. A fast and efficient pre-doping approach to high energy density lithium-ion hybrid capacitors [J]. Journal of Materils Chemistry A, 2014, 2 (26): 10029-10033.

[36] Sivakkumar S R, Pandolfo A G. Evaluation of lithium-ion capacitors assembled with pre-lithiated graphite anode and activated carbon cathode [J]. Electrochimica Acta, 2012, 65: 280-287.

[37] Jezowski P, Crosnier O, Deunf E, et al. Safe and recyclable lithium-ion capacitors using sacrificial organic lithium salt [J]. Nature Mater, 2018, 17 (2): 167-173.

[38] Park M S, Lim Y G, Kim J H, et al. A novel lithium-doping approach for an advanced lithium ion capacitor [J]. Advanced Energy Materials, 2011, 1 (6): 1002-1006.
[39] Cao W J, Zheng J P. The effect of cathode and anode potentials on the cycling performance of li-ion capacitors [J]. Journal of the Electrochemical Society, 2013, 160: A1572-A1576.
[40] Dsoke S, Fuchs B, Gucciardi E. The importance of the electrode mass ratio in a Li-ion capacitor based on activated carbon and $Li_4Ti_5O_{12}$ [J]. Journal of Power Sources, 2015, 282: 385-393.
[41] Li J, Gao F. Analysis of electrodes matching for asymmetric electrochemical capacitor [J]. Journal of Power Sources, 2009, 194 (2): 1184-1193.
[42] Jin L, Guo X, Gong R, et al. Target-oriented electrode constructions toward ultra-fast and ultra-stable all-graphene lithium ion capacitors [J]. Energy Storage Materials, 2019, 23: 409-417.
[43] Sun X, Zhang X, Zhang H, et al. High performance lithium-ion hybrid capacitors with pre-lithiated hard carbon anodes and bifunctional cathode electrodes [J]. Journal of Power Sources, 2014, 270: 318-325.

第 7 章

微型和柔性超级电容器

目前对于微型超级电容器尚缺乏明确的定义，一般认为微型超级电容器设备的尺寸应该在平方毫米或者平方厘米级别，电极厚度小于 10μm，其微型尺度至少应该具有两个维度，或具有 $1\sim10mm^3$ 规模的二维或三维结构的设备，其中包括所有组件和相关包装。此定义适用于各种一维纤维、二维薄膜和三维框架的电极材料所组装的微型超级电容器。柔性超级电容器包括一维线性结构、二维平面和三维立体柔性超级电容器，整体器件具有拉伸、弯折或是弹性的超级电容器设备都可以归类为柔性超级电容器[1]。

7.1 微型/柔性超级电容器的组装

根据两个电极是否基于相同的材料，电容器通常可以分为对称和不对称超级电容器。对于对称型超级电容器，两个电极均基于具有双电层电容（electrical double layer capacitor，EDLC）或伪电容的相同材料[2]。非对称型超级电容器由基于不同材料的电极组成，通常以双电层电容型电极作为阳极提供快速离子电子转移，而法拉第电极作为阴极提供高储量密度。所以不对称型超级电容器同时具有高能量密度和功率密度，并且表现出良好的循环稳定性和宽的工作电压窗口[3]。

早期微型/柔性超级电容器的制造类似于薄膜电容器，由两个薄膜电极组成，两个薄膜电极相对叠置，而固态电解质介于它们之间，形成具有三明治结构的超级电容器器件［图 7-1（a)］。电极配置适用于大多数活性电极材料，并具有大量生产的成本效益。然而，从实际应用的角度来看它具有明显的不足，即在各种应用条件下电极可能发生短路和位置变形。而且传统堆叠构造的另一个严重缺点是夹在中间的大面积固体或凝胶型电解质不利于电解质离子的转移，会导致电池中离子传输阻力的增加，并进一步导致功率损失大[4]。

叉指电极是如指状或梳状的面内有周期性图案的电极，是目前广泛应用于各种微型和柔性超级电容器器件中的电极结构［图 7-1（b)］。平面叉指结构设计的主要优势在于，通过传统的微电子制造技术（刻蚀）或者先进的印刷技术和其他先进的图案化制造技术，可在电极指之间构建更短的离子扩散路径，使离子传输阻力减小，从而实现超高功率能力[5]。并且这种构造的微型超级电容器可以在各种应用条件下有效地防止电极短路和电极位置变形。此外，因为不使用任何有机黏合剂和聚合物隔膜，这种微型超级电容器可减少成本并增强耐用性。最后，电极的平面设计有利于在集成电路上与其他微电子器件的集成实现完整微电子系统的构造。尽管并排设计导致该类型器件面能量密度较低，但目前已经通过制备高容量电极活性材料和引入三维结构来对其进行改善。

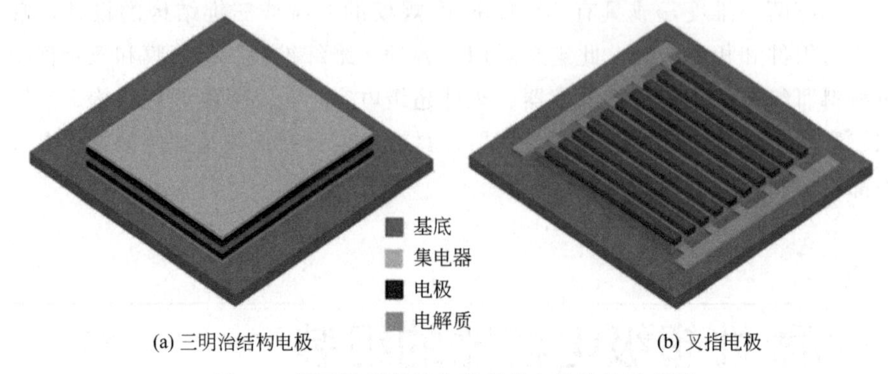

图 7-1　平面微型超级电容器的电极结构示意图

7.1.1 印刷电极

电子产品印刷技术为微型柔性超级电容器提供了简单、低成本、省时、多功能和环保的制造思路。作为一类新兴的技术，印刷电子技术（喷墨打印、3D 打印、丝网印刷等）不仅大大降低了电子设备的制造成本，并且能实现在大型和非常规基板上（例如非平面柔性基板）器件的构筑[6]。通常，印刷超级电容器的原理是将活性物质分散到悬浮液或黏性糊剂中制备成油墨，然后运用各种印刷和沉积方法来制备。印刷方法根据油墨流变性的差异而不同，例如具有低、中和高黏度的油墨可以分别用于喷墨打印、丝网印刷和 3D 打印，具有较宽黏度范围的墨水甚至可以用笔直接书写电极图案[7]。

印刷超级电容器的过程通常包括油墨制备、沉积和固化。影响其电化学性能的关键因素主要包括：①制备分散性好且可印刷的油墨；②稳定按量给出油墨的打印技术；③调节油墨在基材上的润湿行为，而不影响图案分辨率，也不会引起电极之间的短路；④将油墨固化成所需的 2D 图案和 3D 结构，同时确保电极与基底/集电器之间的良好黏合[8]。

印刷电极技术除了具有低成本、灵活和易于集成等一般的优势外，还为微型超级电容器的制造提供了独特的优势：①3D 打印可以轻松地在三个维度上微调电极形态，导致暴露的有效表面积增加，甚至获得分层的多孔电极、调控电极的膜厚度；②通过印刷实现非对称超级电容器设备的正负极材料负载量匹配，使超级电容器设备的每单位质量、面积和体积的比能量/功率密度最大化；③使用传统制造技术难以图案化的材料（例如陶瓷）可以通过印刷实现，因此，超级电容器电极的选择可以扩展到更大范围的材料，此外，通过使用印刷，可以在三个维度上仔细地构图来显著提高其性能和应用；④通过印刷可以更容易地制造和测试所设计的原型器件，当材料成本高时，在不浪费大量材料的情况下加速研究过程。可见印刷技术不仅是一种制造技术，而且还是新应用以及新技术的孵化工具。图 7-2 简要总结了制造超级电容器的主要印刷方法[9]。

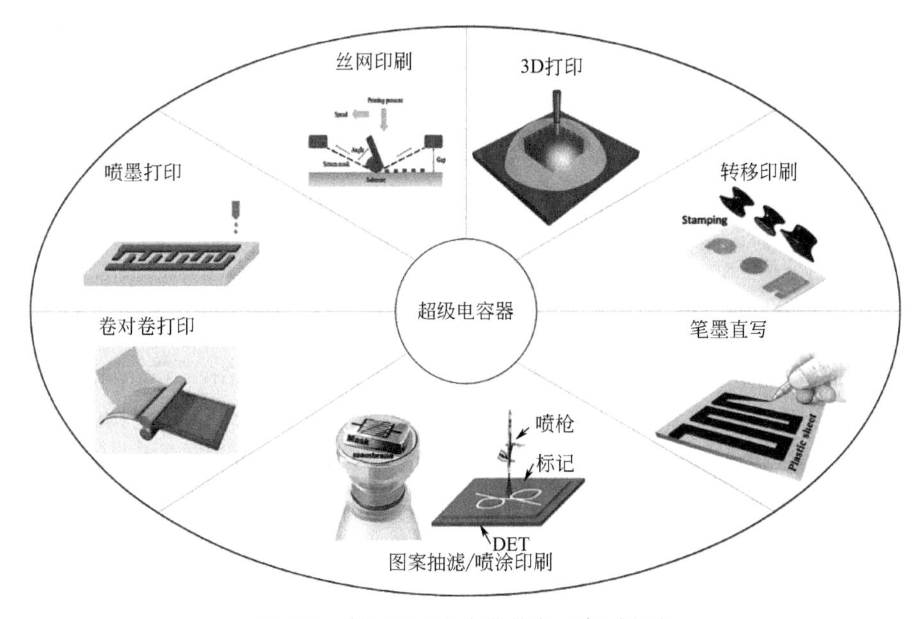

图 7-2 制造超级电容器的主要印刷方法

由于打印方法既可以轻松制造微型/柔性超级电容器和三维集流体，也可以轻松利用新兴材料如零维、一维、二维材料，因此打印技术实际上代表了（柔性）微型超级电容器领域制造方式的转变。

7.1.1.1 喷墨打印

喷墨打印是一种数字式、非接触式、无掩模的高精度打印技术。这是一种在金属、纸张和聚合物基材上沉积图案材料的技术，连续喷墨和按需滴注喷墨打印是两种主要的模式。连续喷墨印刷是通过将连续的液滴经由打印头喷射，然后在静电场驱动下沉积在基板上。用于电子设备制造的大多数喷墨打印机都是基于按需滴注喷墨打印模式[10]。基于墨水从喷嘴中喷出的机理，按需滴注喷墨打印可以分为热敏和压电两种。在热喷墨过程中，数字信号进入加热电阻元件对储存在毛细管中的墨水加热然后形成膨胀的气泡，该气泡通过喷嘴将液滴喷写到基材上，从而控制出墨。而在压电喷墨过程中，将数字信号转化为电压信号施加到压电材料上以产生变形，压电材料向储墨腔室施加压力以将墨水按压电信号强弱量挤出来，再通过喷嘴在基板上形成图案。

喷墨打印具有以下优点：①可以喷墨打印低黏度的油墨，例如水性油墨；②在非接触式打印技术中，打印头不需要接触基板，因此避免了交叉污染以及喷嘴和基板的损坏，作为一种无掩模的数字技术，喷墨打印在图案几何形状和设计配置方面显示出很高的灵活性；③在计算机程序的精确协调下，采用多个打印头可以很容易地在一个打印过程中沉积不同的材料；④填充喷墨打印机墨盒的典型体积在几毫升的范围内，在喷墨打印过程中只需要少量的墨水并且几乎不产生浪费。然而，喷墨印刷也存在一些不足：①由于喷墨打印机对打印精度要求很严格，制备具有适当流体物理特性（如表面张力、黏度和沸点）的可印刷油墨是一项挑战；②通常打印速度低，但是通过采用将许多小型打印头集成到线性阵列中的工业级打印头，也可以用于大规模和高吞吐量的打印[9-11]。

7.1.1.2 3D 打印

3D 打印是一种快速成型技术，又称增材制造（additive manufacturing，AM），它是基于粉末、液体和细丝等进行堆叠然后通过光固化成型构建三维结构。基于光的 3D 打印方法主要包括：立体光刻（stereo lithography appearance，SLA），该技术使用光栅激光将可光固化树脂光聚合为固体三维结构；选择性激光烧结（selective laser sintering，SLS），该技术通过使用光栅激光将聚合物颗粒局部加热并融合从而获得三维结构[12]。作为一种极具潜力的强大工具，SLA 在微制造和纳米材料制造方面具有广阔的前景，即双光子聚合（two-photon polymerization，2PP），涉及由飞秒激光引起的光化学过程，双光子聚合利用了双光子吸收过程对材料穿透性好、空间选择性高的特点，近年来已成为全球高新技术领域的一大研究热点。此外，基于墨水的 3D 打印技术包括熔融式沉积（fused deposition modeling，FDM）、直接墨水书写和黏合剂喷射，这些打印技术可以沉积低黏度流体、连续长丝和黏弹性材料等多种形式的材料。与基于光辅助成型的方法相比，基于墨水的打印方法是用于微型/柔性超级电容器制造的主要方法[13]。FDM 在 3D 打印机中使用最为广泛，通过将墨水（通常是长丝形式的热塑性聚合物）在喷嘴内加热到接近其熔点的温度后挤出，挤出的长丝沉积到基材上后迅速冷却并固化，以逐层堆叠的方式构建 3D 结构。最常见的热塑性聚合物是聚乳酸（PLA）、丙烯腈丁二烯苯乙烯（ABS）和聚碳酸酯（PC）。有商业上可买到的导电丝（主要基于石墨烯或碳纳米管），可用于微型超级电容器的集流体或电极材料。但由于细丝中活性物质的浓度低，它们的低电导率（数百个 $S \cdot m^{-1}$）限制了其应用。由于 FDM 过程中需要高温，因此 FDM 的材料选择受到很大限制[14]。

直接墨水书写（direct ink writing，DIW）是指以逐层沉积的方式将剪切稀化的墨丝交联成为三维固体结构。剪切稀化行为使材料能够通过细喷嘴挤出，并具有足够高的剪切弹性模量和剪切屈服强度以保持其形状。根据喷嘴尺寸的不同，DIW 的分辨率可能很高（小于 5mm）。DIW 是通用的制造技术，可以印刷多种材料如塑料、水凝胶和纳米材料等，因此吸引了最多的关注[15]。

黏合剂喷射（binder jetting，BJ）是指将特殊的黏合剂和粉末材料以期望的图案从喷嘴喷出并沉积的过程，其中黏合剂将黏结粉末并形成固体结构。黏合剂喷射技术减轻了对载体的需求，因为粉末可以自我支撑。可以使用各种粉末材料（例如陶瓷、灰泥和活性炭）进行黏合剂喷射。黏合剂喷射通常在除去黏合剂后产生多孔的硬固体。由于其高孔隙率，可以用第二相材料渗透以获得功能性复合材料。在储能器件中喷射黏合剂的研究方向主要是通过使用带有导电黏合剂的金属氧化物粉末制造电极[16]。

与其他打印技术相比，3D 打印具有以下优势：①出色的印刷灵活性和几何形状可控性，3D 打印可使用多种材料包括粉末、液体和金属，还可以实现复杂的 3D 构造，特别是分级多孔结构，这对于增强电化学性能是有利的；②印刷图案的厚度可控，薄膜电极和厚电极均可印刷，尤其是具有高纵横比配置的电极；③由于增材制造的性质和简化的工艺，因此具有成本效益和环境友好性[17]。尽管如此，可以使用 3D 打印机直接打印的材料有限，并且通过 3D 打印制造的结构通常表现出较差的力学性能，使它的应用具有一定的局限性。

7.1.1.3 丝网印刷

丝网印刷是一种广泛使用的批量印刷，该工艺是将油墨通过模板丝网挤压并沉积到基材上，利用丝网印版的图案部分网孔可透过油墨，非图案部分网孔不能透过油墨的基本原理进行印刷。由于其简单性和多功能性，可以将多种功能性油墨和基材用于丝网印刷。丝网印刷主要有平板技术和滚筒技术两种类型。平板技术是逐步的过程，其中油墨通过平面图案的丝网被压到基材上，在印刷后，将图案化的丝网提起并用手更换或取出基材，以重复沉积过程。因此，平板丝网技术能够进行精确的多层印刷。由于图案丝网的低成本和延展性，它也显示出工业化规模印刷的巨大潜力。滚筒技术是将油墨挤压透过丝网滚筒以沉积到基板上的过程。当滚筒在平板基材上面滚动的时候，油墨连续地被挤压在基材上，从而在每圈滚动中进行完整的打印循环。因此，滚筒技术可以实现比平板技术更高的打印速度。在丝网印刷过程中，印刷图案的湿厚度由许多参数确定，例如丝网目数、印刷参数、基材表面性质和油墨黏度[18]。

丝网印刷具有以下优点：①丝网印刷适用于高纵横比的图案；②与其他技术相比，更易获得厚的平面膜；③在打印过程中可以轻松控制粘贴动作；④丝网印刷技术的总成本低于其他技术。然而由于油墨的高黏度，丝网印刷的薄膜具有高粗糙度和低分辨率，这限制了丝网印刷在印刷电子产品中的应用，特别是在需要精确覆盖时。

7.1.2 模板涂层法

由于薄膜质量（厚度、均质性和表面粗糙度）通常不是能量存储设备电极的严格要求，因此诸如迈尔棒涂、真空过滤和喷涂的涂覆技术被广泛用于将功能性油墨沉积到各种不同的材料上。由于其简单且低成本的特点，因此可以生产各种基材。借助模板，也可以轻松实现图案化沉积。

7.1.2.1 模板真空过滤

模具真空过滤已经成为一种通用的方法，已应用于具有多种功能材料的图案电极制备中，这种电极具有紧凑的结构，没有黏合剂、隔板和集流体。主要的电极活性材料包括石墨烯、碳纳米管、导电聚合物、二维层状材料以及它们的复合材料等。这些材料可以通过干燥后自发组装成具有一定强度的电极[19]。

模板真空过滤可以通过使用极其简单的设备在各种过滤膜基材上沉积图案化的活性材料。首先将活性材料配制成一定浓度的溶液，然后在覆盖有模板（金属或塑料）的滤膜上面进行真空抽滤，然后再去掉模板即可得到模板所带图案的微电极。如图 7-3 是以基于图案化的磷烯和石墨烯纳米片构建的微型柔性超级电容，借助定制的掩模进行连续真空过滤以形成叉指结构。之后把滤膜转移到 PET 基材上并剥离 PET 膜，使用离子液体滴铸在混合膜的顶部作为电解质。所制造的 MSC 表现出 9.8mF・m^{-2} 面积比容量、37.0mF・m^{-3} 的体积比容量和 11.6mW・h・m^{-3} 的能量密度。该设备还表现出出色的机械柔韧性。

7.1.2.2 模板喷涂

已经喷涂了各种功能材料以制造微型超级电容器电极，例如碳纳米管[2]、石墨烯[3] 和二维过渡金属碳/氮化物等。通过喷涂涂覆可将活性材料既用作电极又用作集流体[20]。

喷涂通过喷枪或碟式雾化器，借助于压力或离心力，将粉末或者溶液分散成均匀而微细的雾滴，施涂于模板覆盖的被涂物基底表面。其中平面模板可以是金属、高分子聚合物等易于加工的材料。根据活性材料的不同物理状态使用不同的

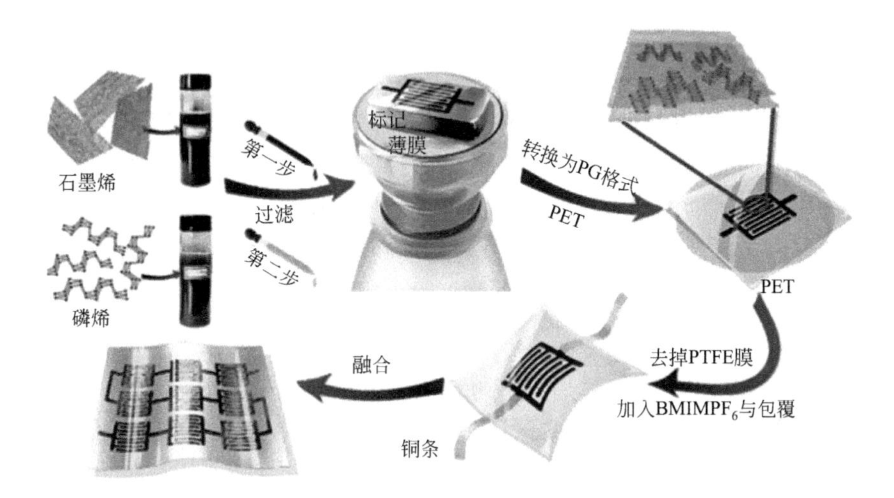

图 7-3 模板真空过滤示意图（石墨烯和磷烯制备微型超级电容器的叉指电极）

喷涂工艺，溶液可以用空气喷涂、无空气喷涂，粉末状材料可以采用静电喷涂等方法。最后将模板移除，用固态电解质覆盖在电极表面从而组装成微型/柔性超级电容器（图 7-4）。

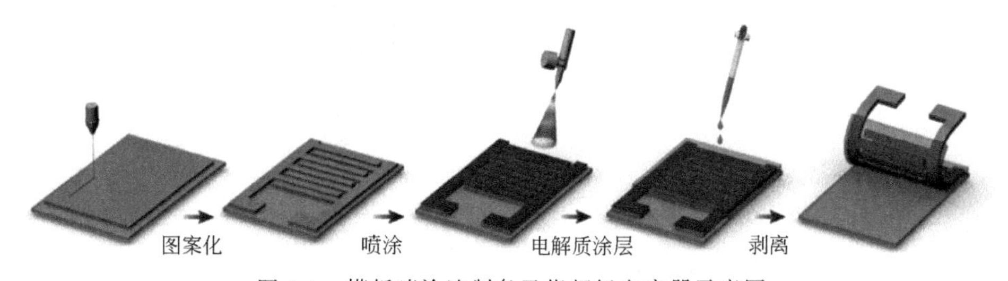

图 7-4 模板喷涂法制备叉指超级电容器示意图

7.1.3 刻蚀电极

刻蚀技术可以提供从毫米到微米尺度的电极构造，加工的材料也很多，例如单晶硅、碳材料、塑料、金属和金属氧化物等，通常采用刻蚀技术以高分辨率的方式在柔性基板上对叉指状的集流体进行预图案化，然后通过各种方法（例如CVD、喷涂、电化学沉积）选择性沉积各种电化学活性材料。最早的刻蚀技术为光刻蚀，光刻是平面型晶体管和集成电路生产中的一个主要工艺。此外还有通过反应离子刻蚀（RIE）、电感耦合等离子体刻蚀（ICPE）对大块单晶硅进行化学刻蚀，以形成纳米线阵列；还有通过在低温下的热线化学气相处理来生产单晶硅纳米线[21]。

7.1.4 光刻蚀

光刻是平面型晶体管和集成电路生产中的一个主要工艺，利用光刻机发出的光通过具有图形的光罩对涂有光刻胶的基底曝光，光刻胶见光后会发生性质变化，从而使光罩上的图形复印到基底上，使基底上面具有所需要的图案。一般的光刻工艺要经历硅片表面清洗烘干、涂底、旋涂光刻胶、软烘、对准曝光、后烘、显影、硬烘、刻蚀、检测等工序。光刻光源包括准分子激光、紫外光、电子束等[22]。

如图 7-5 所示为用紫外光刻技术制备了叉指状的微型电极，然后在化学气相沉积炉中热解表面的光致抗蚀剂直接生成多孔碳活性材料，将 1-乙基-3-甲基咪唑鎓双（三氟甲基磺酰基）酰亚胺离子液体与二氧化硅纳米粉作为离子凝胶电解质，所组装的微型超级电容器显示出 26W·cm^{-3} 的功率密度和 3mW·h·cm^{-3} 的能量密度，并具有出色的长期循环稳定性。

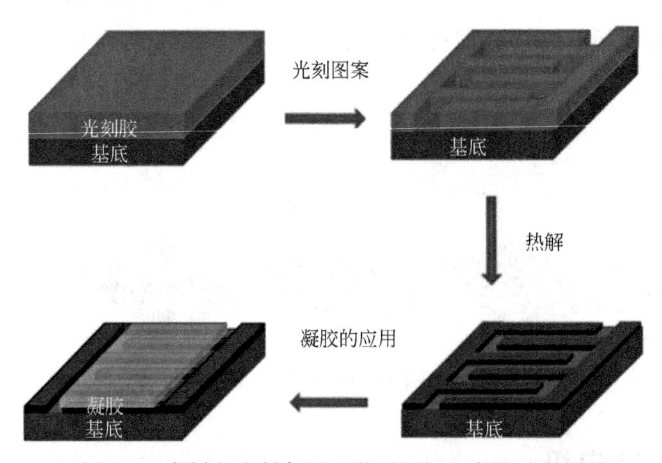

图 7-5　光刻方法制备平面微型超级电容器示意图

7.1.5 反应离子刻蚀

离子刻蚀是利用高能量惰性气体离子轰击被刻蚀物体的表面，达到溅射刻蚀的作用。采用这种方法，可以得到微米级特征尺寸和垂直的纵向形貌。这是一种“通用”的刻蚀方式，可以在任何材料上形成图形。它的弱点是刻蚀速率较低，选择性比较差。传导耦合性等离子体刻蚀的优势在于刻蚀速率高，可以形成良好的物理形貌和通过对反应气体进行选择性刻蚀[23]。

反应离子刻蚀是上述两种刻蚀方法相结合的产物，它利用有化学反应性的气体产生具有化学活性的基团和离子。经过电场加速的高能离子轰击被刻蚀材料，使表面受损，提高被刻蚀材料的表面活性，加速与活性刻蚀反应基团的反应速率，从而获得较高的刻蚀速率。这种化学和物理反应的相互促进，使得反应离子刻蚀具有上述两种干法刻蚀所没有的优越性：良好的形貌控制能力（各向异性）、较高的选择比、较快的刻蚀速率。因此在干法刻蚀工艺中反应性离子刻蚀得到广泛应用。

7.1.6 等离子体刻蚀

电感耦合等离子体刻蚀法（inductively coupled plasma etch，ICPE）是化学过程和物理过程共同作用的结果。它的基本原理是在真空低气压下，射频电源产生的射频输出到环形耦合线圈，以一定比例的混合刻蚀气体经耦合辉光放电，产生高密度的等离子体。这些等离子体对基片表面进行轰击，基片图案区域半导体材料的化学键被打断，与刻蚀气体生成挥发性物质以气体形式脱离基片再从真空管路被抽走。这种等离子体刻蚀具有很高的选择性和精度，可以实现微米级分辨率的图案化[24]。

7.1.7 激光直写

激光刻蚀可以将材料制备和图案化结合为一个步骤，例如通过直接在芳族聚合物上激光碳化反应形成多孔碳结构，根据不同的激光源，最终的结构可以是多孔的厚碳层或激光诱导石墨烯层。该方法提供了具有纳米分辨率和平面高度可扩展的制造工艺。目前，用于电极制造的激光器可被分为三种类型：激光还原氧化石墨烯、激光碳化和激光微加工。激光刻蚀的基本原理是将高光束质量的小功率激光束（一般为紫外激光、光纤激光）聚焦成极小光斑，在焦点处形成很高的能量，使材料在瞬间气化蒸发，形成孔、缝、槽。其加工工艺包括激光微纳切割、划片、刻蚀、钻孔等。激光刻蚀电极具有无接触加工、柔性化程度高、加工速度快、无噪声、热影响区小、可聚焦到激光波长级别的极小光斑等优越的加工性能。尤其是与某些材料（如聚酰亚胺）相互作用时属于“光化学作用”的“冷加工”，通过调整波长和功率可获得碳化/无碳化区域的效果。由于其高分辨率和可靠的制造工艺，光刻已被广泛用于微机电系统（MEMS）和纳米机电系统（NEMS）的批量生产[25]。

激光处理的基于石墨烯的微平面超级电容器组件以高效率、超高分辨率和低成本在小型化器件制造中展现了巨大的潜力。激光热还原氧化石墨烯技术是一种新型的激光直写图案化平面微电极制备方法，如图 7-6 通过调节输出激光功率，激光机既可以将电喷氧化石墨烯薄层还原，同时也对电极阵列进行图案化并烧蚀剥离多余的部分，最后对电极进行封装来制备微型平面超级电容器器件。

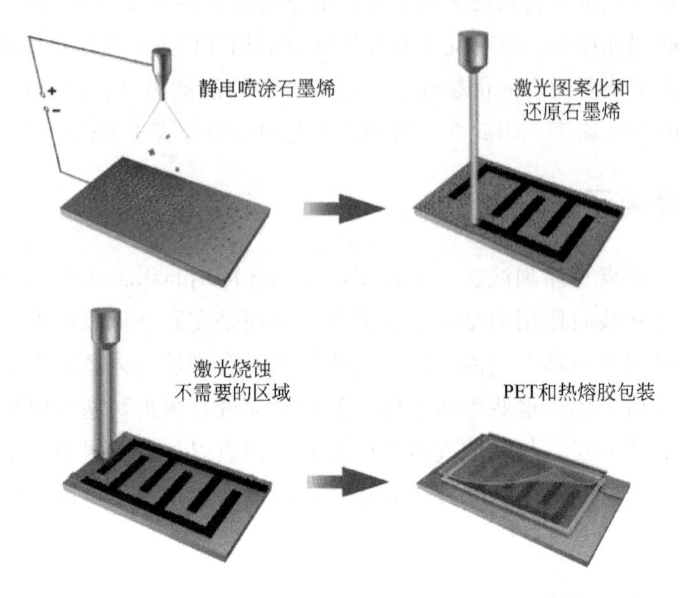

图 7-6 激光还原刻蚀超级电容器示意图

7.2 电解质的分类与制备

作为微型超级电容器的重要组成部分，电解质对器件的电化学性能有很大的影响，特别是对其电压窗口、速率能力和循环稳定性的影响。区分电解质的特征主要包括其离子电导率、电化学窗口、工作温度范围、稳定性和安全性。印刷的微型超级电容器几乎不可避免地使用固态电解质，一般分为凝胶电解质、无机固体电解质以及复合固态电解质。固态电解质的优点包括相对较高的离子电导率、易于制造的过程、简单且便宜的包装以及无泄漏问题[26]。此外，固态电解质有望用于制造可弯曲和柔性的微型超级电容器。同时，它们避免在微型超级电容器设备中使用隔膜，这对于平面微型超级电容器尤其重要。选择合适的固态电解质在开发高性能微型超级电容器方面起着重要作用。

目前应用最广的是凝胶电解质[27]，主要分为水性凝胶聚合物电解质、有机凝胶聚合物电解质、基于离子液体的凝胶聚合物电解质和氧化还原活性凝胶电解质。凝胶电解质具有较高的电化学稳定性和热稳定性，高离子电导率，优异的弯曲和拉伸耐受性，以及尺寸稳定性。

7.2.1 凝胶电解质

7.2.1.1 水系凝胶聚合物电解质

在凝胶电解质中，水系凝胶聚合物电解质由于其高离子传导性、低成本和环境友好性而被最广泛地使用。水系凝胶聚合物电解质主要由主体聚合物基质、电解质盐和增塑剂组成[28]。典型的聚合物基体包括聚乙烯醇（PVA）、过乙酸（PAA）和聚环氧乙烷（PEO）；增塑剂通常是水；电解质盐可以是中性盐（LiCl 或 Na_2SO_4）、强酸（H_2SO_4 或 H_3PO_4）或强碱（KOH）。水系凝胶聚合物电解质也被视为水凝胶电解质，其中水分子被 3D 聚合物网络捕获。凝胶电解质的增塑程度取决于聚合物与增塑剂的比例。对于聚合物基体，聚乙烯醇由于其高亲水性、易于制备的过程、优异的成膜特性、无毒和低成本而被广泛应用于准固态超级电容器当中[28]。

7.2.1.2 有机系凝胶聚合物电解质

尽管水系凝胶聚合物电解质具有优异的性能，但其相对较窄的工作电压窗口在一定程度上限制了其应用。通过使用有机系凝胶聚合物电解质可以克服该问题。有机凝胶聚合物电解质的制备方法极大地影响体系的离子电导率和力学性能。通常，有机凝胶聚合物电解质是通过在非水溶剂体系中将具有高分子量的聚合物，例如聚甲基丙烯酸甲酯（PMMA）或聚偏氟乙烯-六氟丙烯（PVDF-HFP），与导电盐物理混合，然后凝胶化而制备的。有机溶剂，包括碳酸亚丙酯（PC），*N*,*N*-二甲基甲酰胺（DMF），碳酸亚乙酯（EC）及其混合物，通常被用作增塑剂以扩大工作电压范围，电池电压可提高至 2.5～3V，明显大于水系凝胶聚合物电解质。电池电压窗口的增加对于改善微型超级电容器的能量密度是非常重要[29]。

7.2.1.3 离子液体基凝胶聚合物电解质

与水系和有机电解质相比，基于离子液体的凝胶电解质显示出一些额外的优势，例如不挥发、高离子电导率、不易燃、宽的工作电压窗口（最高 3.5V）和出色的机械柔韧性。因此，它们在柔性和可拉伸微型超级电容器中的应用具有巨大潜力。已经报道了几种使用离子液体凝胶电解质的柔性固态微型超级电容器。由于离子液体基凝胶电解质的高离子电导率和宽的工作电压窗口，所获得的微型超级电容器显示出优异的性能。与水系凝胶聚合物电解质和有机凝胶聚合物电解质类似，已针对离子液体凝胶电解质研究了各种聚合物主体，例如聚乙烯醇

(PVA)、PVDF-HFP 和聚氧化乙烯（PEO）。通过以 1-丁基-3-甲基咪唑鎓双（三氟甲基磺酰基）亚胺作为电解质，以聚乙烯腈为聚合物基质（PAN/[BMIM][TFSI]），制备了离子液体凝胶电解质并表现出优异的热稳定性，在环境温度下具有约 2.42mS·cm^{-1} 的高离子电导率和良好的机械柔韧性。使用石墨烯作为电极和 PAN/[BMIM][TFSI] 作为电解质的柔性固态微型超级电容器的最大功率密度为 82kW·kg^{-1}，能量密度为 32.3W·h·kg^{-1}，并且循环稳定性极佳[30]。

7.2.1.4 氧化还原活性化合物凝胶电解质

可以将氧化还原活性物质添加到电解质中，从而改善微型超级电容器的电容和能量密度。氧化还原添加剂可以通过可逆的法拉第反应引入额外的赝电容，并在电极-电解质界面快速转移电子，从而提高比容量。小尺寸的离子能够轻松进入中空多孔电极的微孔和中孔。大量的氧化还原对，如 $K_3Fe(CN)_6$、碘化物(KI)、和 Na_2MoO_4，以及有机氧化还原介体，如对苯二胺（PPDA）和对苯二酚（HQEE），已被用于制备氧化还原活性化合物凝胶电解质[31]。

7.2.2 无机固态电解质

目前有关无机固态电解质在超级电容器方面的报道很少，大多数无机固态电解质应用于锂/钠离子电池当中。无机固态电解质包括石榴石、钙钛矿、银辉石和磷酸盐类型。通常，无机固态电解质是一种离子导体，它依赖于缺陷的浓度和分布。当局部位置的离子激发到相邻位置并在宏观尺度上共同扩散时，无机固态电解质离子传输开始。实现离子传导的无机固态电解质必须满足下列三个条件：①可供移动离子占据的等价（或近等价）位点的数量应远大于可移动离子种类的数量；②相邻可用位点之间的迁移势垒能量应足够低，以使离子易于从一个位点移动到另一个位点；③必须将这些可用位点连接起来以形成连续的扩散途径。

现已报到了采用常规固相反应制备的四方钙钛矿型 [$Li_{0.5}La_{0.5}TiO_3$（LLTO）] 陶瓷电解质。观察在金属电极（Ag、Au 或 Pt）与 LLTO 之间的电化学性能差异。电流-电压（*I-V*）特性曲线表明了差异，其中最大负载为 5V 时的峰值电流在银电极为 5.1nA，金电极为 138.9nA，铂电极为 13.5μA。LLTO/Pt 样品在约 4V 处出现一个峰，而 LLTO/Au 样品在 2V 处出现一个模糊的峰，这表明 LLTO 和 Pt/Au 电极之间的电化学反应。这些差异归因于氧化还原样品和电极之间的肖特基接触界面的反应。这些 LLTO 和金属电极之间的界面特性关系有助于了解未来固态双电层陶瓷超级电容器的潜在机理[32]。

7.2.3 塑料晶体电解质

塑料晶体电解质（plastic crystal electrolytes，PCE）是一种新型的快速离子导电固体电解质，由金属盐和极性塑性晶体组成，具有优异的溶剂化能力。有机离子塑料晶体与常规材料相比具有一些显著优势，包括可塑性、不燃性和高离子电导率，在多种电化学装置中已显示出更安全、更稳定的表现，目前已经在锂离子电池和染料敏化太阳能电池，以及钠离子电池中研究并应用。尽管如此，固态电导率较低和目标离子（例如 Li^+、Na^+、H^+）较低的迁移率以及抑制抗衡离子的运输仍然是一个巨大的挑战。应用于超级电容器中的质子有机离子塑料晶体还处于初期，进一步的发展需要改善质子传导性并研究长期稳定性，包括酸/碱掺杂复合物的挥发性和化学稳定性[31,32]。

7.3 微型/柔性超级电容器的应用

与微电池相比，微型/柔性超级电容器具有出色的快速充放电性能、高功率密度和长循环寿命。此外，作为独立电源或电池补充能量收集器单元的微型/柔性超级电容器可以与柔性/可穿戴电子设备集成。但是，与电池相比，微型超级电容器的集成可能更加复杂。微型超级电容器必须与电源管理电路耦合才能使用，因为微型超级电容器的输出电压会随时间线性变化，为了增加能量密度而不损害电源性能，设计制造微型超级电容器具有重要研究意义。通过进行电路系统的集成和设计可以调控微型储能设备的输出电压。在微型/柔性超级电容器的应用中，除了电容和功率/能量密度之外，包括自放电率和循环时电容保持率在内的性能指标同样很重要。

7.3.1 作为环境能源的储能单元

微型柔性超级电容器可以充当集成电路中能量收集器和功能设备之间的桥梁，以构成所谓的自供电电子设备。诸如太阳能、热能或机械能之类的环境能源是柔性电子产品的主要可再生能源，但它们的输出功率低且分配不均匀。超级电容器的特性（如快速充电速度、高功率密度和长循环寿命）使其成为这些环境能源的理想储能装置。例如太阳能是主要的可再生和可持续能源，通过在柔性基板上构建全固态透明平面超级电容器，然后将其进一步与太阳能电池集成在一起来作为能源收集-存储装置；还可以将人体运动产生的机械能转换为电能为可穿戴和便携式电子设备供电；通过将摩擦纳米发电机与柔性超级电容器集成在一起来制造出一种可穿戴自充电式电源设备[33]。

7.3.2 微型集成电子设备

微型电子设备如微型机电系统、微型机器人、可植入医疗传感器、射频识别标签、远程环境传感器、便携式和可穿戴电子设备以及它们的无线自供电微/纳米系统的开发和集成对微型电化学储能系统的需求不断增长。微型柔性超级电容器以增强的功能和集成能力为各种物联网提供了新的解决方法。例如在能够检测温度、湿度、光强度、有害气体和 pH 值的便携式和可穿戴传感器无法独立工作并且需要电源时，微型超级电容器由于其体积小和平面结构小，可以集成在传感器系统中[33]。

参考文献

[1] Wang S，Hsia B，Carraro C，et al. High-performance all solid-state micro-supercapacitor based on patterned photoresist-derived porous carbon electrodes and an ionogel electrolyte [J]. Journal of Materials Chemistry A，2014，2 (21)：7997-8002.

[2] Browne M P，Redondo E，Pumera M. 3D printing for electrochemical energy applications [J]. Chemical Reviews，2020，120 (5)：2783-2810.

[3] Jabeen N，Hussain A，Xia Q，et al. High-performance 2.6 V aqueous asymmetric supercapacitors based on in situ formed $Na_{0.5}MnO_2$ nanosheet assembled nanowall arrays [J]. Advanced Materials，2017，29 (32)：1700804.1-1700804.9.

[4] Gu R，Yu K，Wu L F，et al. Dielectric properties and I—V characteristics of $Li_{0.5}La_{0.5}TiO_3$ solid electrolyte for ceramic supercapacitors [J]. Ceramics International，2019，45 (7)：8243-8247.

[5] Long Z，Zhou X，Wu X. Cascaded approach to defect location and classification in microelectronic bonded joints：Improved level set and random forest [J]. Transactions on Industrial Informatics，2019，16 (7)：4403-4412.

[6] Sun L，Hua G，Cheng T，et al. How to price 3D-printed products? pricing strategy for 3D printing platforms [J]. International Journal of Production Economics，2020，226：107600.

[7] Hu H，Pei Z，Ye C. Recent advances in designing and fabrication of planar micro-supercapacitors for on-chip energy storage [J]. Energy Storage Materials，2015，1：82-102.

[8] Pomerantseva E，Bonaccorso F，Feng X，et al. Energy storage：The future enabled by nanomaterials [J]. Science，2019，366：64-68.

[9] Xie B，Wang Y，Lai W，et al. Laser-processed graphene based micro-supercapacitors for ultrathin，rollable，compact and designable energy storage components [J]. Nano Energy，2016，26：276-285.

[10] Sajedi-Moghaddam A, Rahmanian E, Naseri N. Inkjet printing technology for supercapacitor application: Current state and perspectives [J]. ACS Applied Materials And Interfaces, 2020, 12 (31): 34487-34504.
[11] Xu X L, Hui K S, Hui K N, et al. Recent advances in the interface design of solid-state electrolytes for solid-state energy storage devices [J]. Materials Horizons, 2020, 7 (5): 1246-1278.
[12] Huang J. A review of stereolithography: Processes and systems [J]. Processes, 2020, 8 (9): 1138.
[13] Nielsen A V, Beauchamp M J, Nordin G P, et al. 3D printed microfluidics [J]. Annual Review of Analytical Chemistry, 2020, 13 (1).
[14] Zhang J, Zhang G, Zhou T, et al. Recent developments of planar micro - supercapacitors: Fabrication, properties, and applications [J]. Advanced Functional Materials, 2020, 30 (19): 1910000.
[15] Li B, Yun Y, Long T, et al. Direct ink writing of special-shaped structures based on TiO_2 inks [J]. Modern Physics Letters, B. Condensed Matter Physics, Statistical Physics, Applied Physics, 2016.
[16] Roberts J, Green P, Black K, et al. Modelling of metallic particle binders for increased part density in binder jet printed components [J]. Additive Manufacturing, 2020 (34): 101244.
[17] Zhang Y Z, Wang Y, Cheng T, et al. Printed supercapacitors: materials, printing and applications [J]. Chemical Society Reviews, 2019, 48 (12): 3229-3264.
[18] Yan L, Tam S K, Fung K Y, et al. Product design: Formulation of a screen-printable sintering-type conductive paste [J]. AIChE Journal, 2020, 66 (8).
[19] Raad S, Rahma A. Template assisted synthesis of SnO_2 nanorods by immerse and filtration technique, vacuum and drop setting [J]. Journal of Materials Science: Materials in Electronics, 2016 (26): 10036-10044.
[20] Zhang Y Z, Wang Y, Cheng T, et al. Printed supercapacitors: materials, printing and applications [J]. Chemical Society Reviews, 2019, 48 (12): 3229-3264.
[21] Xiao H, Wu Z S, Chen L, et al. One-step device fabrication of phosphorene and graphene interdigital micro-supercapacitors with high energy density [J]. Acs Nano, 2017: 7284-7292.
[22] Huang L J, Zhao L, Li B J, et al. Improving optical and electrical performances of aluminum-doped zinc oxide thin films with laser-etched grating structures [J]. Ceramics International, 2021, 47 (6): 7994-8003.
[23] Zheng Y, Gao P, Jiang L, et al. Surface morphology of silicon waveguide after reactive ion etching [J]. Coatings, 2019, 9 (8): 478.
[24] Jiang X, Zhang L, Bai Y, et al. Bi-stage time evolution of nano-morphology on inductively coupled plasma etched fused silica surface caused by surface morphological transformation [J]. Applied Surface Science, 2017, 409: 156-163.
[25] Huang L J, Zhao L, Li B J, et al. Improving optical and electrical performances of aluminum-doped zinc oxide thin films with laser-etched grating structures [J]. Ceramics In-

ternational，2020，47（6）：7994-8003.
[26] Zhao R，Wu Y，Liang Z，et al. Metal-organic frameworks for solid-state electrolytes [J]. Energy & Environmental Science，2020，13：2386-2403.
[27] Pavithra N，Velayutham D，Sorrentino A，et al. Thiourea incorporated poly（ethylene oxide）as transparent gel polymer electrolyte for dye sensitized solar cell applications [J]. Journal of Power Sources，2017，353：245-253.
[28] Li G，Zhang X，Sang M，et al. A supramolecular hydrogel electrolyte for high-performance supercapacitors [J]. The Journal of Energy Storage，2020，33：101931.
[29] Huy V，So S，Hur J. Inorganic fillers in composite gel polymer electrolytes for high-performance lithium and non-lithium polymer batteries [J]. Nanomaterials，2021，11（3）：614.
[30] Hp A，Gpa B，Jmd B，et al. Influence of ionic interactions on lithium diffusion properties in ionic liquid-based gel polymer electrolytes [J]. Electrochimica Acta，2020，354：136632.
[31] Yadav N，Yadav N，Singh M K，et al. Nonaqueous，redox-active gel polymer electrolyte for high-performance supercapacitor [J]. Energy Technology，2019，7（9）：1900132.
[32] Wang J，Yu X，Wang C，et al. PAMPS/MMT composite hydrogel electrolyte for solid-state supercapacitors [J]. Journal of Alloys and Compounds，2017，709：596-601.
[33] Li F，Qu J，Li Y，et al. Micro-supercapacitors：Stamping fabrication of flexible planar micro-supercapacitors using porous graphene inks [J]. Advanced Science，2020，7（19）：2070105.

第8章

超级电容器的应用

超级电容器（supercapacitors）也称为电化学电容器（electrochemical capacitors，ECs），是从20世纪七八十年代发展起来的通过极化电解质来储能的一种电化学元件。超级电容是一种介于传统电容器与电池之间具有特殊性能的电源，它既具有电容器可以快速充放电的特点，但比传统的电容具有更大的能量，也具有电池的储能特性，同时还能弥补了二次充放电电池低功率密度的不足[1-3]。鉴于超级电容的诸多优势以及独特性能，其广泛应用于智能仪表、电子设备、新能源汽车等多个领域。世界知名科技期刊《探索》早在2007年1月已将超级电容列为2006年世界七大技术发现之一，认为超级电容器是能量储存领域的一项革命性发展，并将在某些领域取代传统蓄电池。

以下主要从超级电容的工作原理与优势、超级电容储能相关政策、超级电容应用领域、超级电容应用前景以及超级电容的应用展望等几方面进行介绍。

8.1 超级电容器工作原理与优势

8.1.1 超级电容工作原理及分类

超级电容也称为电化学电容，是一种对环境友好的新型电化学储能元件，与传统的电容相比超级电容具有更大的能量密度，同时它还弥补了二次充放电电池功率密度不足的缺点。在结构上超级电容主要由电极（包括活性材料和集流体）、电解液和隔膜组成（图8-1），通过电极-电解液界面物理吸附或赝电容反应实现储能。

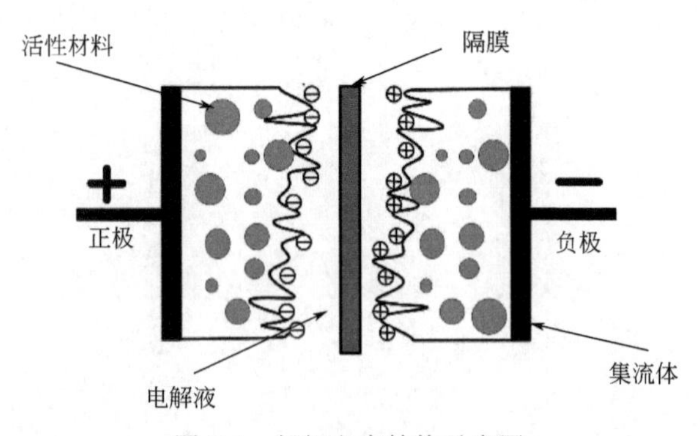

图8-1 超级电容结构示意图

根据储能机理的不同，超级电容主要可以分为两大类，一是电化学双电层电容，二是赝电容，如图 8-2 所示[4]。电化学双电层电容是基于双电层原理，依靠储能活性材料表面形成的双电层结构对电解液离子的静电吸附实现电荷储存，该过程属于物理储能方式。一般双电层超级电容由正负极储能活性材料、电解液、集流体、隔膜等部件装配而成。集流体与储能活性材料接触，主要是用于将电容产生的电流汇集起来，其内阻尽可能要小。隔膜位于正负极储能活性材料之间，防止正负极因直接接触而引起短路。在电容工作过程中，电解液离子在充放电中穿越隔膜完成电荷传输。赝电容也称为法拉第电容，主要通过活性物质表面的氧化还原反应来储能，与法拉第反应过程密切相关。不同于双电层电容，赝电容在储能过程中存在法拉第化学反应。由于在储能过程中发生了氧化还原反应，赝电容的电容量及能量密度高于双电层电容。

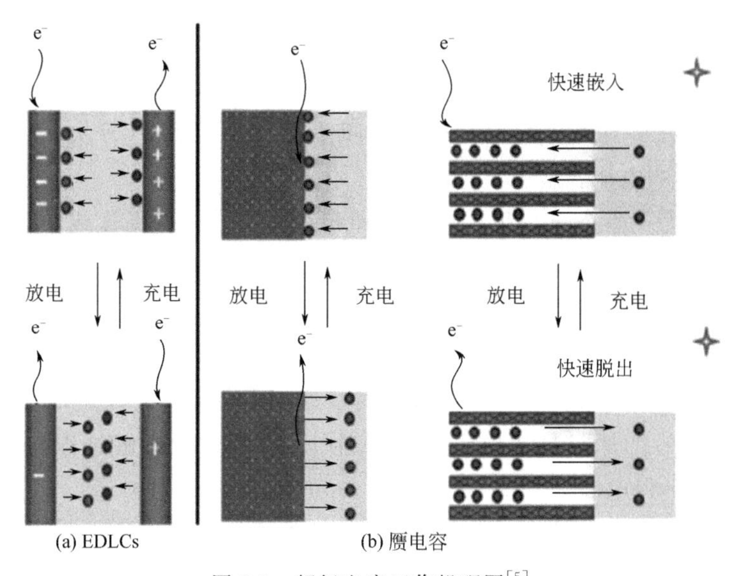

图 8-2　超级电容工作机理图[5]

按照超级电容型号分类则主要分为大型产品、中型产品和小型产品三类。若单体容量大于或等于 3000F 则为大型产品，主要应用于储能领域和车辆领域，如轨道交通、电动大巴等；单体容量在 100～3000F 之间，则主要应用于电网配网与绿色能源；单体容量在 0.1～100F 之间则为小型产品，主要应用于智能电表、消费电子等领域，如智能水表等（图 8-3）。

8.1.2　超级电容储能优势

与传统电池和电容相比较，超级电容优势显著，它不仅功率密度高（功率密

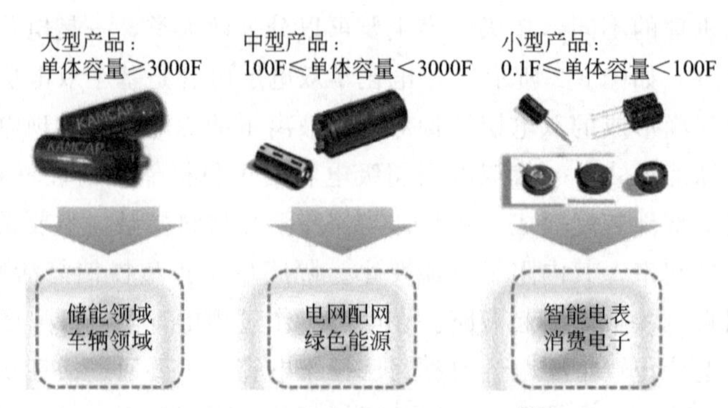

图 8-3　超级电容的应用分类[6]

度可达电池的 5～10 倍)，且充电速度快，一般充电 10～600s 可达到其额定容量的 95%，还具备如下优势[6]：

① 大电流放电：能量转换效率高，过程损失小，大电流能量转换效率高于 90%；

② 循环使用寿命长：深度充放电循环使用次数可达 50 万次，且没有电池“记忆效应”影响电池容量；

③ 低温特性好，工作温度范围宽：即超级电容在较低温度或较高温度下工作仍能保持良好的工作特性；

④ 容量退化曲线为线性曲线，剩余电量可直接读出，便于实现超级电容的健康管理；

⑤ 充放电线路简单，安全系数高，可长期使用免维护；

⑥ 超级电容的原材料构成、生产、使用、储存以及拆解过程均没有污染，是理想的绿色环保电源。

超级电容、锂离子电池和传统电容具体性能参数如表 8-1[7] 所示：

表 8-1　锂离子电池、传统电容、超级电容的主要性能参数

性能	锂离子电池	传统电容	超级电容
工作电压/V	3.6	1～6	1～6
工作温度/℃	−30～70	−40～70	−40～70
能量密度/(W·h·kg^{-1})	10～100	<0.1	1～10
功率密度/(W·h·kg^{-1})	<1	≫10	5～10
放电时间	0.5～3h	10^{-6}～10^{-3}s	10s～1min
充电时间	0.5～3h	10^{-6}～10^{-3}s	10s～1min
充放电效率	70%～85%	约 100%	85%～98%
循环寿命/次	约 1000	≫1000	>500000

8.2 超级电容相关政策

由于超级电容器的独特优势，为实现能源互联和智慧用能，提高可再生能源消纳能力，促进多种能源优化互补，各国公布密集政策来鼓励、推动超级电容器储能产业化发展。

8.2.1 国外相关政策

1957年通用电气公司开展了电容器的商业化尝试。由于超级电容单个容量较小，需要并联成超级电容组才可以使用，因此在研究超级电容储能的初始阶段，人们并不看好超级电容储能的发展潜力，超级电容储能的发展更是遇到了层层阻碍。随着环境污染日益严重以及能源日渐匮乏，很多国家逐渐认识到超级电容作为清洁能源存储装置的优点，逐渐开始鼓励研究超级电容储能技术[8]。

从1992年开始，美国在超级电容储能的研究中投入了大量资金，主要是美国能源部和美国先进电池联盟组织国家实验室（Lawrence Livermore，Los Alamos）和工业界（Maxwell、GE公司等），联合开发应用于电动车及军事用途的双电层超级电容[9]。紧接着欧共体制定了电动汽车超级电容发展计划，日本通产省成立了致力于超级电容研究的“新电容器研究会”和“NEW SUN SHINE”开发机构，欧共体和日本主要致力于将超级电容应用于交通方面，用超级电容代替蓄电池，不仅可以减少环境污染，还可以解决蓄电池在化学能与电能相互转化过程中能量的损耗问题，实现绿色能源的充分利用[10]。随着各国政府的支持与该技术的不断完善，现如今很多国家已经将超级电容作为产业来发展，其中以美、日、俄为代表的Maxwell、NEC、松下、Tokin、Econd等公司是超级电容产业的主要领跑者，是超级电容市场的主要供应者。

8.2.2 国内相关政策

20世纪90年代末，我国已经开启超级电容的研究，但相对于发达国家还存在一定差距。在相关学者的不断研究下，我国在研究超级电容储能方面已经取得了不俗的成就。2004 年我国超级电容汽车在上海尝试运行，2006 年将超级电容汽车正式投入使用，标志着我国对超级电容的研究已经可以应用于实践当中。

为促进超级电容的发展，近年来政府颁发了一系列政策（图 8-4）。2016 年工信部印发的《工业强基 2016 专项行动实施方案》，首次将超级电容器列入扶持重点；同年 3 月国家发展改革委与国家能源局发布《能源技术革命创新行动计划（2016—2030 年）》提出发展大容量超级电容储能技术。在 2017 年 2 月国家发改委发布的《战略性新兴产业重点产品和服务指导目录》中，超级电容入选国家“十三五”“新兴产业重点产品”。同年 3 月国家能源局印发《关于促进储能技术与产业发展的指导意见（征求意见稿）》中，明确超级电容器作为储能器件。2018 年 11 月工信部发布了《关于工业通信业标准化工作服务于“一带一路”建设的实施意见》，在第八条“推进标准的海外应用”中，明确将超级电容器作为在“一带一路”沿线国家开展标准海外示范应用的重要装备。相信随着我国一系列政策的颁布将促进科学技术的进一步发展，会逐渐打破国外超级电容公司在超级电容产业的垄断地位，使我国超级电容在世界范围内的超级电容市场中占据一席之地。

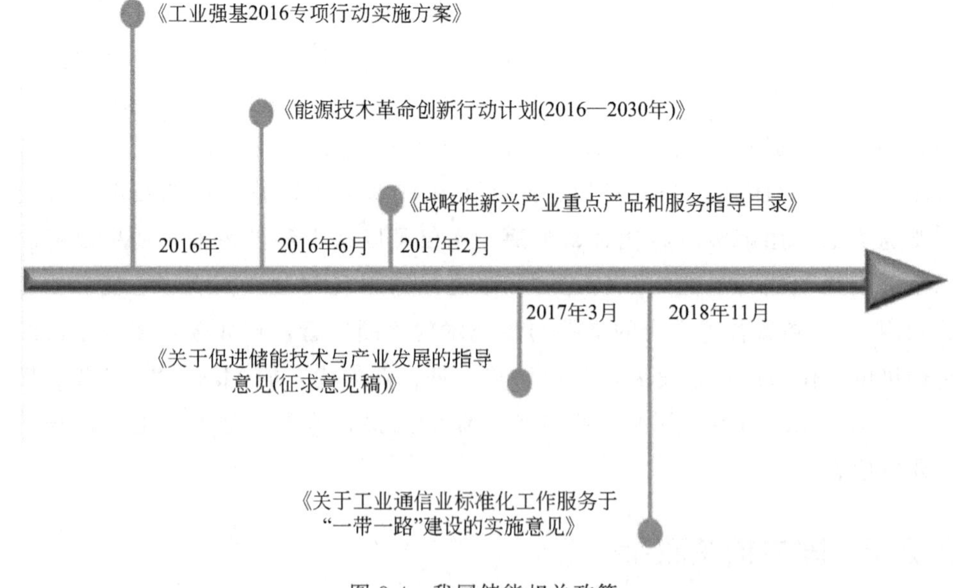

图 8-4　我国储能相关政策

8.3 超级电容应用领域

目前超级电容已经在智能仪表、轨道交通、新能源发电、消费电子设备、智能电器和军工等领域得到广泛应用（图 8-5）。

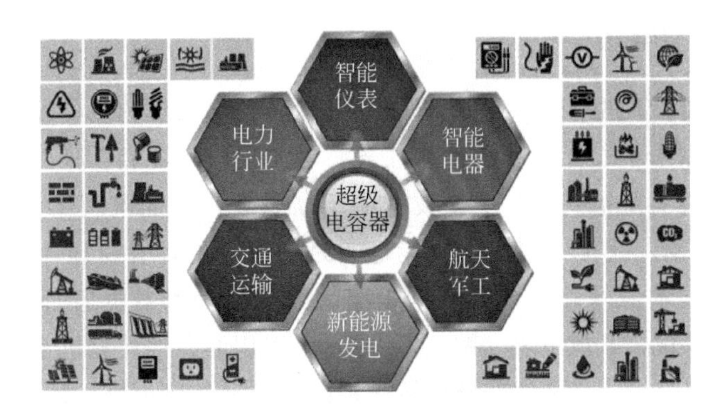

图 8-5　超级电容应用领域

8.3.1 智能仪表

随着微电子技术和计算机技术的不断发展，引起了仪表结构的根本性变革，即以微型计算机（单片机）为主体，将计算机技术和检测技术有机结合，组成新一代“智能化仪表”，在测量过程自动化、测量数据处理及功能多样化方面与传统仪表的常规测量电路相比较，取得了巨大进展。智能仪表不仅能解决传统仪表不易或不能解决的问题，还能简化仪表电路，提高仪表的可靠性，更容易实现高精度、高性能和多功能的目的。随着物联网技术的快速发展，智能仪表也更加智能化，除了具备传统表基本计算使用量的功能以外，也开始朝着数据通信、防盗防窃、多费率计算等方式发展。因此智能仪表需要对用户数据进行大规模、高精度的实时传输和监控，智能仪表在人们日常生活中起到越来越重要的作用（图 8-6）。而传统智能仪表是以电池作为电源，故存在电池使用寿命短、难于维护等缺点。因此，鉴于超级电容超长的使用寿命、充电时间短以及电路简单等优点，故将其用于智能仪表的时钟芯片和断电保护提供电源，以确保智能仪表的稳定运行。

图 8-6 智能仪表

8.3.1.1 智能电表

智能电表是智能电网（特别是智能配电网）数据采集的基本设备之一，承担着原始电能数据采集、计量和传输的任务，是实现信息集成、分析优化和信息展现的基础。随着智能电网信息交换技术的不断发展，智能电表作为电网的终端，自 2010 年起开始广泛推广应用。智能电表是以最新的计算机应用技术、现代通信技术、测量技术为基础，进行数据采集、数据处理和数据管理的先进计量设备。从结构上来说，智能电表（图 8-7）是一个专用的微型计算机系统，它主要由硬件和软件两部分组成。硬件部分包括微控制器及其外围电路、信号的输入通道、标准通信接口、人机交换通道和输出通道。软件部分包括监控程序、接口管理程序。其中监控程序面向仪器面板键盘和显示器，接口管理程序主要面向通信接口。

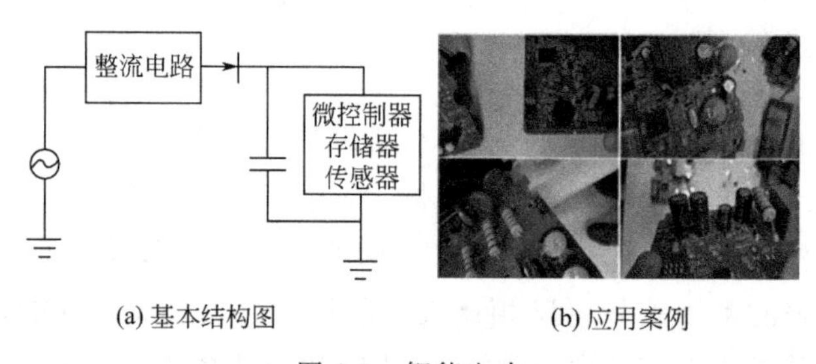

(a) 基本结构图　(b) 应用案例

图 8-7 智能电表

但受工作环境影响，传统智能电表存在时钟电池欠压报警现象，最主要原因为温度升高以及电池长期闲置，导致锂亚电池均存在一定程度的钝化现象。对此，2016 年国家电网计量中心牵头设计了电池可更换电能表，同年 9 月进行了全性能检测，采用超级电容解决电池钝化问题。即正常供电时，智能电表所需电能直接从所监控的线路上获取，突然断电时，智能电表依靠表内电源器件提供电能来完成某些数据的保存、无线信号的发送等功能，以确保智能电表正常工作，确保用户的权益。据统计（图 8-8），2019 年国网智能电表累计集中招标 7380 万只，较 2018 年增长 39.8%，2019 年招标金额较 2018 年增长超 40%。

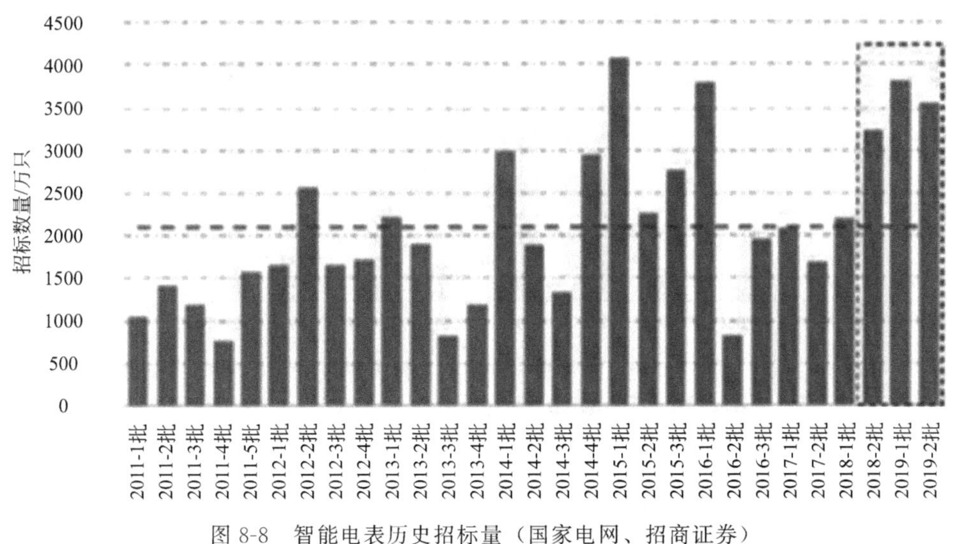

图 8-8　智能电表历史招标量（国家电网、招商证券）

招标数量；历史平均每批次招标量

8.3.1.2　智能水表

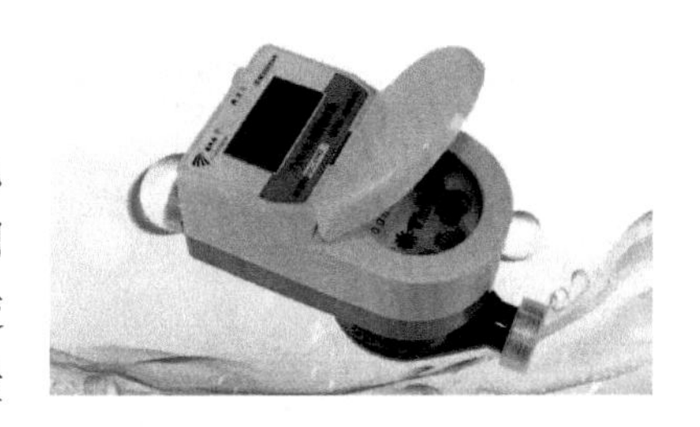

图 8-9　智能水表

智能水表（图 8-9）是一种利用现代微电子技术、现代传感技术、智能 IC 卡技术对用水量进行计量并进行用水数据传递及结算交易的新型水表。与传统水表一般只具有流量采集和机械指针显示用水量的功能相比，智能水表除了可对用水量进行记录和电子显示外，还可以按照约定对用水量进行控制，并且自动完成阶梯水价的水费计算，同时可以进行用水数据存储的功能。

目前，智能水表在控制水阀时采用内装锂电池，但电池寿命较短，不能可靠地关断水阀，会造成无法计费、逃水现象，因此不得不频繁为用户更换电池或水表。现有方法主要采用超级电容加外接干电池，来杜绝无法计费和逃水等现象。首先，将电池从水表中分离出来，从而可以不考虑电池寿命对水表的影响，延长了水表的使用时间；其次，超级电容的大电流放电特性保障了水阀关断的可靠性，在外接干电池电量不足时，仍能利用存储在超级电容上的能量将水阀关断；最后，如果电池电量不足，用户可以随时更换。这样，不仅使电路设计简化，减少产品的出厂检验工序，还使产品的成本降低。据统计（图 8-10），2017 年我国生产智能水表 2255 万只，渗透率为 23%，仍然较低，随着 NB-IoT（窄带物联网）技术的成熟，未来 10 年我国智能水表的渗透率将达到 90%以上，产量将达 8000 万～9000 万只/年，是现有市场规模的 4 倍，智能水表市场前景广阔。

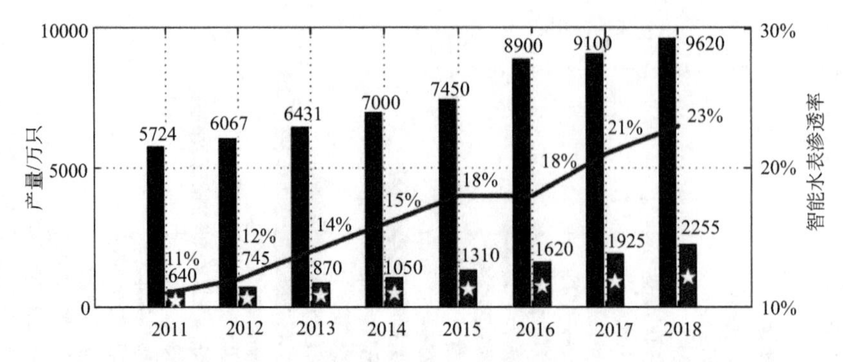

图 8-10　水表产量、智能水表产量与渗透率（智研咨询，中国银河证券研究院）

水表产量；智能水表产量；智能水表渗透率

8.3.1.3　智能燃气表

燃煤是导致冬季雾霾严重的重要因素，在环境保护加强的大趋势下，“煤改气”成为了治理大气污染的重要途径。“煤改气”也成为天然气行业快速增长的重要催化剂，天然气在一次能源消费结构中的占比也将持续提升。智能燃气表（图 8-11）是一种具备多种信息管理功能的新型燃气表，它可通过表内的微控制器对用户的总用气量、总购气量和开关阀状态等信息进行管理。智能燃气表可以提高管理效率，有效防止欠费，避免上门抄表和实现节约用气等作用。

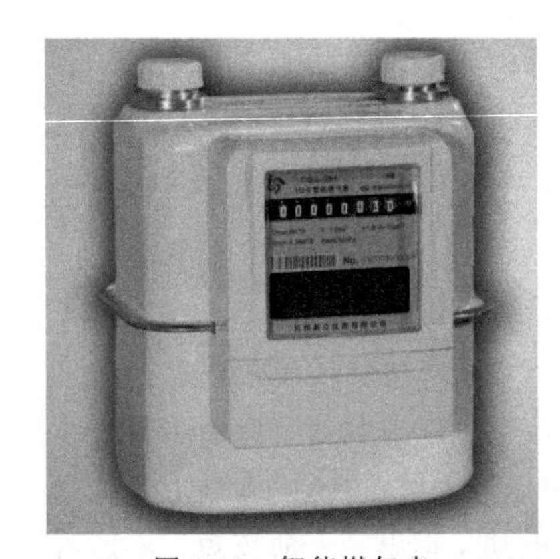

图 8-11　智能燃气表

而超级电容在智能燃气表中可以作为存储器和电磁阀开闭的备用电源，即将超级电容替换锂电池封装在表中，同时外接干电池供电。干电池作为主电源提供燃气表电路所需能量和对超级电容进行充电，超级电容器则作为后备电源使用。在需要开启阀门时由干电池提供能量将电磁阀开启，在需要关断阀门时若外接电池电量过低不能提供足够能量将阀门关断，超级电容将在此刻提供能量来关断阀门，避免出现不必要的损失。

根据现有资料显示（图 8-12），近年来我国天然气消费量逐年增加，2017 年天然气占我国一次能源的比重为 6.7%，但和其他国家相比较（图 8-13）我国天然气能源占比仍比较低。根据能源局 2017 年发布的《能源发展“十三五”规划》，到 2021 年天然气在能源消费结构中所占比例在不断提高，对应 2016—

2020 年我国天然气消费量的 CAGR 接近 15%。未来几年，我国天然气消费量仍会持续增长，持续增加的天然气消费量将会拉动下游智能燃气表的市场需求。

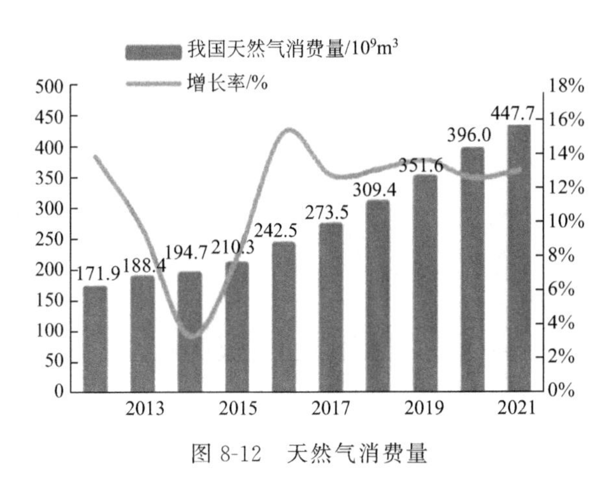

图 8-12 天然气消费量

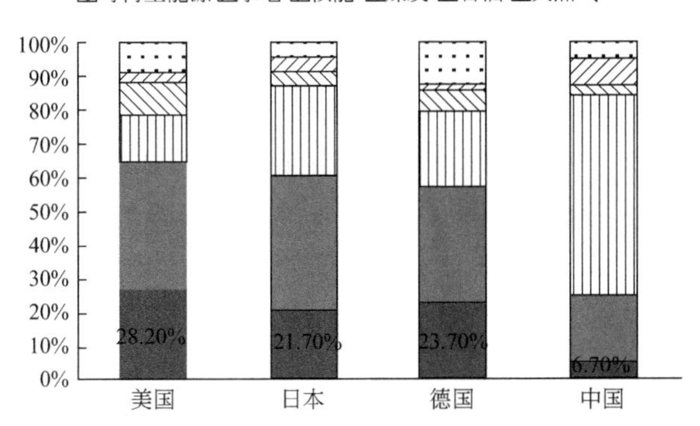

图 8-13 天然气占各国能源比重

8.3.2 光伏发电和风力发电

近年来，充分利用可再生能源的优势进行供电已成为电网发展的趋势（图 8-14），截至 2019 年 6 月底，全国 6000 千瓦及以上储能电站发电设备容量达 18.4 亿千瓦，同比增长 5.7%。其中，水电、核电、风电、太阳能发电等清洁能源装机总容量达 6.8 亿千瓦，占总装机容量的 37.2%[11]。而光能和风能作为常见的清洁能源，具有储量大、获取容易等特点。但其本身具有随机性，将其应用于发电时，所输出的功率具有不稳定特性[12]。采用超级电容储能，可以充分发挥其功率密度大、循环寿命长、储能密度高、无需维护等优点。超级电容既可以单独储能，也可以与其他储能装置混合储能，非常适宜解决系统故障引发的瞬时停电、电压骤升、电压骤降等问题，这使超级电容在清洁能源发电等领域具有广泛而深远的应用。

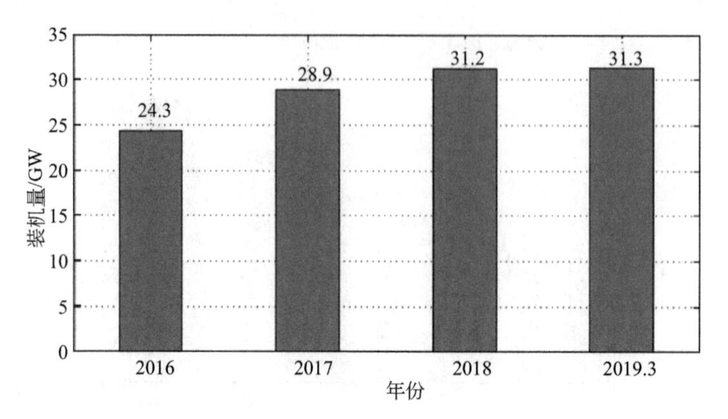

图 8-14　2016—2019 年中国储能电站装机规模情况（CNESA 前瞻产业研究院整理）

8.3.2.1　光伏发电

太阳能作为一种绿色清洁能源，来源于太阳的照射，在人类未来的发展过程中，太阳能是极其重要的可持续发展能源，对太阳能进行充分的研究、开发和利用，对于我国甚至整个世界的发展都有极其重要的推动作用。

目前在光伏储能系统中，一般选取蓄电池进行存储能量。蓄电池作为传统的储能设备，具有成本低、续航能力强、适用范围广、安全可靠的优点，因此在储能、供电等领域均得到了广泛的应用。但是蓄电池在使用过程中，不仅使用寿命短、充电时间长，还存在化学污染严重的问题，因此蓄电池并不是最理想的储能元件。随着对超级电容研究的不断完善，将超级电容作为储能装置替代传统蓄电池的可行性逐渐增加。将超级电容作为光伏发电的储能装置（图 8-15）具有可以快速充放电、使用寿命周期长、免人工维护、耐受温度范围宽等优点。为此，在太阳能光伏发电系统中采用超级电容将使其并网发电更具有可行性。

光伏超级电容储能系统控制框图如图 8-16 所示。

2017 年 1 至 11 月我国光伏发电量达 1069 亿千瓦时，同比增长 72%，光伏年发电量首超 1000 亿千瓦时。2019 年 6 月“2019 国际太阳能光伏与智慧能源（上海）展览会暨论坛”上，中国电源学会副理事长曹仁贤表示：“从 2025 年开始，我国光伏发电将逐步成为主力能源。”2020 年 6 月 28 日，国家能源局公布 2020 年光伏发电项目国家补贴竞价结果：覆盖 15 个省份和新疆生产建设兵团的共 434 个项目纳入了国家竞价补贴范围，总装机容量为 2596.7208 万千瓦，占前期申报项目总容量的 77.5%，按资源区分类主要分为三类，如表 8-2 所示。因此，对光伏发电进行研究与发展也将极大带动超级电容的发展。

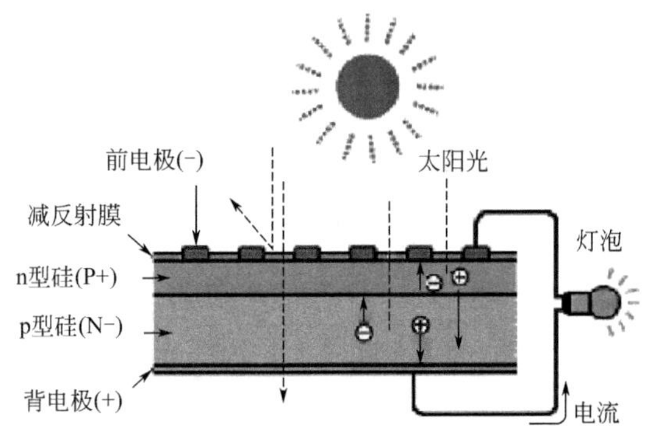

图 8-15 光伏发电原理图

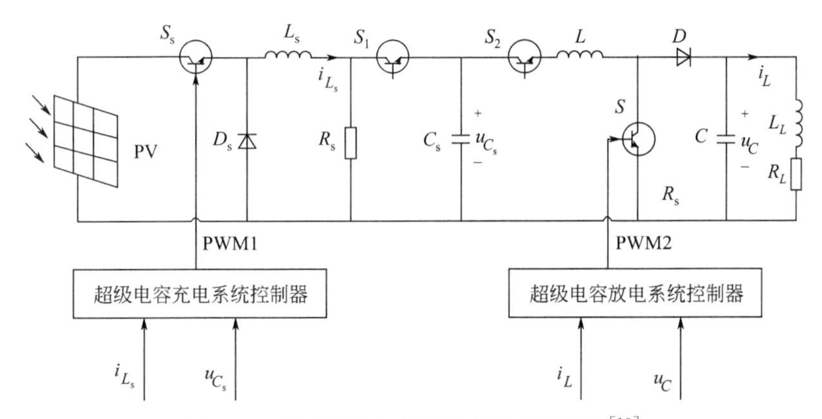

图 8-16 光伏超级电容储能系统控制框图[13]

表 8-2 2020 年光伏发电项目分类

资源区项目种类	Ⅰ类	Ⅱ类	Ⅲ类
项目数	46	34	354
装机容量/万千瓦	542.8	294.2	1759.7208
占项目比例/%	20.9	11.3	67.8

8.3.2.2 风力发电

风是没有公害的能源之一，它取之不尽，用之不竭，很早人们就已经将风能运用于人类日常生活，例如利用风车来抽水、磨面等。随着新能源的大力发展，现阶段主要致力于将风能运用于发电，即风能发电。风能发电对于缺水、缺燃料和交通不便的沿海岛屿、草原牧区、山区和高原地带十分必要。而超级电容应用于风能发电主要是对系统起到瞬间功率补偿的作用，并可以在发电中断时作为备用电源，以提高供电的稳定性和可靠性。超级电容器作为风力发电的储能装置可在风力大小不均匀的情况下完成能量的缓冲，实现平稳储能。鉴于超级电容功率密度高、工作温限宽、免维护、寿命长和绿色环保等优点，超级电容还可作为风机变桨系统的电源以及智能分布式储能系统。

含混合储能的直驱风力发电系统结构框图如图 8-17 所示。

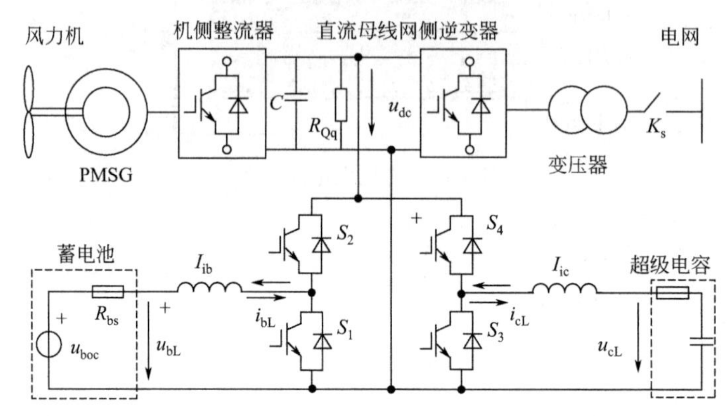

图 8-17　含混合储能的直驱风力发电系统结构框图

由图 8-18 可知，我国每月风力发电量在过去一年时间里由于受气候环境影响波动较大，但风力发电量同比增长基本保持稳定上涨趋势。据百纳电气的报告数据，全国有 1400 个超大型电站，若按照 5 年后有 70％的电站采用超级电容器方案，每套系统 600 万元，销售额有望达到 58.8 亿元。因此，超级电容应用于风力发电市场前景广阔。

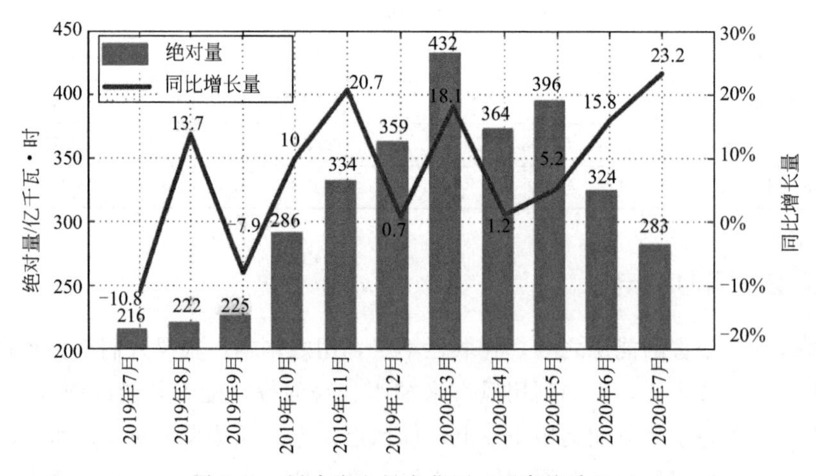

图 8-18　风力发电量变化图（国家统计局）

8.3.3 轨道交通

城市轨道交通是城市公共交通的骨干，具有节能、省地、运量大、全天候、无污染（或少污染）以及运行安全等特点，属绿色环保交通体系，符合可持续发展的原则，特别适用于大中城市。现代有轨电车作为一种无需架设外部供电网、零尾气排放、中等运量的公共交通系统，其崭新的形象和舒适的服务受到国内不少城市的关注，成为解决污染大、耗能高的有效措施之一。

其中基于超级电容的储能式有轨电车（图 8-19）作为现代有轨电车中最具潜力的应用方案，得到了重点的关注与应用，如何安全、快捷、有效地对该类型有轨电车的供电技术进行研究与应用，具有潜在的社会价值与经济效益。超级电容既可作为辅助电源在列车制动时吸收制动能量，并在车辆起动时将所储存能量释放至电网，减少直流电网波动。也可以作为主要动力系统包括储能式有轨电车动力电源系统、制动能量回收储能系统、内燃机车复合启动电源系统，在站内停靠期间实现快速充电供车辆全程运行。这种有轨电车无需空中架接触网，利用停靠站时间充电（充电时间≤30s），比传统电车节能 30%。有轨电车动力系统结构图如图 8-20 所示。

图 8-19　储能式现代有轨电车

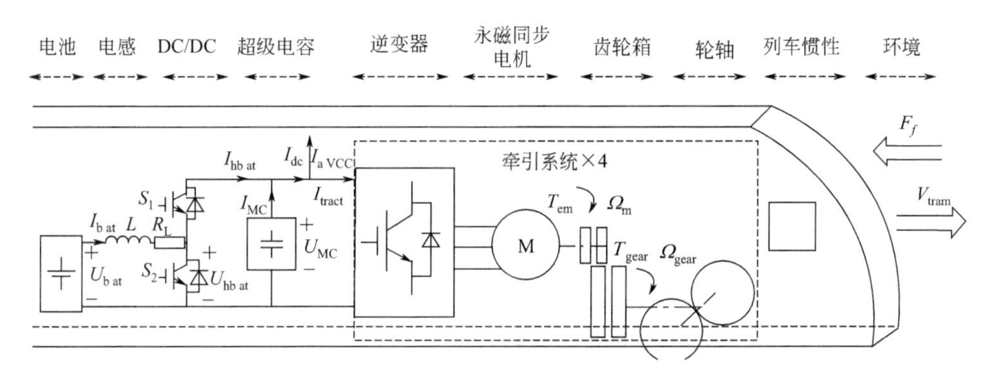

图 8-20　有轨电车动力系统结构图[14]

截至2019年，我国在大连、天津、上海、沈阳、长春、苏州、南京、广州、淮安、青岛、珠海、武汉、深圳等13座城市开通运营了19条有轨电车线路，运营里程达224.28km，车站334座。目前已有22个城市正准备投入有轨电车的建设当中，共计39条线路总里程达609.51km。现代有轨/无轨电车投入使用的部分情况见表8-3。

表8-3 现代有轨/无轨电车投入使用表

应用城市及线路	技术路线	线路长度/km	投入使用年份
广州海珠线	7500F超级电容	7.7	2014
淮安有轨电车	9500F超级电容	21	2015
武汉大汉阳线	9500F超级电容	20	2016
深圳龙华线	9500F超级电容	21	2016
东莞华为松山湖线	12000F超级电容	2.6	2017
云南弥勒线	12000F超级电容＋60000F超级电容	18.5	2017
珠海示范线	3000F超级电容	8.9	2017
重庆景区线	60000F超级电容	14.1	2017
成都示范线	9500F超级电容	2.3	2017

8.3.4 电动大巴

电动大巴是指采用非常规的车用燃料作为动力来源（或使用常规的车用燃料、采用新型车载动力装置），综合车辆的动力控制和驱动方面的先进技术，形成技术原理先进，具有新技术、新结构的汽车。传统电动大巴是采用锂离子电池作为动力来源，但存在电池功率低、体积大的问题。

随着超级电容技术不断完善，电动大巴现阶段一个主要发展趋势是使用超级电容器作为储能电源，可利用车辆在公交站台停靠的时间完成极速充电，即可实现车辆24h不间断运营，解决了锂电公交车目前存在的续航时间短的问题（图8-21）。更重要的是超级电容作为储能电源其充电站为分布式快充，无需建造大规模集中充电站，也不占用城市昂贵的土地资源，且无集中充电的大电量需求，这样对电网的改造和影响小，管理也相对较为简单，无需专人进行值守。电动大巴另一个发展趋势是采用电池-电容器混合方案以达到延长寿命的目的。具体用电池为电动汽车的正常运行提供能量，而加速、拐弯和爬坡时可以由超级电容器来补充能量。另外，用超大容量电容器存储制动时产生的再生能量。

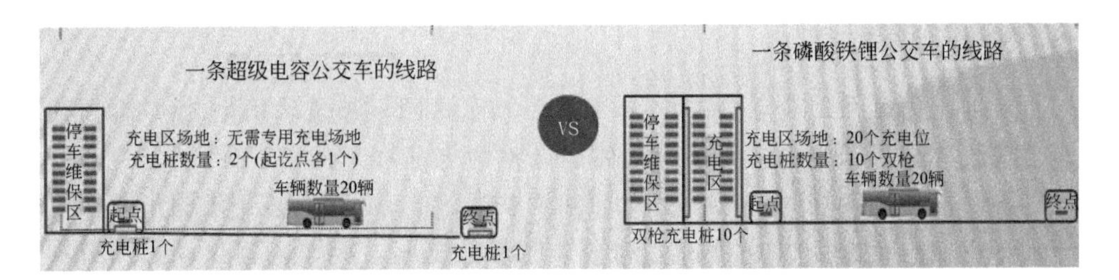

图 8-21　超级电容公交车优势

目前现有公交车用电池需要 210kW·h（2000kg 质量，价格 50 万～70 万元），平均功率为 60～80kW。而公交车的峰值功率在 250kW 左右，采用 0.5kW·h 左右的电容器就可以满足公交车的功率补偿要求。图 8-22 为 Maxwell 开发的商业超低电容器辅助模块，整体重量在 166kg 左右。其中上海奥威科技开发有限公司、浙江中车新能源科技有限公司开发的带电容器辅助模块的电动大巴，累计已有 1000 余辆投入市场运营，累计行驶约 2000 万千米。

图 8-22　Maxwell 开发的商业超低电容器辅助模块

8.3.5　乘用车

节能与减排是汽车行业面临的生死存亡的问题。国家能源战略和法规都给汽车的节能减排工作制定了苛刻的标准，《乘用车能耗核算方法》规定到 2025 年我国乘用车新车的百公里平均油耗不高于 4.0L。但目前的汽车企业基本无法达到这个标准，而大规模地发展新能源汽车还为时尚早，因此目前主要是在传统汽车动力系统改进和更新上进行研究。超级电容在乘用车汽车动力系统上的应用有多方面，下面重点介绍混合动力、启停系统和车载电子与仪器仪表。

8.3.5.1 混合动力

普通乘用车在混合动力方向上与电动大巴相同，都是采用电池-电容器混合方案以达到延长寿命的目的。具体用电池为电动汽车的正常运行提供能量，而加速、拐弯和爬坡时可以由超级电容器来补充能量。制动或下坡时由超级电容器回收储存能量，并在下次启动加速时释放能量，为车辆提供动力，节省燃油。

8.3.5.2 汽车启停系统

汽车启停系统（图 8-23）主要通过回收汽车制动时的能量，用于汽车在交叉口的启停和怠速使用，可减少排放 20%，同时节约能耗 15%，被认为是目前传统汽车应对新法规最切实可行的途径。目前汽车启停电源系统主要采用锂电作为电源，但是普遍反映的问题是节能效果不佳。在北方地区寒冷电池无法工作，但超级电容器温度下限可达−40℃，可进行大电流充放电，完成低温启动，因此拟采用超级电容作为汽车启停系统电源。

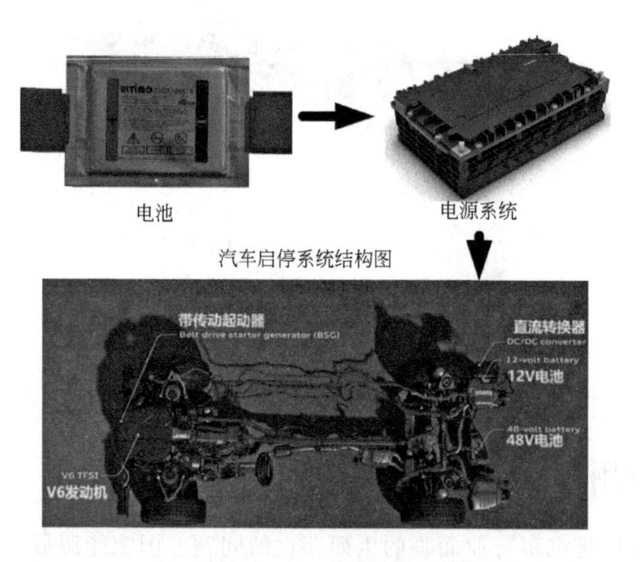

图 8-23　汽车启停系统结构图

现在超级电容在奥迪、凯迪拉克、标致、马自达等国外品牌车型中已经成熟应用，超级电容的突出特征可以转为用户感知的驾乘体验，具有广阔的应用前景。2019 年 4 月首个应用超级电容器的中国品牌高端轿车“2019 款红旗 H5”正式上市，月均销量 5000 辆，给超级电容带来广阔的市场空间。

8.3.5.3 车载电子与仪表仪器

车载电子：车载电子包括车载音响系统、导航系统、汽车信息系统和车载家电产品等。车载音响是车载电子产品中普及率最高的设备，产品更新换代是市场发展的重要动力。而超级电容可作为车载电子产品的后备电源，或为汽车音响提供大功率、大电流，提高音响声音品质。

车用仪表及电器：超级电容的宽温度、长寿命和环保特性很好地契合了行车记录仪的使用要求。以超级电容模组、电容包或配套组件的形式，提供适用于驾乘者在低温环境和蓄电池失效情况下的应急启动电源方案，同时也可应用于车辆维修和救援电源的储能单元。

行车记录仪：行车记录仪在使用过程中需要有备用电源，在车辆行驶过程中，通过点烟器接口给备用电源充电，当切断点烟器接口电源或者停车后，行车记录仪需要备用电源提供足够的电量来完成关机流程，包括视频的保存、二次上电的检测、主控和外设的关闭等。多数行车记录仪采用液态锂电池作为备用电源。但在长期使用过程中，电池的循环寿命不佳，另外夏天停车后阳光暴晒时车内温度非常高，锂电池有鼓包爆炸的隐患。而采用超级电容，通过合理的电路设计，就不会有这些隐患，非常适合应用在行车记录仪上。

8.3.6 军用载运工具

现代战场条件对于载运工具有新的要求，尤其是对于坦克、自行火炮等工具。现代战场需要这些装备在发射弹药后，能立刻关闭发动机并快速离开当前位置，避免被对方武器袭击。通常可以采用铅酸电池或锂离子电池实现这些功能。但是它们的功率密度、使用寿命和低温性能无法满足战场恶劣的环境。目前，美国陆军已经使用锂离子电容进行相关的测试和试验（图 8-24）。此外，超级电容还可以配合电池应用于发动机电启动系统，能有效保护电池，延长其使用寿命，减小其配备容量，特别是在低温和蓄电池亏电的情况下确保可靠启动。其工作温度范围宽，可在−40℃环境下工作，确保了启动系统的正常供电，使坦克战车一次启动成功。

8.3.7 其他领域

8.3.7.1 重型机械

港口机械（图 8-25）如场桥、岸桥中的吊具载运货物上升时需要很大的能量，而下降时自动产生的势能很大，这部分势能在传统机械设备中没有得到合理

图 8-24　美国陆军测试锂离子电容器在坦克中的应用

利用。加装超级电容器模组，启动时能迅速大电流放电，驱动电机吊装货物上升；下降时能量回馈，超级电容器能迅速重复吸收。尤其对并网机械，减少了负重上下行过程中对电网的冲击，保护了电网及其他用电负载，还起到节能环保的作用。

图 8-25　港口机械

8.3.7.2　矿山机械/车辆

利用电容、电容/电池复合方案作为牵引动力电源系统，在矿山机械/车辆启动、加速行进时提供能量，在制动时提供高效的能量回收存储单元，实现了秒级快速充电，满足了矿山机械/车辆对电源系统长寿命、高功率和高可靠的应用需求。

8.3.7.3　AGV 自动搬运车

AGV 是一种新型的无人运输车，用于制造、物流等行业。相对于铅酸电池、锂离子电池，超级电容器应用在 AGV 上具有更长的循环寿命（10 万次），能承受频繁大电流充放电，在 AGV 使用寿命内无需更换电源。且超级电容作为动力电源，其超低内阻来支持40～60s的AGV快速无线充电，大大缩短设备的充电时间，更可将充电站设置在取货/卸货站台上，在进行取卸货操作时完成充电，大幅提高工作效率。同时其使用寿命长也避免传统电池报废后对环境造成污染。

据统计（图8-26），2015年中国AGV销量为4300台，产值规模约为7.9亿元。受国家工业4.0号召，2016年AGV销售量在6500台左右，产值规模约为10.7亿元，较上一年增长速度超过45%。到2018年AGV销量已突破14500辆，产值约25亿元。

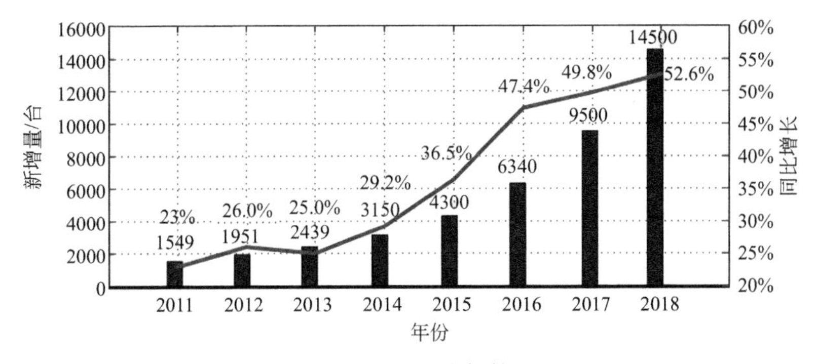

图8-26 AGV市场情况

8.3.7.4 节能电梯

电梯属于现代建筑能耗的主要组成部分，仅次于暖通系统的能耗。据调查研究结果显示，电梯下行过程中，98%能量经热转化形式消耗，日均消耗电量3600kW·h，耗电量巨大。将超级电容设置于充放电控制单元的直流母线电容与交流电网之间，可以提高电能的利用效率。其主要通过双向DC-DC变换器实现电梯回馈能量的存储与再利用，利用紧急电源供给（EPS）装置实现辅助系统供电及紧急救援功能，能有效提升电梯的节能效果（图8-27）。

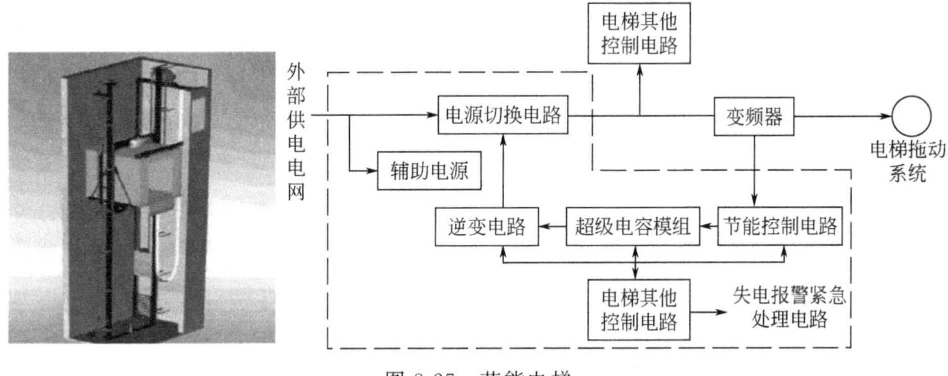

图8-27 节能电梯

8.3.7.5 微网储能系统

随着可再生能源发电技术的发展，能够整合分布式电源的微电网是满足日益增长的电力需求、节省投资和提高能源利用效率的一种有效途径。储能系统作为微电网必要的能量缓冲环节，其作用越来越重要。在微电网中，由负荷或微电源导致的电能质量问题往往具有持续时间短、出现频繁的特点。相比较而言，作为短期储能装置，超级电容（图 8-28）更为理想，因此主要考虑超级电容在微电网中的应用。基于超级电容的储能系统，不仅起到能量缓冲的作用，还能够提供短时供电、缓冲微电网中负荷波动、均衡微电源输出、改善微电网电能质量，并且对微电网的经济性能有重要作用。

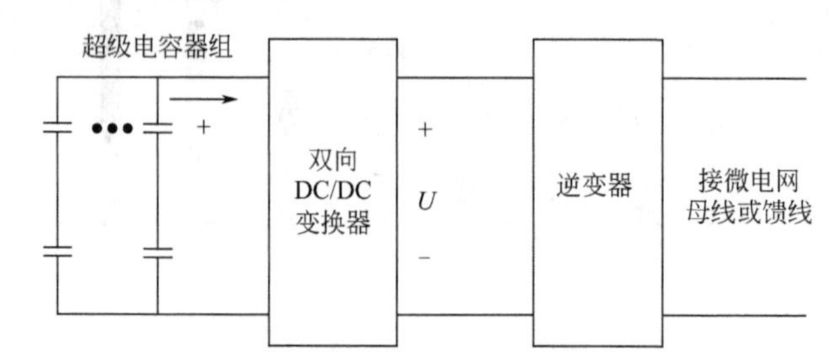

图 8-28　超级电容储能系统结构示意图

8.3.7.6 服务器

服务器是计算机的一种，它比普通计算机运行更快、负载更高、价格更贵。服务器在网络中为其他客户机（如 PC 机、智能手机、ATM 等终端甚至是火车系统等大型设备）提供计算或者应用服务。服务器的存储系统通常都采用磁盘阵列技术（redundant arrays of independent disks，RAID）提高存储空间的可扩展性，即把多块独立的物理硬盘按不同方式组合起来形成一个逻辑硬盘，从而提供比单个硬盘更高的性能。

在服务器运行过程中，如果出现意外断电的情况，没有保存的缓存数据会丢失，造成严重的影响。为了避免这类事故的发生，RAID 卡上基本都会有保护电源。早期使用锂电池作为保护电源，掉电后直接给板载的动态随机存取存储器（dynamic random access memory，DRAM）持续供电，一般是设计足够支撑 DRAM 持续自刷新 72h 的保护电源。但传统备份电池单元（battery backup unit，BBU）方案的故障率偏高（图 8-29），尤其在使用了两三年后，发生故障的概率快速上升；而超级电容使用寿命长，其故障率明显较低，非常适合此类应用。故目前最新的 RAID 卡已经普遍使用超级电容＋Flash 子板（图 8-30）的方式来将非正常掉电后的数据存入 Flash 中永久保存。

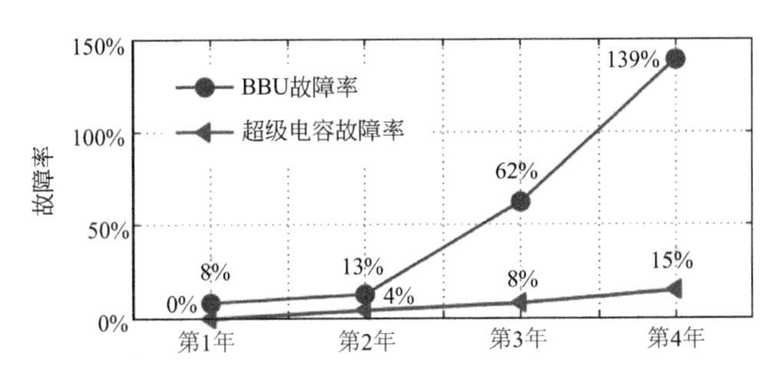

图 8-29 缓存和数据保护电池故障率

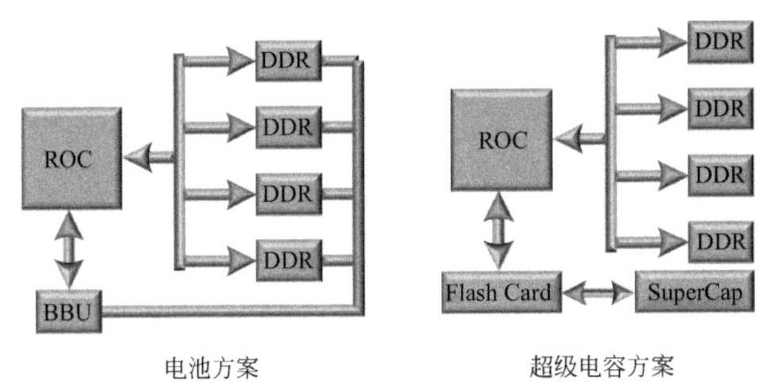

图 8-30 服务器 RAID 卡 Cache 保护原理

8.3.7.7 物联网

物联网是通过部署具有一定感知、计算、通信、控制、协同和自治特征的基础设施，获得物理世界的信息，通过网络实现信息的传输、协同和处理，从而实现人与物、物与物之间实时全面感知、动态可靠控制和智能信息服务的互联网络[15]。物联网广泛应用于家居、医疗健康、教育、金融、服务业、旅游业等与生活息息相关的领域（图 8-31），从服务范围、服务方式到服务的质量等方面都有了极大的改进，大大提高了人们的生活质量。物联网主要应用技术包括射频识别（RFID）、红外感应器、GPS、激光扫描器、气体感应器等通信技术。

其中，RFID 是物联网的一种关键技术，能够把海量的物体或商品信息进行自动化的高效识别和采集，也就是说人们可以随时掌握物品的准确位置及其周边环境，这一特性可帮助零售业解决商品断货和损耗（因盗窃和供应链被搅乱而损失的产品）两大难题。而超级电容器适合作为有源 RFID 的电源用于加强信号，极大地提高设备的读取距离，增强实用性。此外超级电容器还可用作智能电器的后备电源，当主电源不能正常工作时超级电容器迅速进行能量补充，并可以提供瞬时大功率供电，支持某些特定动作。根据麦肯锡全球研究院 2018 年 11 月发布的报告预测，全球物联网市场规模将在 2025 年达到 11 万亿美元，约占全球经济的 11%，其市场前景将远远超过计算机、互联网与移动通信等。

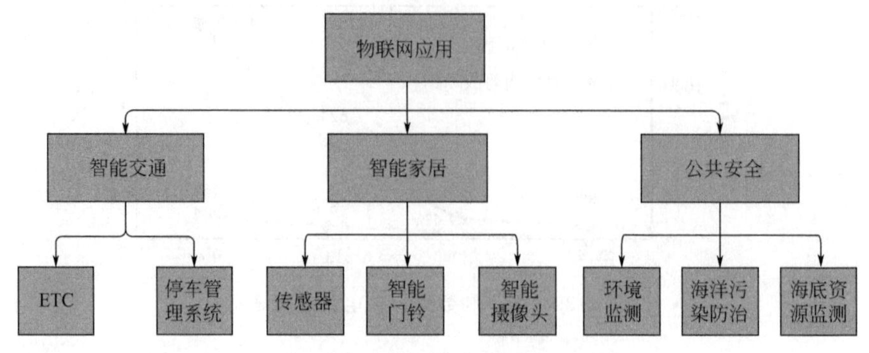

图 8-31 物联网应用

8.3.7.8 智能电子门锁

智能门锁（图 8-32）是指在传统机械锁的基础上，在用户安全性、识别性、管理性方面更加智能化、简便化的锁具。智能电子门锁是采用最新的技术，包括远程访问、生物识别、无线和 GPS。高端电子门锁内置超级电容技术，作为用电补充，专门应对较大的启动电流，可以长时间存储电力，最多可用 14 周之久。

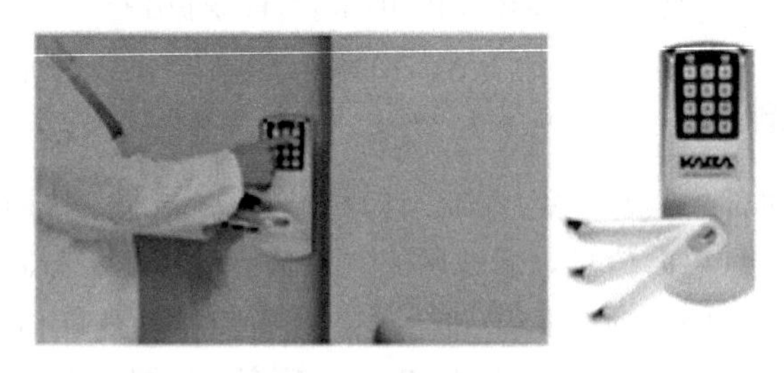
图 8-32 智能门锁

8.4 超级电容应用前景

8.4.1 现有超级电容产业市场规模

电能是现代社会人类生产、生活不可或缺的二次能源。随着社会经济的发展，人们对电的需求越来越高，中国储能电站装机规模也逐年持续上涨（图 8-33）。而目前储能技术应用最为广泛的是电化学储能，包括锂离子电池、超级电容和铅酸电池等在内的电化学储能项目也逐年扩大，市场应用前景广阔。

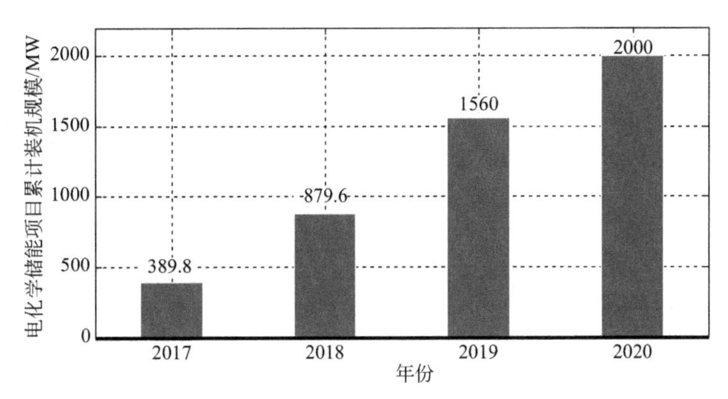

图 8-33　近几年中国投运的电化学储能项目累计装机规模

而超级电容作为电化学储能的重要组成部分也逐渐受到各界日益关注。超级电容的发展可追溯到 20 世纪 50 年代德国 Backer 申请首个双电层电容器专利开始，到 20 世纪 70 年代中国申请首个超级电容相关专利，20 世纪 90 年代中国启动大功率车用超级电容研发，关于超级电容的研究已经取得巨大的进展（图 8-34）。

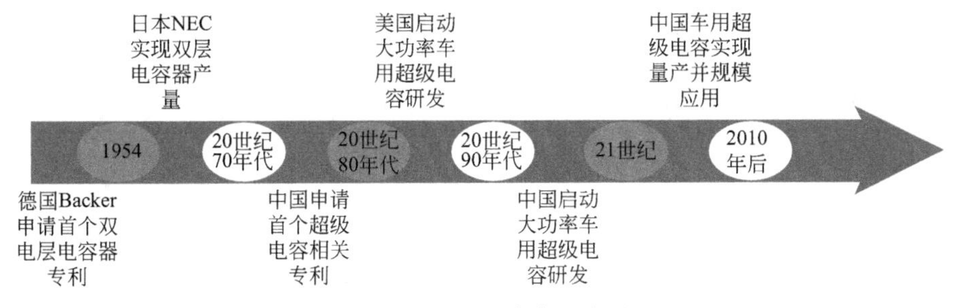

图 8-34　超级电容产业发展

就性能优势来说，超级电容具有充放电速率快、循环寿命长等优点，在许多应用领域具有二次电池不能替代的作用，但目前其在众多领域仍处于成长和起步阶段。2017 年中国超级电容市场规模达 101 亿元（图 8-35）；2018 年中国超级电容器市场规模达 121 亿元；2019 年智能电网、智能仪表、城市电动公交、风能及光伏发电、自动引导运输装置（AGV）等领域仍然保持了快速增长，据超电联盟对会员单位抽样调查，2019 年超电行业市场增速不低于 20%，市场规模可达 128 亿元；2013—2019 年年均增速超过 30%，预计到 2025 年我国超级电容器行业市场规模有望达到 400 亿以上。其中，有轨/无轨电车、城市公交、自动引导运输装置（AGV）、城市照明和风能及光伏发电等领域增长迅速。

从我国超级电容的应用情况（图 8-36）看，交通运输用超级电容器的市场规模占比最大，预计到 2025 年有望突破 100 亿元；其次，工业用超级电容器、新能源用超级电容器等领域市场规模也呈现较快增长。目前，在轨道交通方面中

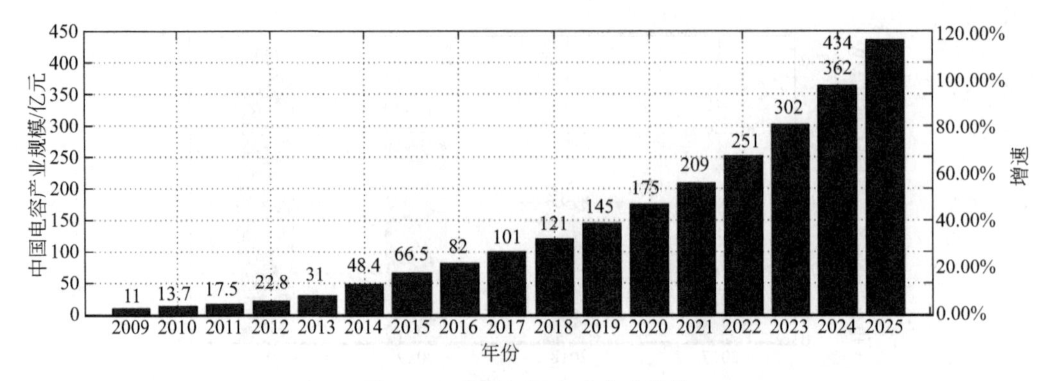

图 8-35 中国超级电容产业规模

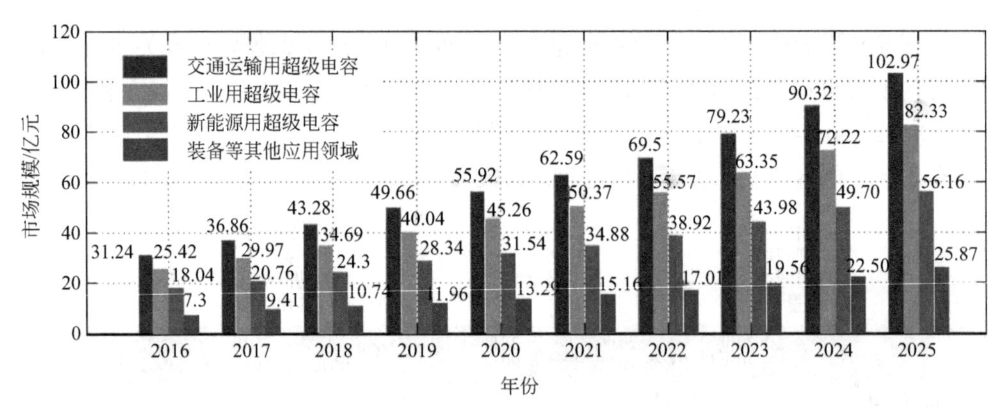

图 8-36 超级电容应用领域的市场规模

国已经实现以纯电容作为主动力的大巴车、有轨电车的规模应用，且在“一带一路”中超级电容器电动城市客车已经开拓了国外新兴市场，并在白俄罗斯、德国等多国得到应用；吉利集团和 Maxwell 签订 1 亿美元的战略协议，PHEV 车型将使用超级电容作为功率辅助。在光伏电路方面，超级电容器在光伏路灯上的应用取得里程碑式的进展，产品已销往非洲等国；据统计双电层电容器单体超过了 1 万法拉，远高于国际产品。国内部分超级电容生产厂商的相关情况见表 8-4。

表 8-4 国内部分超级电容生产厂商

企业	产品类型	优势
上海奥威科技	纽扣型、卷绕型	车用超级电容领域
北京合众汇能科技	HCC 系列有机高电压型	广泛应用于汽车、能源等领域
北京集星联合电子科技	集星系列	可根据用户需要定制
哈尔滨巨容新能源	VCT、VCS、VCH、ECT	自主研究、开发和生产的国家专利产品
锦州凯美能源	卷绕型 2.5/2.7V、组合型 5.0/5.5V、叠片型 5.5V	产能充足

8.4.2 我国超级电容的发展趋势

超级电容储能性能的提升对可再生能源大规模接入，提高电力系统效率、安全性和经济性的关键技术具有重大的战略意义，未来中国超级电容的发展趋势主要表现在以下几个方面：

① 原有的规模市场，如风电、智能仪表等，将继续以较高的速度持续增长；

② 电动汽车市场有复苏的迹象，有些公司 2019 年度订单就比 2018 年有很大的增长，随着电动汽车研究不断深入，超级电容器在电动车上的应用前景光明；

③ 大容量超级电容应用产品新兴市场不断被开发出来，部分市场已初具规模，例如轨道交通、汽车电子、能量回收、太阳能路灯、电网等，未来这些市场中任何一个被充分开发后，都将形成可观的市场份额；

④ 小容量超级电容产品应用面越来越广阔，需要数据后备存储的电子电路都可以应用到超级电容；

⑤ 国产超级电容替代进口超级电容效果显著，目前国产超级电容产品已经开始出口进军国际市场。

8.5 超级电容器的应用展望

未来，电子产品的更新换代速度将会越来越快，但是无论电子产品如何变化，都无法摆脱能量供应的问题。因此，高性能超级电容的设计和制造对于扩大其市场至关重要。但目前超级电容产业在发展过程中也存在诸多问题，如超级电容行业存在政策支持力度较弱、研发创新投入不足、关键电极材料国产化程度低等，而这些问题一直制约着超级电容行业的发展。为解决当前存在的问题，扩大超级电容应用市场，可从以下几方面展开研究：

① 超级电容功率密度高，它的性能区间和低温特性无法被取代，但其应用成本相对过高，因此如何降低其生产成本，提供优质低价的生产方案是超级电容器大规模应用的前提；为此发展超级电容新材料、新体系，结合准电容和新型碳电极材料，推进关键碳材料的国产替代进度，降低电容单体的生产成本，从应用技术方向拓展超级电容的应用市场。

② 超级电容受限于电极材料的性能以及较窄的电压窗口，其能量密度低于

电池，因此，应该致力于增加电极材料的比电容和拓宽超级电容器的工作电压窗口来提高超级电容器的能量，这也是拓展超级电容应用市场的重要方面。

③ 超级电容器具有使用寿命长的优势，超级电容产业初期投入成本高、回报周期长，但回报周期长的项目并不受市场欢迎，因此，缩短超级电容产业回报周期，让超级电容产业更受市场欢迎，有更多投资者愿意投资，是扩大超级电容应用市场的前提。

④ 现有超级电容产业链相对零散，运营成本较高，可以加强上游和中游全产业链企业协同合作，降低运营成本，从服务模式方向拓展超级电容应用市场。

参考文献

[1] Liu Z，Li H，Zhu M，et al. Towards wearable electronic devices：A quasi-solid-state aqueous lithium-ion battery with outstanding stability，flexibility，safety and breathability [J]. Nano Energy，2018，44：164-173.

[2] Huang Y，Ip W S，Lau Y Y，et al. Weavable，conductive yarn-based NiCo//Zn textile battery with high energy density and rate capability [J]. ACS Nano，2017，11 (9)：8953-8961.

[3] Li H，Han C，Huang Y，et al. An extremely safe and wearable solid-state zinc ion battery based on a hierarchical structured polymer electrolyte [J]. Energy & Environmental Science，2018，11 (4)：941-951.

[4] Wang Z，Wang H，Hao Z，et al. Tailoring highly flexible hybrid supercapacitors developed by graphite nanoplatelets-based film：Toward integrated wearable energy platform building blocks [J]. ACS Applied Energy Materials，2018，1 (10)：5336-5346.

[5] Wang Y G，Song Y F，Xia Y Y. Electrochemical capacitors：Mechanism，materials，systems，characterization and applications [J]. Chemical Society reviews，2016，45 (21)：5925-5950.

[6] Su Z J，Yang C，Xie B H，et al. Scalable fabrication of MnO_2 nanostructure deposited on free-standing ni nanocone arrays for ultrathin，flexible，high-performance microsupercapacitor [J]. Energy Environ Sci，2014，7：2652-2659.

[7] Simon P，Gogotsi Y，Dunn B. Where Do Batteries End and Supercapacitors Begin? [J]. Science，2017，343 (6176)：1210-1211.

[8] Xu X，Nan J，Wang J，et al. Estimate of super capacitor's dynamic capacity [J]. Energy Procedia，2017，105：2194-2200.

[9] Hu J，Fan Y，Feng Q. Running control of the super capacitor energy-storage system [J]. Energy Procedia，2012，14 (97)：1029-1034.

[10] Huh S H，Bien Z. Robust sliding mode-control of a robot manipulator based on variable structure-mode reference adaptive control approach [J]. IET Control Theory & Applications，2007，1 (5)：1355-1363.

[11] 罗来军，朱善利，邹宗宪. 我国新能源战略的重大技术挑战及化解对策 [J]. 数量经济技术经济研究，2015，32 (02)：113-128，143.

[12] 龙霞飞，杨苹，郭红霞，等.大型风力发电机组故障诊断方法综述 [J].电网技术，2017，41 (11)：3480-3491.

[13] 李方辉.光伏超级电容储能系统的实现与应用研究 [D].青岛：青岛大学，2019.

[14] 吴健，张弛，张维戈，等.储能式有轨电车不同仿真模型及仿真方法的对比 [J].中国电机工程学报，2020，40 (16)：14.

[15] Díaz M，Martín C，Rubio B. State-of-the-art，challenges，and open issues in the integration of internet of things and cloud computing [J]. Journal of Network and Computer applications，2016，67：99-117.

索 引